U0395752

上海出版资金项目
Shanghai Publishing Funds

"十三五"国家重点出版物出版规划项目
食品安全社会共治研究丛书
丛书主编　于杨曜

食品安全管理及信息化实践

胥义　王欣　曹慧　编著

华东理工大学出版社
EAST CHINA UNIVERSITY OF SCIENCE AND TECHNOLOGY PRESS
·上海·

上海高校服务国家重大战略出版工程资助项目

图书在版编目(CIP)数据

食品安全管理及信息化实践／胥义,王欣,曹慧编
著. —上海:华东理工大学出版社,2017.12
(食品安全社会共治研究丛书)
ISBN 978-7-5628-5341-1

Ⅰ.①食… Ⅱ.①胥… ②王… ③曹… Ⅲ.①食品安
全—安全管理—安全信息—信息管理—研究 Ⅳ.
①TS201.6

中国版本图书馆 CIP 数据核字(2017)第 327664 号

....

项目统筹／马夫娇　李芳冰
责任编辑／马夫娇
装帧设计／吴佳斐
出版发行／华东理工大学出版社有限公司
　　　　　地　址:上海市梅陇路 130 号,200237
　　　　　电　话:021-64250306
　　　　　网　址:www.ecustpress.cn
　　　　　邮　箱:zongbianban@ecustpress.cn
印　　刷／上海盛通时代印刷有限公司
开　　本／710 mm×1000 mm　1/16
印　　张／21.5
字　　数／371 千字
版　　次／2017 年 12 月第 1 版
印　　次／2017 年 12 月第 1 次
定　　价／138.00 元

....

前　言

foreword

　　"民者，国之根也，诚宜重其食，爱其命。"（《三国志·吴书》）关于食品安全问题的重要性，习近平强调："食品安全关系中华民族未来，能不能在食品安全上给老百姓一个满意的交代，是对我们执政能力的重大考验。老百姓能不能吃得安全，能不能吃得安心，已经直接关系到对执政党的信任问题，对国家的信任问题。"2015 年，我国"十三五"规划建议将食品安全问题提到国家战略高度，提出实施食品安全战略；2017 年，十九大报告明确提出了"实施食品安全战略，让人民吃得放心"。

　　近年来，我国食品工业呈现出一些新的发展特点。例如，食品需求量一直不断增长；食品供应结构发生了显著变化；我国居民消费观念有了很大转变；食品流通格局发生了巨大变化；网络食品、网络餐饮等新的产销方式，给食品安全带来了新的潜在威胁等。从管理的角度系统思考食品安全问题，制约食品安全管理问题的因素有很多，但主要包括信息不对称和安全标准不统一等。

　　特别地，随着物联网、云计算和大数据技术的迅猛发展，在食品安全监管中借助信息化手段，有望解决信息不对称和安全标准不统一等瓶颈问题，使得"从农田到餐桌"的全过程食品安全管理理念成为一种必然趋势，可以起到信息跟踪和预警等作用，切实有效地将食品安全风险降到最低，甚至零风险。因此，食品安全信息化监管手段越来越得到相关政府职能部门和企业的关注。

　　食品安全信息化监管是分析和评估食品安全形势的依据，是开展食品安全预警工作的基础，也是相关部门履行食品安全综合监督职能的科学支撑和技术保障，同时也可成为食品企业自身提升品牌效益和管理效能的重要手段。食品安全信息化监管技术包括信息标示技术、信息采集技术、信息交换技术、食品安全风险评估技术、食品安全应急管理技术等诸多具体内容，涵盖了食品安全学、信息技术、管理学、系统科学等多门学科，具有典型的交叉性。因此，食品安全信息化管理不仅仅是一个技术问题，更是一项系统工程，需要全方位、多角度地开展研究和实践工作。

鉴于食品安全信息化管理技术所涉及的知识面非常广泛，本书的撰写思路主要是以信息化"三要素"（即管理基础、信息技术、信息资源）为主线，分别从管理体系、技术体系、食品生产各应用实践环节的管理重点及信息化实践等方面着手，力争反映出食品安全信息化管理的新动态、新理念、新知识、新技术、新流程和新方法等，并提供大量的案例内容，以说明信息化手段在食品安全生产及监管中实施的具体方法和步骤。本书在内容撰写上坚持"少而精"，降低理论难度，强调"以用为主，够用为度"，以适应各类人员的阅读和参考。

本书的部分内容来自我们近十年的研究成果，先后参加这些研究工作的有钟彦骞、邹金成、金晶、沈力、邓如意、顾怡雯等，他们的工作在本书正文和参考文献中均有反映。本书各部分的执笔者分别为胥义（第1、3、4、6、7章）、曹慧（第2章）、王欣（第5章），全书由胥义统稿。参加本书资料查询整理、绘图等工作的研究生有辛岩、柳珂、康峻菡、杨国梁、郭宁、杨加敏、丁宝森、张凯、张微、曹吉芳、茅文伟、雒苗苗等。

这里需要特别指出的是，我们的研究工作先后得到了上海理工大学本科教育高地建设项目、上海市重点课程建设项目等的资助，以及上海市农业信息有限公司在我们的食品安全信息化共建实验室建设方面给予的大力帮助，在此一并表示感谢。

由于食品安全信息化管理技术是正在迅速发展的领域，书中某些内容的叙述和取材难免会有疏漏或不足之处，我们真诚地欢迎各界人士批评指正。

胥　义

于上海理工大学

目　录
contents

上篇　理论及技术基础篇

第1章　绪论 / 003

1.1　我国食品工业发展特点及食品安全管理制约因素 / 003

1.2　现代食品安全管理的必要手段——管理信息化 / 014

第2章　食品质量与安全管理基础及体系 / 030

2.1　概述 / 030

2.2　食品法律法规体系 / 032

2.3　食品安全管理机构及职责 / 041

2.4　食品质量安全市场准入制度 / 052

2.5　食品召回制度 / 057

2.6　进出口食品的监督管理 / 067

2.7　食品安全风险监测体系 / 070

第3章　食品安全信息溯源系统及相关技术 / 075

3.1　食品安全信息溯源系统 / 075

3.2　条码技术 / 089

3.3　RFID 技术 / 110

3.4　GS1 系统 / 115

3.5　物流跟踪技术 / 125

3.6　动植物 DNA 条形码技术 / 130

下篇 应用实践篇

第 4 章 食用农产品生产管理及信息化实践/141

4.1 农产品生产管理概述/141

4.2 种植业生产管理及信息化实践/152

4.3 畜牧产品生产管理及信息化实践/177

4.4 水产品生产管理及信息化实践/190

4.5 农产品"三品"质量监管可追溯平台建立/207

第 5 章 现代加工食品安全控制及信息化实践/222

5.1 现代加工食品概述/222

5.2 乳制品安全控制及信息化管理/229

5.3 肉制品安全控制及信息化管理/239

5.4 果蔬制品安全控制及信息化管理/256

第 6 章 流通环节食品安全管理及信息化实践/269

6.1 相关基本概念/269

6.2 我国食用农产品流通模式的发展历程/271

6.3 "互联网+"时代下的农产品流通模式/273

6.4 食品冷链物流/275

6.5 我国流通环节食品安全追溯体系建设及信息化实践/285

第 7 章 餐饮环节食品安全管理及信息化实践/302

7.1 餐饮业的基本概念、分类及特点/302

7.2 我国餐饮业发展概况及趋势/305

7.3 我国餐饮业食品安全监管体系建设/307

7.4 我国餐饮业食品安全信息化监管实践/312

参考文献/333

上篇　理论及技术基础篇

第1章 绪 论

1.1 我国食品工业发展特点及食品安全管理制约因素

"民以食为天，食以安为先。"党和政府一直十分关注食品安全问题，确保食品安全这项民生工程和民心工程。经过几十年的努力，特别是 1995 年《中华人民共和国食品卫生法》颁布以来，国家将食品安全列入国民经济和社会发展规划及年度计划，这是我国食品安全工作进一步发展的保证；在这期间完善了一系列法律、规范和标准体系，设立了一批国家级、部级与地方级监督检验机构，培养了一支专业执法与技术队伍。近年来，国务院办公厅每年年初都印发《食品安全重点工作安排》，强调用"最严谨的标准、最严格的监管、最严厉的处罚、最严肃的问责"，严把从农田到餐桌的每一道防线，着力解决人民群众普遍关心的突出问题，不断提高食品安全保障水平。

1.1.1 我国食品工业发展特点

1. 我国食品需求量一直不断增长

长期以来，食品产业在我国国民经济中占据非常大的比重。改革开放以来，我国食品产业从快速发展进入飞速发展时期，食品资源越来越丰富，食品消费的数量和质量也在逐步提高，食品行业在快速地发生着变化。

从中国食品消费的现状可知，从 2006 年到 2012 年，我国城镇居民家庭和农产家庭人均食品消费现金支出一直呈较快幅度增长，2012 年的人均食品消费支出均达到 2006 年的近两倍。其中，从表 1-1 中可以看到，城镇居民家庭对于肉及其制品的消费现金支出最多，粮食消费现金支出次之，水产品消费现金支出也占了很大比例。由此可见，我国对于食品的需求量处于不断增长的趋势。

表 1 - 1　城镇居民家庭人均消费现金支出及分类　　　单位：元

指　　标	2012 年	2011 年	2010 年	2009 年	2008 年	2007 年	2006 年
现金支出	16 674.3	15 160.9	13 471.5	12 264.6	11 242.9	9 997.5	8 696.6
食品消费现金支出	6 040.9	5 506.3	4 804.7	4 478.5	4 259.8	3 628	3 111.9
粮食消费现金支出	458.5	437.6	385.5	334.3	328.3	278.3	246.5
肉及其制品消费现金支出	1 183.6	1 105.9	914.2	867.5	896.9	703.3	545.6
蛋类消费现金支出	119	116.7	98	92.8	91.7	83.8	67.6
水产品消费现金支出	408.9	354	326.9	301.4	280.3	243.8	202.9
奶及奶制品消费现金支出	253.6	234	198.5	196.1	189.8	160.7	150.2

资料来源：《中国统计年鉴—2013》。

从亿元以上商品交易市场成交额来看，从 2010 年到 2015 年，农产品市场成交额每年都呈上升趋势，其中，蔬菜市场成交额占比最大，水产品和干果市场成交额也在快速增长。具体数据如表 1 - 2 所示，这也说明我国食品市场日益繁荣的景象。

表 1 - 2　全国亿元以上商品交易市场成交额及分类　　　单位：亿元

指　　标	2015 年	2014 年	2013 年	2012 年	2011 年	2010 年
亿元以上商品交易市场成交额	100 133.8	100 309.9	98 365.1	93 023.77	82 017.27	72 703.53
综合市场成交额	24 452.9	22 348.7	20 277.86	18 159.86	16 102.85	14 794.23
农产品市场成交额	16 483.83	15 507.83	14 584.08	13 713.64	12 595.26	10 593.23
农产品综合市场成交额	10 035.42	9 332	8 077.13	7 012.87	6 325.11	5 477.77
粮油市场成交额	1 869.92	1 753.73	1 565.11	1 641.26	1 437	1 467.73
肉禽蛋市场成交额	1 401.2	1 328.26	1 224.21	1 029.07	895.22	813.55
水产品市场成交额	3 319.14	3 157.19	2 808.81	2 974.12	2 739.01	2 096.63
蔬菜市场成交额	4 013.88	3 771.56	3 838.25	3 601.07	3 264.52	3 062.7

续　表

指　标	2015 年	2014 年	2013 年	2012 年	2011 年	2010 年
干鲜果品市场成交额	2 825.63	2 484.55	2 337.88	2 004.46	1 888.8	1 682.19
棉麻土畜、烟叶市场成交额	721.53	665.43	707.51	628.88	908.45	450.25
其他农产品市场成交额	2 332.52	2 347.11	2 102.31	1 834.78	1 462.28	1 020.18

资料来源：《中国统计年鉴—2016》。

　　随着中国食品行业的发展，外向性逐渐加强，食品进出口额逐年递增。尤其在中国加入 WTO 后，来自国外的"技术性贸易壁垒"和"绿色壁垒"逐渐减弱，加上中国农产品品质的不断改善，提高了国际竞争力，使农产品出口额呈现快速增长的趋势，2014 年我国食品及主要供食用的活动物出口额达到了 589.14 亿美元，具体数值见表 1-3。

表 1-3　食品及主要供食用的活动物进出口额　单位：百万美元

指　标	2014 年	2013 年	2012 年	2011 年	2010 年	2009 年
食品及主要供食用的活动物出口额	58 913.62	55 726.09	52 074.91	50 493	41 148.26	32 627.78
食品及主要供食用的活动物进口额	46 826.87	41 701.17	35 259.84	28 774	21 570.29	14 827.19

资料来源：《中国统计年鉴—2015》。

　　2. 我国食品供应结构发生了显著变化

　　近年来，我国肉类、水果、蔬菜、水产品、奶类的产量一直处于增长的趋势。以 2015 年为例，我国农林牧渔业总产值达到 107 056.36 亿元，比 2014 年增长了 4.7%。肉类产量为 8 625.04 万吨，水果产量为 27 375.03 万吨，蔬菜产量为 78 526.1 万吨，水产品产量为 6 699.65 万吨，牛奶产量为 3 754.67 万吨，禽蛋产量为 2 999.22 万吨。如表 1-4 所示。

表 1-4　全国历年若干类食品生产情况　　　　单位：万吨

指　标	2015 年	2014 年	2013 年	2012 年	2011 年	2010 年
肉类产量	8 625.04	8 706.74	8 535.02	8 387.24	7 965.1	7 925.83
蔬菜产量	78 526.1	76 005.48	73 511.99	70 883.06	67 929.67	65 099.41
水产品总产量	6 699.65	6 461.52	6 172	5 907.68	5 603.21	5 373
水果产量	27 375.03	26 142.24	25 093.04	24 056.84	22 768.18	21 401.41
牛奶产量	3 754.67	3 724.64	3 531.42	3 743.6	3 657.85	3 575.62
禽蛋产量	2 999.22	2 893.89	2 876.06	2 861.17	2 811.42	2 762.74

资料来源：《中国工业统计年鉴—2016》《中华人民共和国 2016 年国民经济和社会发展统计公报》。

　　具体说来，近年来我国肉类产量增长迅速，肉类产品结构发生了较大变化。在肉类总量中，猪肉所占比重明显下降，牛羊肉和禽肉所占比重逐年增加。以2016 年为例，猪肉产量为 5 299 万吨，下降 3.4%；牛肉产量为 717 万吨，增长2.4%；羊肉产量为 459 万吨，增长 4.2%；禽肉产量为 1 888 万吨，增长 3.4%。肉类产品调运量呈下降趋势，仍主要以冻结状态进行运输。原有的产销格局发生深刻变化，长途调运量急剧下滑。

　　同时，我国水果蔬菜种植面积与产量增长迅速。1978 年以来，水果的种植面积和产量分别以年均 20.2% 和 40.5% 的速度增长，蔬菜为 12%。其运输特点是：运量增长较快，并以普通果蔬运输为主，主要以新鲜状态进行运输。

　　水产品产量与养殖面积增长较快，水产品市场结构与品种结构发生显著变化，淡水产品比例增加较大；海上产品已由鱼类为主转变为以其他类（虾、蟹、贝类等）为主，淡水产品尽管仍以鱼类为主，但其比例有所下降。2016 年，全年水产品产量为 6 900 万吨，比上年增长 3.0%。其中，养殖水产品产量为 5 156万吨，增长 4.4%；捕捞水产品产量为 1 744 万吨，下降 1.0%。

1.1.2　我国安全食品的需求动因

1. 我国人民生活水平已得到显著改善

　　恩格尔系数是联合国粮农组织提出的判定生活发展阶段的一般标准，恩格尔系数达到 60% 以上为贫困，50%～60% 为温饱，40%～50% 为小康，40% 以下为富裕。表 1-5 是近年来统计的我国城乡家庭恩格尔系数。可以看出，自 2006 年以

第 1 章 绪 论 | 007

来，我国城镇居民家庭的恩格尔系数一直保持在 40% 以下，已经达到了小康水平。2012 年，农村居民家庭的恩格尔系数也降到 39.3%。由此说明人民生活已由贫困、温饱逐渐发展为小康、富裕，消费状况明显得到改善。

表 1-5　城乡家庭人均收入及恩格尔系数

指　　标	2006 年	2007 年	2008 年	2009 年	2010 年	2011 年	2012 年
城镇家庭人均可支配收入（元）	11 759.5	13 785.8	15 780.8	17 174.7	19 109.4	21 809.8	24 564.7
农村居民家庭人均纯收入（元）	3 587.0	4 140.4	4 760.6	5 153.2	5 919.0	6 977.3	7 916.6
城镇居民家庭恩格尔系数（%）	35.8	36.3	37.9	36.5	35.7	36.3	36.2
农村居民家庭恩格尔系数（%）	43.0	43.1	43.7	41.0	41.1	40.4	39.3

资料来源：2006—2013 各年《中国统计年鉴》。

随着我国经济的持续、健康、快速发展，整个社会的消费层次、消费水平和生活水平逐年提高。从表 1-6 中可以看出，我国城镇居民人均食品消费支出历年来呈快速上升趋势，2006 年，我国城镇居民家庭人均食品消费现金支出为 3 111.9 元，2012 年达到 6 040.9 元。其中，对于肉禽及水产品等易腐生鲜食品的需求量增速最快。从表 1-7 中可以看出，我国农村居民家庭平均每人食品消费支出占总支出的比例呈下降趋势，2006 年，农村居民家庭食品类支出所占比例为 43.0%，2012 年食品类支出所占比例下降到 39.3%。这在一定程度上说明，农村居民家庭的生活水平得到了显著提高。

表 1-6　城镇居民家庭人均消费现金支出　　　　　　单位：元

指　　标	2012 年	2011 年	2010 年	2009 年	2008 年	2007 年	2006 年
城镇居民家庭人均消费现金支出	16 674	15 161	13 472	12 265	11 243	9 998	8 697
城镇居民家庭人均食品消费现金支出	6 040.9	5 506.3	4 804.7	4 478.5	4 259.8	3 628	3 111.9

续　表

指　　标	2012 年	2011 年	2010 年	2009 年	2008 年	2007 年	2006 年
城镇居民家庭人均粮食消费现金支出	458.5	437.6	385.5	334.3	328.3	278.3	246.5
城镇居民家庭人均肉禽消费现金支出	1 183.6	1 105.9	914.2	867.5	896.9	703.3	545.6
城镇居民家庭人均蛋类消费现金支出	119	116.7	98	92.8	91.7	83.8	67.6
城镇居民家庭人均水产品消费现金支出	408.9	354	326.9	301.4	280.3	243.8	202.9
城镇居民家庭人均奶制品消费现金支出	253.6	234	198.5	196.1	189.8	160.7	150.2

数据来源：2007—2013 各年《中国统计年鉴》。

表 1 - 7　农村居民家庭平均消费支出

指　　标	2012 年	2011 年	2010 年	2009 年	2008 年	2007 年	2006 年
农村居民家庭平均每人消费支出（元）	5 908	5 221.1	4 381.8	3 993.5	3 660.7	3 223.9	2 829
农村居民家庭平均每人食品消费支出（元）	2 323.9	2 107.3	1 800.7	1 636	1 598.8	1 389	1 217
食品类支出所占比例	0.393	0.403	0.411	0.410	0.437	0.431	0.430

数据来源：2007—2013 各年《中国统计年鉴》。

2. 我国居民消费观念有了很大转变

随着我国居民生活水平的不断提高，人们的食品消费不再满足于"温饱"，转而将注意力投向多方位、高品质、健康安全的食品消费。未来几年，我国城乡居民食品消费将由生存需求逐步扩展成为享受需求和发展需求，由过去单纯满足

"饱腹"来"养活"自己的观念转向营养、保健与美食的享受，这种转变主要表现在以下三个方面。

（1）居民食品消费将由单纯追求数量转向追求质量，特别是对工业制成品、半成品的需求将大幅增长，从而为食品工业提供更广阔的市场。发达国家工厂化生产的主食品约占 70%，而我国用于加工的粮食只占 8%；发达国家肉类加工产品占初级产品总量的 30%～40%，而我国仅为 3%左右；专用面粉目前我国只有 9 种，而美国有上百种，日本和英国有数十种；玉米深加工品种美国有 2 000 种以上，而我国只有 20 余种。

（2）随着生活方式的变化与生活节奏的加快，在外就餐的消费支出不断提高，从而有力地推动餐饮业的发展与加工食品市场的拓展。国家统计局公布的消费数据显示，2016 年全年餐饮收入为 35 779 亿元，同比增长 10.8%。其中，2016 年 1—11 月，全国餐饮收入 32 447 亿元，提前一个月超过 2015 年度全年餐饮收入。

（3）随着农民经济状况的改善，农村在加工食品中的地位与作用不断加大。从发达国家和我国沿海地区来看，农民销售农产品、再从市场上购买加工食品的物流态势是必然趋向。随着这一潜在的市场被充分认识，将催生新一轮食品工业基地建设布局。

3. 我国食品流通格局发生巨大变化

从食品流通格局看，以往我国的食品供应属于卖方市场，食品生产供应结构决定了人们的消费水平。改革开放以后，工业化、现代化程度不断提高，食品资源日益丰富，食品市场转变为买方市场，面对众多的食品，消费者可以有很多选择。近年来，特别是电子商务和第三方物流的快速发展，食品从局部或区域内流通转变为全国范围内的流通。食品物流作为食品供应链的重要组成部分，是食品市场和食品市场流通中派生出的增值性的服务活动。我国居民食品消费方式的转变和食品流通格局的变化，将促使食品物流市场环境发生重大变化。

4. 我国食品安全呈现出新的发展趋势

与过去相比，我国食品安全状况有了显著改善。生产销售假冒伪劣食品案件多发的势头有所遏制，食品安全形势趋于好转。但必须看到，中国的食品供应体系主要是围绕解决食品供给量问题而建立起来的，当前我国食品安全形势依然严峻，集中体现在以下六个方面。

（1）微生物污染仍然是影响我国食品安全的最主要因素。2016 年，国家卫计委对 2015 年全国食物中毒事件的情况进行了通报。结果表明，通过突发公共卫生事件管理信息系统共收到 28 个省（自治区、直辖市）食物中毒类突发公共卫生事件（以下简称"食物中毒事件"）报告 169 起，中毒 5 926 人，死亡 121 人。与 2014 年相比，报告起数、中毒人数和死亡人数分别增加 5.6%、4.8% 和 10.0%。2015 年微生物性食物中毒事件的中毒人数最多，主要致病因子为沙门氏菌、副溶血性弧菌、蜡样芽孢杆菌、金黄色葡萄球菌及其肠毒素、致泻性大肠埃希氏菌、肉毒毒素等。有毒动植物及毒蘑菇引起的食物中毒事件报告起数和死亡人数最多，病死率最高，是食物中毒事件的主要死亡原因，主要致病因子为毒蘑菇、未煮熟四季豆、乌头、钩吻、野生蜂蜜等，其中，毒蘑菇食物中毒事件占该类食物中毒事件报告起数的 60.3%。化学性食物中毒事件的主要致病因子为亚硝酸盐、毒鼠强、克百威、甲醇、氟乙酰胺等，其中，亚硝酸盐引起的食物中毒事件 9 起，占该类事件总报告起数的 39.1%。在微生物污染中，细菌性污染是涉及面最广、影响最大、问题最多的一种污染。在食品的加工、贮藏、运输和销售过程中，造成细菌和致病菌超标的主要原因包括原料受到环境污染、杀菌不彻底、贮运方法不当、不规范的卫生操作等。

（2）农产品生产、加工以及销售等环节仍然存在安全隐患。一是从生产环节来看，农户生产规模狭小，经营分散，溯源管理困难，农产品分级和包装技术水平低，甚至违法使用不合格包装物；二是在食品加工环节，大量家庭作坊式的小型食品企业根本不具备生产合格产品的必备条件，甚至出现假冒伪劣现象，用非食品原料加工食品，滥用或超量使用增白剂、防腐剂、保鲜剂、食用色素等添加剂加工食品，生产假酒、劣质奶粉，用地沟油加工食用油等；三是在食品流通过程，大多缺乏必要的冷藏、保鲜设施，食品安全检测手段不够先进、质量控制措施不够完善，由于包装、贮藏、运输等设施落后和管理不善，常造成食品的二次污染。有的企业在食品收购、贮藏和运输过程中，过量使用防腐剂、保鲜剂，部分经营者销售假冒伪劣食品、变质食品，有的在农村市场、城乡接合部及校园周边兜售无厂名厂址、无出厂合格证、无保质期的"三无"食品、假冒伪劣食品，严重危害农民和未成年人的身体健康。例如，2011 年 7 月 13 日，《人民日报》第 13 版刊发《私宰肉是怎样流向餐桌》的专题报道，反映广西桂林市存在多个非法屠宰点私宰生猪，病死猪夹杂其中，直接威胁群众健康，在社会上产生了严重的不良影响。

（3）我国食品安全标准体系、检验检测体系、认证认可体系等方面还存在明显的不适应性。许多食品安全标准的制定没有利用风险性评估技术，标准的科学性和可操作性都亟待提高。我国目前绝大多数食品标准还属于非常具体的质量指标与卫生（安全）指标相混合的食品标准，造成监督困难，消费者也缺乏判断依据。标准体系仍不完善，很多重要标准尚未制定出来，同时相当一部分标准远低于国际标准。中国食品安全检验检测机构数量众多，分属不同部门，缺乏统一的发展规划，低水平重复建设情况比较普遍。食品认证体系多头管理、多重标准、重复认证、重复收费等问题还没有得到有效解决，认证体系的作用没有得到应有发挥。

（4）我国食品安全管理体制和法律法规体系还有待完善。我国食品安全管理的基本机制是"分段管理为主、品种管理为辅"，客观上形成了多部门管理格局，而且不同部门仅负责食品供应链的不同环节，这就容易造成职责不清、政出多门、相互矛盾、管理重叠和管理缺位等现象突出。现有与农产食品质量安全有关的法律或法规，相互间协调和配套性差，可操作性有待进一步完善。

（5）我国食品安全科技成果和技术储备不足。长期以来，我国的食品科技体系主要是围绕解决食物供给数量而建立起来的，对于食品安全问题的关注相对较少。目前还没有广泛地应用与国际接轨的风险性评估技术，与发达国家相比，我国现行食源性危害关键检测技术仍然比较落后。我国食品安全控制技术较为落后，清洁生产技术和产地环境净化技术缺乏且没有得到广泛应用，导致环境污染严重。我国开发新型农药、化肥、兽药、饲料、食品添加剂、调味剂等投入品的能力较弱，缺乏具有自主知识产权的产品。

（6）新产品、新技术、饮食习惯变化以及新的产销方式，给食品安全带来了潜在威胁。随着央视"3·15"晚会曝光"饿了么"入驻黑作坊、曝光像素小区黑店"外卖村"等，网络食品安全日益成为舆论关注的热点。由于网络食品经营的虚拟性和跨地域特点，对监管部门的行政管辖、案件调查、证据固定、处罚执行以及消费者权益保护等带来了极大的挑战，亟待出台具有针对性和可操作性的管理办法。

2015 年新修订的《食品安全法》，首次规定了网络食品交易第三方平台法律责任，国家食品药品监督管理总局进一步细化了网络食品安全监管的规定，各地方政府和监管部门也进行了积极探索。这在一定程度上提高了网络食品安全治理的法治化水平。同时，网络食品安全治理的新形势和新挑战，要求监管部门应进一步利用互联网思维探索食品安全治理的新路径，不断创新监管方式和监管手段，在加强与网络平台协作治理的同时，动员更多的社会主体参与食品安全治理，形成事前、事中、事后有效衔接的全链条监管，通过社会共治真正确保网络交易食品的安全。

近年来，中国新的食品种类（主要为方便食品和保健食品）大量增加。很多新型食品在没有经过风险性评估的前提下，就已经在市场上大量销售。方便食品和保健食品行业的发展给国民经济带来新的增长点，但也增加了食品风险。转基因技术的应用，一方面，给食品行业的发展带来非常好的机遇；另一方面，转基因食品安全的不确定性增加了食品安全隐患和风险。随着现代生活节奏的加快，消费者的饮食结构发生了新的变化，外出就餐的机会增多，生冷食物、动物性食物、煎炸烧烤食物增多，带来了新的食品安全威胁。面对新的食品种类和生活方式的变化，由于技术跟不上常常导致许多新的潜在的风险因素。

1.1.3 制约我国食品安全管理的关键因素

食品安全管理是指政府及食品相关部门在食品市场中，动员和运用有效资源，采取计划、组织、领导和控制等方式，对食品、食品添加剂和食品原材料的采购，食品生产、流通、销售及食品消费等过程进行有效的协调及整合，已达到确保食品市场内活动健康有序地开展，保证实现公众生命财产安全和社会利益目标的活动过程。

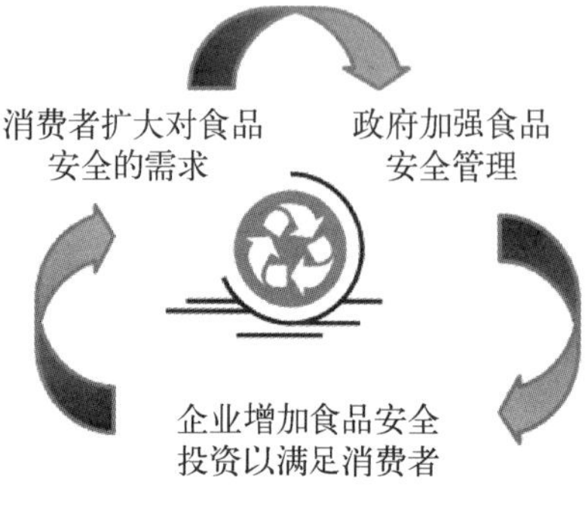

在食品安全增强环模式中（图1-1），随着消费者对食品安全的需求不断增加，政府因势利导，促使食品生产商不断改善自己的生产经营方式，以提供更健康、更安全的食品。倘若没有其他制约因素，消费者、政府和企业三方面将环环相扣，彼此促进，都朝更好的方向发展，直到彻底解决食品安全问题。

图1-1 食品安全增强环模式

目前，虽然制约食品安全管理问题的因素有很多，但从管理的角度系统思考食品安全问题，其主要制约因素就是信息不对称和安全标准不统一。

1. 信息不对称

根据信息经济学创始人阿克尔洛夫提出的信息不对称原理（Information Asymmetry）和"劣币驱良币"原理，在信息不对称的情况下，市场失灵，将会导致"逆向选择"。根据这个原理，由于消费者与食品生产商之间的信息不对称，将导致安全的食品退出市场，不安全的食品充斥市场。久而久之，尽管政府抓食品安全呼声日紧，但食品生产商由于怕无人识货而不敢追加安全成本，其"成长上限"环路如图 1 - 2 所示。

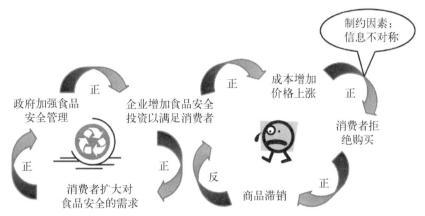

图 1 - 2　食品安全"成长上限"模式（信息不对称方面）

在食品安全领域造成信息不对称的根源，在于缺乏有效的食品安全信用体系。为了推动我国食品安全管理的发展，我国加快了食品安全信用体系建设的步伐，着力建立食品安全信用管理制度、食品安全信用标准制度、食品安全信用信息征集制度、食品安全信用评价制度，完善食品安全信用披露制度和食品安全信用奖惩制度等六个体系。建立长效保护和激励机制，以及信用提示、警示、公示，取消市场准入、限期召回商品等惩罚措施，采取切实有效的措施建设食品安全信用体系。

2. 安全标准不统一

食品安全标准不统一使食品安全管理混乱，同类食品之间无法比较其安全性。食品生产商在制定原材料采购标准以及生产加工标准时，无法将安全摆在第一位，追加安全成本将成为一句空话，其"成长上限"环路如图 1 - 3 所示。

食品安全标准在食品生产、加工、配送、销售等环节的缺失和不规范，将增加规范运营企业的经营成本，产生新的不公平，最终消费者的利益将受到损害，从而影响整个食品供应链的竞争力。因此，建立和完善食品生产标准、运输标准、配送标准、销售标准以及管理标准和信息标准等内容，有助于从根本上改善整个食品供应链的食品安全状况，创建公开、公平、公正和公信的竞争氛围，进而推动食品安全管理水平的提高。

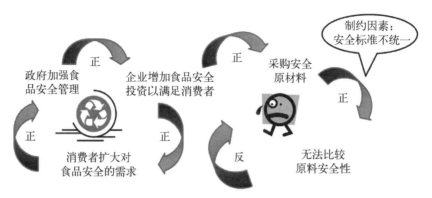

图 1 - 3　食品安全"成长上限"模式（安全标准不统一方面）

目前，我国食品相关标准由国家标准、行业标准、地方标准和企业标准 4 级构成，现已制定和发布了包括各类食品产品标准、食品污染物和农药残留限量标准、食品卫生操作规范在内的食品卫生及其检验方法、食品质量及其检验方法、食品添加剂、食品包装、食品贮运、食品标签等方面的国家标准 1 000 余项，行业标准 1 000 余项。但是，由于制标工作缺乏有效的协调机制，在实施中暴露出不少问题，标准之间的矛盾问题尤其突出。面对这么多的标准，企业在标准的选择上具有很大的随意性。同一产品可能存在几个标准，并且检验项目不同、含量限度不同，不仅给实际操作带来困难，也无法适应目前食品的生产及市场监管需要。

无论是信息不对称模式，还是安全标准不统一模式，都是产生食品安全问题的根本原因。只有解决了食品安全成长环的制约因素，才能快速解决食品安全问题，使我国食品安全管理恢复到食品安全增强环模式。因此，在食品安全监管中充分利用现代信息化技术手段来创新监管方法显得尤为重要。

1.2　现代食品安全管理的必要手段——管理信息化

1.2.1　"管理信息化"的概念及发展

1963 年，日本学者 Tadao Umesao 在题为《论信息产业》的文章中，首次提出"信息化是指通信现代化、计算机化和行为合理化的总称"。其中行为合理化是指人类按公认的合理准则与规范进行；通信现代化是指社会活动中的信息交流在现代通信技术基础上进行的过程；计算机化是社会组织和组织间信息的产生、存储、处理（或控制）、传递等广泛采用先进计算机技术和设备管理的过程，而现代通信技术是在计算机控制与管理下实现的。因此，社会计算机化的程度是衡量社会是否进入信息化的一个重要标志。该文章而后被译成英文传播到西方，西方社会普遍使用"信息社会"和"信息化"的概念是 20 世纪 70 年代后期才开始的。

如今，随着社会快速发展以及科学技术的飞跃，现代信息化被赋予了更多的功能以及更深的内涵。它是以现代通信、网络、数据库技术为基础，对所研究对象各要素汇总至数据库，供特定人群生活、工作、学习、辅助决策等和人类息息相关的各种行为相结合的一种技术，使用该技术后，可以极大地提高各种行为的效率，为推动人类社会进步提供极大的技术支持。例如，信息管理学就是在现代信息技术广泛普及的基础之上，通过提高信息资源的管理和利用水平，从而达到人类社会的新的物质和精神文明水平的过程，这也通常被称为"管理信息化"。

一般认为，管理信息化主要包括信息技术、数据资源、管理基础三大部分（图 1-4）。首先，信息资源是人们在生产和生活中客观存在的，要求信息资源数量和质量的统一、积累和整合的统一，既要有信息数量上的积累，做好信息收集和记录等基础性工作，又要重视对信息的分析和整合，使支持决策和管理的信息具有高知识含量和综合性；其次，信息技术是现代社会生产进步的表现，它要求信息技术和电子信息设备的应用达到较高的普及度，系统人工智能化、纵横互联网络化；再次，管

图 1-4 "管理信息化"概念三大要素示意

理基础是实现信息化管理的重要基石，能将信息技术和信息资源有机整合起来，它包括信息法规建设、政府信息公开制度建设、信息标准化体系的推广、社会信息观念的培育等，要求信息法规和制度较为完善，有较高的信息公开和共享度。这三个方面既相互独立又密切相关，同时相互影响、相互促进。

管理信息化是充分利用信息技术挖掘信息资源、促进信息交流和知识共享，推动经济社会发展转型所必经的历史进程。虽然我国信息化程度发展起步较晚，但我国是世界信息化发展速度最快的国家之一，近年来在社会多方面具有许多深远的影响，大大推动了全球化的发展，并重新定义了工业、政治、文化等领域的进程。

1.2.2 食品安全信息化管理的定义

尽管我国在诸多领域的管理信息化方面取得了较大进步，但目前还没有明确针对食品安全信息化监管概念进行系统的探讨和论述。依据管理信息化的三要素基本原理，可以对食品安全信息化管理作如下定义：食品安全信息化管理是指在食品安全法律、法规以及管理体制基础上，利用先进的管理体系和信息技术、设备，建立生产、流通、消费和行政监管、相关厂商、政府机构、消费者、大众媒体等与食品质量安全相关的信息的管理系统及信息化技术。

食品安全信息化管理不仅是一个技术问题，还是一项系统工程，涉及管理学、社会学、经济学等内容，需要全方位、多角度地开展研究工作。与此同时，食品安全信息化管理既具有政务信息化管理属性，又具有社会公共事业信息化管理属性，应包含同时满足"管理"和"服务"双重要求的内容。

1.2.3 实现食品安全信息化管理的相关技术

从食品安全信息管理的内涵来看，食品安全信息化管理系统实质上就是食品供应体系中食品构成与流向的监管信息、物流信息以及文件记录系统。这就意味着，要建立食品供应链各个环节上信息的标识、采集、传递和关联管理，实现信息的整合、共享，才能在整个供应链中实现可追溯能力。综合当前国内外的实践经验，实施可追溯系统主要涉及以下几个方面的技术。

1. 信息标识技术

信息管理的前提是用能够广泛接受的标准进行信息的标识表示，然后才能进行信息的采集和传递。随着全球化的发展，在实施可追溯的时候必须考虑到信息流动的全球性，必须采用全球通用的标准体系来进行可追溯信息的管理。一般采用国际物品编码协会（GS1）制定的 EAN·UCC 系统，它是在全球广泛应用的一套全球通用的物品、位置及服务关系标识系统及相应电子商务标准。

采用 EAN·UCC 系统可以对食品供应链全过程中的产品及其属性信息、参与方信息等进行有效的标识，建立各个环节信息管理、传递和交换的方案，实现对供应链中食品原料、加工、包装、贮藏、运输、销售等环节进行跟踪和掌控。在出现问题时，能够快速、准确地找出问题所在，从而进行妥善处理。至今，全球共有100多个国家和地区的来自工业、商业、出版业、医疗卫生、物流、金融保险和服务业等行业超过100万家的企业，采用 EAN·UCC 系统，对物品进行标识和供应链管理。

2. 信息采集技术

在对有关信息用全球通用的标准的标识以后，还需要用全球通用的标准载体来承载这些信息，以便于信息的采集，实现供应链全程的无缝链接。目前，最常用的信息采集技术是条码技术（Radio Frequency Identification，RFID，射频识别）和产品电子代码技术（Electronic Product Code，EPC）。

EPC 与 RFID 之间既有共同点，也有不同之处。从技术上来讲，EPC 系统包括物品编码技术、RFID 技术、无线通信技术、软件技术、互联网技术等多个学科技术。而 RFID 技术只是 EPC 系统的一部分，主要用于 EPC 系统数据存储与数据读写，是实现系统其他技术的必要条件。也就是说，并不是所有的 RFID 射频标签都适合做 EPC 射频标签，只有符合特定频段的低成本射频标签才能应用到 EPC 系统。

3. 网络数据交换技术

在食品供应链的每个环节建立了可追溯标签之后，还需要在各个环节之间建立无缝链接，实现标签信息传递和交换的关联管理，这样才能实现供应链全程的跟踪和追溯。否则，任何一个环节断了，整个链条就脱节了，也就无法实现可追溯的目的，而这需要数据交换的全球通用的技术标准来保证。

为实现贸易伙伴间电子数据信息快速、准确、低成本、高效率的交换，国际物品编码协会（Globe standard 1，GS1）制定了电子数据交换（Electronic Data Interchange，EDI）的全球标准，它包括电子数据交换标准实施指南（EANCOM）和可扩展的商业标识语言标准（ebXML）两个部分。

近年来，随着物联网、云计算和大数据技术的迅猛发展，云交换的概念逐渐在各个行业得到广泛应用，通过解决云计算服务所带来的数据孤岛问题，以完成信息的共享与分享。

4. 物流跟踪技术

前面提到，只有食品供应链的各个环节之间有效链接起来，才能实现可追溯，这种链接是通过食品的物流运输来实现的。食品尤其是生鲜食品，对温度等环境变化比较敏感，对物流运输的要求就比较高。因此，物流运输过程的管理对食品的安全来说就非常重要，必须采取有效手段，来监控、管理食品物流运输过程，使之能够高效进行。同时，在发生食品安全事件时，也能够对运输环节进行追溯。

目前主要是采用地理信息系统（Geographic Information System，GIS）和全球卫星定位系统（Geographical Position System，GPS）对物流运输过程进行准确跟踪记录。运用 GIS/GPS 技术，不仅可以对运输车辆进行实时跟踪、监控，还可以对车辆温度进行监控、调整。该技术还能根据实时跟踪状况，计算出最佳物流路径，给运输设备导航，减少运行时间，降低运行费用。

近年来，随着我国北斗卫星系统的完善，北斗卫星导航系统也逐渐向民用开放。相信在不久的将来，北斗系统将在我国食品流通等领域发展成为一个非常值得期待的物流监控系统。

5. 风险分析技术

风险分析（Risk Analysis）是指对可能存在的危害的预测，并在此基础上采取的规避或降低危害影响的措施。也就是说，风险是可以运用风险分析学原理控制的。风险分析是由风险评估、风险管理和风险交流三个部分共同构成的一个过程。

《中华人民共和国食品安全法实施条例》将食品安全风险评估定义为：对食品、食品添加剂中生物性、化学性和物理性危害对人体健康可能造成的不良影响所进行的科学评估，包括危害识别、危害特征描述、暴露评估、风险特征描述等。

食品安全风险评估技术主要是指利用现代信息技术，充分发挥网络优势，有组织地综合利用现代科技手段，快速获取大量有价值的食品安全风险信息，并在此基础上建立可共享的信息库，从而形成集信息追溯、收集、交流、上报、整理、分析、决策、处于一体的现代化监管方式。这可以做到信息共享、节约成本，极大地提高食品安全监管效率，是实现食品安全科学监管的有效方法，有着提高食品安全管理效能、降低食品安全管理成本、预防食品安全事件发生、减少食品安全信息不对称、提高风险评估准确性等作用。

1.2.4 食品安全信息管理体系的构成

食品质量安全信息管理是食品安全管理体系中重要的组成部分，也是保障食品安全的重要途径。其体系主要包括食品安全信息收集与交流系统、食品安全可追溯系统、食品安全风险监测与预警系统、食品安全信息咨询与教育系统四大方面。

1. 食品安全信息收集与交流系统

食品质量安全信息收集、分析和交流系统就是建立一个相关数据搜集、分析和交流的系统，主要包括以下几方面任务。在本国和世界范围内搜集、分析有关食品安全问题的重要信息，并通过这些信息的搜集和分析，为食品安全政策制定提供依据；及时、可靠地向生产者和消费者提供必要的信息，向个人及组织提供有助于在食品链（即投入、生产、加工和消费）的各个层次改进食品安全操作的适当信息；为他们进行有关食品质量安全生产、管理和消费等活动提供科学指导。政府及有关食品管理机构承担搜集、交流和传播食品安全相关知识的基本责任，这是管理和监督食品安全问题的重要组成部分。

自"瘦肉精""劣质奶粉"等重大食品危害事件发生以来，我国进一步加强食品质量安全信息收集和交流系统的建设。当前，我国食品质量安全信息数据库主要有四个来源：一是政府有关质量安全方面的监管信息，如相关国家法律、地方性法规、政府规章等；二是行业协会有关质量安全方面的自律信息，如质量安全标准、企业信用评估指标等；三是社会有关质量安全信用方面的信息，如公众媒体的监督报道、消费者投诉等；四是企业自身的质量安全控制信息，如企业质量安全管理制度、投入品采购台账、生产流传汇录、产品自主检测报告等。这些数据分别由农业部、卫计委、环保总局、商务部、工商总局、质检总局等在承担食品、农产品质量安全管理的同时，从不同方面进行收集。

2. 食品安全可追溯系统

长期以来，国际上在食品安全控制方面通用的方法是 HACCP（危害分析与关键控制点）、GMP（良好加工操作规范）及 ISO 9000 等。这些技术主要是对食品的生产、加工环境进行控制，以保证食品在整个生产过程中免受可能发生的生物、化学、物理因素的危害，将可能发生的危害消除在生产过程中。但是，这些技术不能对那些在流通过程中出现的问题进行监控，所以需要准确、快速地找出根源所在，从而及时采取有效措施，减少对人们健康的更大危害，并明确相关主体的责任。因此，对食品从生产到消费的供应链全程进行追踪，并在发生问题后进行追溯，就成为监控食品安全、保障消费者健康的必要手段，而这也是广大消费者期望所在。

食品安全可追溯系统的产生起因于 1996 年英国疯牛病引发的恐慌，另两起食品安全事件——丹麦的猪肉沙门氏菌污染事件和苏格兰大肠杆菌事件（导致21 人死亡）也使得欧盟消费者对政府食品安全监管缺乏信心，但这些食品安全危机同时也促进了可追溯系统的建立。为此，畜产品可追溯系统首先在欧盟范围内产生建立。通过食品的可追溯管理为消费者提供所消费食品更加详尽的信息。专家预言在与动物产品相关的产业链中，实行强制性的动物产品"可追溯"化管理是未来发展的必然，它将成为推动农业贸易发展的潜在动力。

近年来，我国政府逐步推进农产品可追溯制度的建设工作，制定了相关法规和实施意见。全国性的肉菜流通追溯体系建设试点启动于 2010 年，率先在部分城市探索利用信息化手段，打造信息追溯链条。其中，实现肉类蔬菜电子追溯系统覆盖全国城区人口 100 万以上以及西部城区人口 50 万以上城市；酒类产品电子追溯系统覆盖试点产品生产经营单位；保健食品电子追溯系统覆盖所有保健食品生产经营单位。2015 年 10 月 1 日起，上海市正式实施《上海市食品安全信息追溯管理品种目录》，对粳米（包装）、猪牛羊肉、鸡（活）、肉鸽（活）、冷鲜鸡（包装）、豇豆、土豆、番茄、辣椒、冬瓜、苹果、香蕉、带鱼、黄鱼、鲳鱼、内酯豆腐（盒装）、婴幼儿配方乳粉、大豆油等 10 余种食品和食用农产品的生产（含种植、养殖、加工）、流通（含销售、贮存、运输）以及餐饮服务环节实施全程信息追溯管理。

3. 食品安全风险监测与预警系统

风险分析方法不仅能够评估人类健康和安全的风险，确定和实施适当的风险控制措施，而且能够将风险情况及所采取的措施与利益相关者进行交流。在食品安全管理领域引入风险分析方法，有利于控制和降低食品危害发生的程度，实现食品安全风险预警和应急管理。美国、欧盟以及日本等发达国家和地区的成功经验表明，建立完善的食品安全风险监测与预警系统是保障人民群众食品安全的重要举措之一。

我国食品安全风险监测体系包括卫生监督、质量监督、出入境检验检疫和生产过程质量检测等，相关职能分布在农业部、卫计委、国家质检总局、商务部等多个政府职能部门。经过多年的建设和发展，我国已经基本形成了产品质量特别是食品质量安全监督监测体系。2012 年，国家发展改革委在其官方网站发布的《"十二五"国家政务信息化工程建设规划》提出，建设食品安全风险监测和评估信息系统，建设相应的食品安全信息共享平台，逐步实现食品生产、流通、消费全程监管业务的紧密协同和数据共享，支持食品安全事件的预防预警和应急处置，满足预防为主、科学管理、明确责任、综合治理的食品安全监管工作要求，切实提高食品安全的保障水平。加快建设食品（含农产品）生产、加工、流通

（含进出口）、消费等环节的安全监管信息化工程。

目前，我国已经建立了食品质量安全检验检测体系的基本管理构架，形成了国家、省、市（县）三级检验检测管理体系。第一级是国家专业性质检中心，它主要承担全国性的食品质量安全普查和风险评估工作，承担食品检验检测技术的研发和标准的制定及修订，开展食品质量安全对比分析和研究，与国际合作交流等职能。第二级是省级综合性质检中心，它主要承担食品质量安全监督抽查检验、食品市场准入检验、食品原料产地认定检验和食品质量安全评价鉴定检验等职能。第三级是市（县）级综合性检测站，它承担县级行政主管部门下达的食品质量安全执法检验，负责指导农产品生产基地和批发市场开展检测工作，负责食品质量安全监督检查的抽样和生产过程中的日常监督检验等。

从 2000 年开始，卫计委组织在北京、河南、广东等 10 个省、直辖市进行食品污染物监测试点工作，开展食品重金属、农药残留、单核细胞增生李斯特菌等致病菌的监测工作，并在试点工作的基础上，进一步建立和完善全国食品污染物监测网，这有利于开展适合我国国情的危险性评估，创建食品污染预警系统。

食源性疾病监测网是有效预防和控制食源性疾病的重要基础，主要包括食源性疾病报告体系、食源性疾病主动监测网络、病原危害的危险评估制度和食源性疾病的网络数据库四大组成部分。通过借助食品污染物监测数据，在全国建立起一个能够对食源性疾病暴发提前预警的系统，是有效预防和控制食源性疾病暴发、提高我国食源性疾病的预警和控制能力的基础。2010 年，我国全面启动食源性疾病监测工作，逐步构建主动监测与被动监测互为补充的食源性疾病监测、预警与控制体系，对食源性疾病进行"全方位监视"，目前已覆盖全国 3 000 多家哨点医院。

4. 食品安全信息咨询与教育系统

教育作为一种能够影响消费行为和市场产出结果的非强制性手段被广泛使用。管理机构针对消费者、生产企业和食品质量安全教育及研究者提供了不同的教育和培训内容。对于消费者而言，食品质量安全教育告诉人们关于如何降低感染食源性疾病的风险的科学知识，降低不安全食品对人们的危害。发达国家历来重视食品安全相关的教育和培训工作。例如，美国将每年 9 月确定为全国食品安全教育月；欧盟以"见多识广的消费者才是负责任的消费者"为口号开展了食品安全信息教育活动；日本将每年的 8 月确定为全国"食品卫生月"。

近年来，我国政府采取多种措施对所有利益相关者进行食品质量安全教育，鼓励他们参与食品质量安全信息交流。2011 年，国务院食品安全委员会办公室确定每年 6 月第三周为"食品安全宣传周"，在全国范围内集中开展形式多样、内容丰富、声势浩大的食品安全主题宣传活动，通过报刊、广播、电视、互联网等各种媒体进行集中报道。在每年的"食品安全宣传周"期间，各地方政府、各有关部门在全国范围内组织宣传食品安全法律和科普知识，部分食品专业学会、协会和有食品专业的高等院校组织志愿者深入乡村、学校、社区宣传食品安全科普知识，部分大中型超市和食品经营企业也通过宣传栏或展板等形式宣传食品安全常识。政府管理部门通过加强与消费者组织建立密切合作关系，为消费者提供免费的质量安全知识的教育和培训，同时进一步加强对消费者的投诉及对与食品工业有关投诉的处理和处罚力度。

1.2.5　国外食品安全信息管理发展概况

食品质量安全信息管理是食品安全管理体系中重要的组成部分，也是保障食品安全的重要途径。一些发达国家在该领域的管理实践和研究普遍早于发展中国家，积累了丰富的经验。美国、欧盟和日本是世界上食品安全管理体系较为完善和发达的国家和地区，他们对食品质量的控制也最为严格。早在 20 世纪 80 年代，美国和欧盟就开始了食品安全立法和管理体系的建设工作，他们的管理实践和经验对我国的食品安全管理体系建设具有积极的意义。日本的食品质量安全信息管理在亚洲具有一定的代表性，在相似的经济条件和文化背景下，其管理方法和经验值得其他亚洲国家学习和借鉴。

1. 信息收集与交流系统方面

美国食品质量安全信息的收集和风险交流是通过相互关联的联邦政府食品质量安全管理机构的通力合作，各州及地方政府的积极参与，形成一个遍布全国、连接全球，透明、高效的管理体系。美国政府通过该食品安全信息系统，定时发布食品市场的检测信息，及时通报不合格食品的召回信息，在互联网上发布管理机构的议案等，使消费者了解食品安全的真实情况。这一体系确保消费者能够及时获得与食品质量安全相关的众多信息，减少食品风险发生的概率，切实保护消费者的生命安全和健康。美国食品质量安全管理机构向公众发布和传播食品质量安全信息的形式多种多样，包括公众集会、《联邦公报》上的公告、全国及全球电子通信系统、向消费者及其他利益相关者投寄、互联网等。近年来，管理机构通过互联网发布了大量与消费者、食品生产经营者以及食品质量安全研究机构有关的食品质量安全信息。例如，环境保护局的杀虫剂网页刊登着各种杀虫剂的完整的风险分析，而风险分析程序也提供给公众征求意见，以改进风险分析程序。

风险信息的收集和分析是欧盟食品质量安全政策必不可少的要素。欧盟委员会是信息收集的主要责任部门，负责收集大量有关食品质量安全事件的信息。其信息的主要来源是公共健康监视与督察网络（特别传染性疾病汇报系统），可传入人体的动物疾病以及化学残留的监控计划，快速反应系统，农业信息系统，环境放射性检测和研究活动以及相关的研究网络。鉴于现行系统的分散性不利于不同来源信息之间的协调和信息的充分利用，欧盟决定建立一个综合有效的食品质量安全监视和监督系统来统一所有的信息来源。欧盟委员会联合研究中心负责在这方面提供有力的支持。

2001 年发生疯牛病事件后，日本政府强化了食品质量安全问题的管理，尤其是加强了风险信息收集和交流活动。日本食品卫生法第 58 款中把信息收集体系作为食品中毒控制措施的重要内容之一。例如，规定任何诊断出食源性疾病的医院及其他医疗机构必须通过该地区的卫生中心向政府报告病例情况。通过对国内食品中毒事件的信息收集和传播，日本对大规模食品中毒事件的危机管理水平有了很大提高。与此同时，日本加强了与相关国际组织（WHO、FAO、WTO等）和海外各国的食品质量安全机构的信息共享和交流，尤其关注出口国的食品质量安全问题和相关信息。

2. 食品安全可追溯系统方面

到目前为止，美国已经建立起较为完善的可追溯制度立法体系和相应的管理制度。强制性的、含有追溯要求的立法在美国联邦政府已具有较久的历史，例如，1930 年就针对果蔬交易信息进行记录颁布了易腐农产品法案（Perishable Agricultural Commodities Act，PACA）。政府立法具有不同的目标，一方面为了保证一定水平的食品安全，另一方面为了促进市场交易。不论是何种目的，政府要求的可追溯一般要求买者与卖者的信息（姓名、地址、电话等）以及与产品相关的信息，对记录的要求一般是向前一环节和向后一环节追溯。美国食品药品监督管理局（FDA）要求在美国国内和国外从事生产、加工、包装、负责人群或动物消费的食品部门，于 2003 年 12 月 12 日前必须向 FDA 登记，以便进行食品安全跟踪与追溯。2004 年 5 月又公布了《食品安全跟踪条例》，要求所有涉及食品运输、配送和进口的企业要建立并保全相关食品流通的全过程记录。该规定不仅适用于美国食品外贸企业，而且适用于美国国内从事食品生产、包装、运输及进口的企业。美国已于 2005 年 4 月起对自全球进口的水产品实行"原产地标签制度",所有产品须标明原料、制造分别在哪个国家进行。

欧盟 2000 年 1 月发表《食品安全白皮书》,形成了一个新的食品安全体系框架。其中提出的一项根本性改革,就是以控制"从农田到餐桌"的全过程为基础,明确所有相关生产经营者的责任。2002 年 1 月,欧盟理事会通过了《关于规定食品法的一般原则和要求,建立欧盟食品安全局及规定食品安全有关程序》的第 178/2002 号决议,规定从 2005 年开始在食品、饲料、供食品制造用的家畜以及与食品、饲料制造相关物品的加工、生产和流通的各阶段均应建立起追溯制度来阻止食品链中的欺诈与误导行为。

日本政府从 2001 年起在肉牛生产供应体制中全面导入了信息可追踪系统。2002 年 6 月 28 日,日本农林水产省正式决定,将食品信息可追踪系统推广到全国的猪肉、鸡肉等肉食产业,牡蛎等水产养殖产业以及蔬菜产业,使消费者在购买食品时通过商品包装可以获取品种、产地以及生产加工流通过程的相关履历信息。为了更加清晰准确地对所有农产品实施管理,日本农林水产省进一步开发扩展了"可追溯"信息系统的使用范围,并于 2005 年就把所有农产品全部纳入自动信息系统管理,对在生产和销售过程中符合规范的农产品授予认证标识,使消费者在购买商品时可以便捷地鉴别哪些是安全的食品。

3. 食品安全风险监测与预警系统方面

美国在食品安全风险监测和预警管理方面已形成一个较为完备的体系,在其中的各个环节都制定了相应的法规、制度,形成一个强有力的食品风险管理体系。1997 年 1 月,美国启动《总统食品安全计划》,致力于改进食品安全,推动公众健康。该计划强调风险评估在实现食品安全目标过程中的重要性,并号召对食品安全负有风险管理责任的所有联邦政府机构成立"机构间风险评估协会"。同时,美国食品安全管理机构大力推行 HACCP(危害分析关键控制点)作为新的风险管理工具。2001 年 10 月,美国食品药品监督管理局正式宣布将 HACCP 制度确定为全国性的食品安全制度,并且最终将使该制度应用于美国食品供应的所有环节。建立在风险分析和关键控制点基础上的 HACCP 既是生产企业控制食品质量安全的有效方法,又成为政府进行监管的有力工具。

欧盟从 1996 年开始采用"预警原则",建立起了食品快速预警系统。欧盟的食品警示系统包括欧盟食品快速预警体系和不同领域的各类通报系统(人与动物可传染疾病、欧盟边境动物产品阻隔、活畜运输及针对放射性事件的 ERuIE 系统等）。预警原则内容包括：一是根据触发因素确定是否采取预警措施；二是决定采取预警措施时，应如何实行。食品快速预警系统由欧盟统一制定实行，由欧盟组织的总风险预警管理系统和各成员国的分系统两大部分组成，其中主要包括通报制度、通报分级、通报类型、采取的措施、后续反应行动、新闻发布制度以及公司召回制度。但是，欧盟现行的快速预警体系与其他通报系统、快速信息系统以及第三国的预警系统之间的联系都过于松散，而且各个体系从目标到范围都有差异，故很难使信息得到统一使用。所以，欧盟委员会提出建立一个以目前快速预警体系为基础的综合协调机构，将该警示系统的预警范围扩大到所有食品与饲料，并加强与第三国的信息往来。

日本从 2003 年起就建立并完善一套食品安全风险监测体系，并被认为是食品安全保障最完善的国家之一。日本于 2003 年颁布的《食品安全基本法》就明确规定制定与实施食品安全政策的基本方针是采用风险分析手段。日本专门成立隶属于内阁府的食品安全委员会，从事食品安全风险评估，厚生劳动省和农林水产省负责食品安全风险管理。风险交流由上述三个机构紧密联合实行，综合性的风险交流经营由食品安全委员会负责。

4. 食品安全信息咨询与教育系统方面

在美国，与食品质量安全相关的教育和培训体系相当发达。美国将每年 9 月确定为全国食品安全教育月，以加强对食品服务人员的食品质量安全训练和公众正确处理食品的教育。美国的食品质量安全教育和培训的计划制定与实施的职能分属于各个相关机构，主要包括：美国卫生部（DHHS）的食品药品监督管理局（FDA），主要负责对行业和消费者的食品安全处理规程的培训；疾病预防和控制中心（CDC），主要职责是帮助预防食源性疾病，培训地方和州的食品质量安全人员；美国农业部食品安全检验局（FSIS），负责肉、禽加工食品安全的研究，教育行业和消费者安全的食品处理规程；美国农业部联合研究教育服务局（CSREES），负责与美国各大学、学院合作，对农场主和消费者就有关食品质量安全实施研究和教育计划；国家农业图书馆（NAL）食源性疾病教育信息中心（FIEIC），主要职能是维护有关预防食源性疾病资料的数据库，帮助教育者、从事食品行业的培训人员、消费者等获得相关的食源性疾病资料。

1997 年欧盟委员会的民意调查表明食品安全是消费者最关心的问题。这些调查结果促使委员会发起一场保证消费者健康和食品安全的运动。这场运动由每个成员国的不同组织开展，反映了各个国家丰富多彩的传统食品文化，集中围绕食品标签，特别是食物添加剂、食品追踪以及转基因食品等问题，其目的在于告知消费者基本的食品安全知识，使公众意识到他们在保证食品安全上所起的作用，并强化消费者组织在提供有助于食品安全问题建议的信息来源方面的作用。1998 年 10 月，欧盟以"见多识广的消费者才是负责任的消费者"为口号开展了食品安全信息教育活动，并在 1999 年继续实施。英国的中小学生也要接受食品卫生方面的教育，目的在于让他们了解食品卫生的基本规则，重点了解如何避免由病原体引起的食品污染。

日本政府采用各种不同的教育方法，对各阶层所有利益相关者开展食品质量安全方面的教育。食品质量安全方面的相关教育和培训主要由日本食品卫生协会和各级地方政府的卫生中心负责。其主要活动包括将每年的 8 月确定为全国"食品卫生月"；为食品制造商、生产者、加工者、销售商和消费者举办情况通报会以及培训班；提供食品质量安全方面的食品卫生指南；以及为新开餐馆提供咨询意见等。此外，日本政府非常重视对消费者和生产者的信息服务，早在 20 世纪 80 年代农业信息就已进入因特网，通过农产品数据库系统等，帮助消费者形成和增强农产品质量安全规范，为农产品生产者、监管者和食品安全专家提供必要的技能和知识。

1.2.6 我国推进食品安全监管信息化工作建设情况

进入 21 世纪以来，我国也在努力构建成熟的食品安全信息化监管体系。2002 年 7 月，上海市发布了政府令，在全国率先实施档案农业信息系统建设，建立食用农产品安全卫生质量跟踪制度，保证产品的可追溯性；2003 年 3 月，北京市工商局启动食品安全信用监督管理系统，为社会提供已列入重点名录的食品名单，定点屠宰厂、养殖场、蔬菜生产基地名单，以及各种优质、名牌、有机食品等称号名单；2004 年，山东省标准化研究院开始在山东开展蔬菜等农产品供应链跟踪与追溯研究和试点工作，实现了蔬菜"从田间到餐桌"的质量监管追溯，得到了社会各界的广泛关注和好评。

近年来，国务院每年年初都要印发当年食品安全重点工作安排，针对食品安全信息化建设方面的政策逐步明晰，逐渐将食品安全监管信息化建设工作推进上升至国家政策层面和法律层面，具体情况如表 1-8 所示。特别是 2015 年 10 月 1 日实施新的《食品安全法》，对食品安全监管、全链条追溯等方面提出了更加严格、细化的规定,使得食品安全态势感知、隐患识别、食品溯源、病因食品关联等综合分析能力有望在大数据时代迎来更多的发展契机,进一步提升食品安全信息化在食品安全监管、追溯以及检测模式中的重要作用。

表 1-8 近年来国务院有关食品安全信息化管理工作的重点内容摘录

时间	内 容
2011 年 3 月	国务院办公厅印发《2011 年食品安全重点工作安排》,建立全国统一的乳制品生产经营企业信息数据库;推进动物标识及疫病可追溯体系建设;推进酒类电子追溯系统建设;加强食品安全风险监测能力建设;完善食品安全信息管理和发布程序;普及食品安全相关知识,引导群众安全消费、理性消费,提高自我保护能力
2012 年 2 月	国务院办公厅印发《2012 年食品安全重点工作安排》,要求建立食品安全风险监测数据库和共享平台;建立健全流通环节食品安全电子监管体系;全面建立食品生产经营单位信用档案
2013 年 4 月	国务院办公厅印发《2013 年食品安全重点工作安排》,提出推进食品安全监管信息化建设,要求在年底建好国家食品安全信息平台,统筹规划建设食品安全电子追溯体系;加强舆情监测和信息发布
2014 年 4 月	国务院办公厅印发《2014 年食品安全重点工作安排》,推进食品安全监管工作信息化;建立食品原产地可追溯制度和质量标识制度;加强食品安全领域诚信体系建设;建立健全食品安全信息发布制度
2015 年 3 月	国务院办公厅印发《2015 年食品安全重点工作安排》,要求建设统一高效、资源共享的国家食品安全信息平台;加快食品安全监管信息化工程、食品安全风险评估预警系统、重要食品安全追溯系统、农产品质量安全追溯管理信息平台等项目实施进度;推进进出口食品安全风险预警信息平台建设,加快建设"农田到餐桌"全程可追溯体系
2015 年 10 月	实施新的《食品安全法》,对食品安全监管、全链条追溯等方面提出更加严格细化的规定
2016 年 4 月	国务院办公厅印发的《2016 年食品安全重点工作安排》,要求推进重大信息化项目建设,加快国家食品安全监管信息化工程立项和平台建设;推进食用农产品质量安全追溯管理信息平台建设,统一标准,互联互通,尽快实现食品安全信息互联共享
2017 年 4 月	国务院办公厅印发的《2017 年食品安全重点工作安排》,加强对网络订餐的监管;探索开展大型食品企业风险交流,完善重要信息直报制度和直报网络,加强食品安全舆情监测预警,制订国家食品安全突发事件应急预案;加快食品安全监管信息化工程项目建设,建立全国统一的食品安全信息平台;完善农产品质量安全追溯体系,试运行国家农产品质量安全追溯管理信息平台

时间	内　　　容
2017年3月	国家食品药品监督管理总局研究制定了《关于食品生产经营企业建立食品安全追溯体系的若干规定》，明确要求食品生产经营企业通过建立食品安全追溯体系；实现食品质量安全顺向可追踪、逆向可溯源、风险可管控，发生质量安全问题时产品可召回、原因可查清、责任可追究，切实落实质量安全主体责任，保障食品质量安全

　　2014年以来，国家食品药品监督管理总局、农业部落实习近平总书记"四个最严"要求，开展全国食品安全示范城市创建与农产品质量安全县创建（简称"双安双创"）工作，取得积极成效。提高食品安全保障水平，为全面建成小康社会、建设健康中国做出新的贡献，也正是开展"双安双创"的目标。从最初的4个试点省份，15个城市，到目前31个省（区、市）的67个城市，"双安双创"覆盖了所有省会城市和计划单列市，食品安全监管工作取得新成效。

　　显然，国家已经开始重视并致力于加强食品安全监管工作，但是不可否认目前的食品安全监管仍然存有漏洞，而造成漏洞的主要原因是各个监管部门之间、企业与监管部门之间、企业与消费者之间的信息差异，这种信息差异主要体现在以下几个方面：由于部门的权力差异，造成食品安全监管部门间的信息差异；由于行业特点，造成食品企业与消费者间的信息差异；由于利益关系，导致食品企业与监管部门间的信息差异。

　　在国家电子政务"十二五"发展规划（工信部规〔2011〕567号）文件中明确要求"开展以云计算为基础的电子政务公共平台顶层设计，加快电子政务发展创新，为减少重复浪费、避免各自为政、信息孤岛创建技术系统"，"推动政务部门业务应用系统向云计算服务模式的电子政务公共平台迁移，提高基础资源利用率和应用服务成效"等具体要求。2013年2月，国家食品药品监督管理总局制定了《关于进一步加强食品药品监管信息化建设的指导意见》，提出了全面加强食品监管系统信息化建设，加快建立适应食品监管工作需要的信息化体系，进一步提升食品监管信息化能力和水平。并于2014年完成了《食品药品监管信息化标准体系》《食品药品监管信息化基础术语（信息技术、药品、医疗器械部分）》《食品药品监管信息分类与编码规范》《食品药品监管信息基础数据元（机构、人员、药品、医疗器械部分）》《食品药品监管信息基础数据元值域代码（机构、人员、药品、医疗器械部分）》《食品药品监管信息数据集元数据规范》《食品药品监管数据共享与交换接口规范》《食品药品监管应用支撑平台通用技术规范》《食品药品监管数据库设计规范》和《食品药品监管软件开发过程规范》10项标准编制工作，这为促进我国食品药品监管信息系统互联互通、信息共享和业务协同提供了重要前提条件。

随着国家食品安全管理体制、法律法规体系等的完善以及现代信息技术的快速发展，食品安全监管信息化是历史的必然趋势。食品安全态势感知、隐患识别、食品溯源、病因食品关联等综合分析能力有望在大数据时代迎来更多的发展契机，这就要求进一步提升食品安全信息化在食品安全监管、追溯以及检测模式中发挥更重要作用。

第2章 食品质量与安全管理基础及体系

2.1 概　述

食品质量与安全问题是关系国计民生的重大战略问题，然而近年来频发的食品安全事件暴露出我国的食品安全监管体系存在着严重漏洞，利用信息化手段快速高效管理食品安全信息已成为必然趋势。总结近年来出现的食品安全事件，其根源性问题是我国食品在采购、生产、流通等环节，食品信息化程度低，信息不对称、不透明，无论是政府监管部门还是社会力量都难以全面收集和掌握食品安全有关的信息，不能形成及时有效的监管和监督。因此我国迫切需要借鉴发达国家的监管体系，从农田到餐桌食品供应链的各环节入手，将信息化应用于食品安全监管中，制定法律法规推行和发展相关信息技术及标准，建立食品安全追溯体系，提升食品管理的信息化程度，弥补传统食品安全监管体系的不足。

食品安全管理体系（Food Safety Management System，FSMS）是指与食品链相关的组织（包括生产、加工、包装、运输、销售的企业和团体），以良好的操作规范（Good Manufacturing Practice，GMP）和卫生标准操作程序（Sanitation Standard Operation Procedure，SSOP）为基础，以国际食品法典委员会（Codex Alimentarius Commission，CAC）的《HACCP体系及其应用准则》（即食品安全控制体系）为核心，融入管理机构或组织所需的管理要素，将消费者食用安全作为关注焦点的管理体制和行为。食品安全管理体系是实现食品安全管理信息化的重要基石，只有在完善的食品安全管理体系基础上，利用信息化手段来进行食品安全信息资源的挖掘、整理、发布，才可以被称为有效的食品安全管理信息化。

现在国际上执行的食品安全管理体系主要有HACCP体系、ISO 22000体系和FSSC 22000体系。HACCP（Hazard Analysis Critical Control Point，危害分析与关键控制点）体系由食品的危害分析（HA）和关键控制点（CCP）两部分组成，应用食品加工、微生物学、质量控制和危害评价等有关原理和方法，对食品原料、加工乃至最终产品等过程实际存在和潜在性的危害进行分析判定，找出对最终产品质量有影响的关键控制环节，并采取相应控制措施，使食品的危害性减少到最低限度，从而达到最终产品较高安全性的目的。ISO 22000《食品安全管理体系——食品链中各类组织的要求》标准是 2005 年 9 月 1 日由 ISO/TC 34 的第 8 工作组 WG8 颁布的一项基础性、综合性管理标准。该标准覆盖了 CAC 关于 HACCP 体系的全部要求，并更关注对体系有效性的验证。ISO 22000 不仅仅是通常意义上的食品加工规则和法规要求，还是一个寻求更为集中、一致和整合的食品安全体系。它将 HACCP 体系的基本原则与应用步骤融合在一起，既是描述食品安全管理体系要求的使用指导标准，又是可供认证和注册的可审核标准。我国等同采用 ISO 22000 标准，并将其转化为相应的国家标准 GB/T 22000—2006《食品安全管理体系——食品链中各类组织的要求》，于 2006 年 3 月发布，2006 年 7 月开始实施。FSSC 22000（Food Safety System Certification，食品安全体系认证）也是建立在 HACCP 原理基础之上，缩小了 ISO 22000 标准的使用范围，仅适用于制造业，不适用于养殖业、农业等。以 GMP 为基础，提前对方案进行阐述，并将管理体系方法、HACCP 和关于前提方案的详细指导原则相结合，由此就构成一个比较完整的体系。

自 2004 年 1 月 1 日起，我国开始执行 QS 食品安全管理体系认证。直到 2015 年 10 月 1 日，随着国家食品药品监督管理总局颁布《食品生产许可管理办法》与《食品经营许可管理办法》，以及新《食品安全法》同步实施，SC（食品生产许可）认证取代了 QS 认证。SC 认证体系使管理部门权限增加，监督检查力度更强，法律责任更加明晰，并明确一企一证原则。

在 2016 年 3 月 17 日发布的《中华人民共和国国民经济和社会发展第十三个五年规划纲要》第六十章"推进健康中国建设"中提出实施食品安全战略。完善食品安全法规制度，提高食品安全标准，强化源头治理，全面落实企业主体责任，实施网格化监管，提高监督检查频次和抽检监测覆盖面，实行全产业链可追溯管理。食品从原材料、加工、保存、销售等环节都容易出现安全问题，如果没有一套完整的监督管理体系。单靠从业者的良心和政府平常的监督和检查，很难确保食品的安全。食品生产监督、质量检测、市场准入等都需要法律制度来明确，权责落实到位才能管理有效。另一方面，一旦商家生产销售有毒有害食品，构成犯罪如何处理，怎么规定违法成本才有威慑力，这都需要一套完整的监督体系才能加以保障，才能从整个生产过程保障食品的安全。因此，"十三五"时期及长期规划都需要完善的食品安全管理体系作为后盾，同时也为国民经济和社会的稳定发展提供有力保障。本章将从食品法律法规体系、管理机构及职责、食品质量安全市场准入制度、食品召回制度、进出口食品的监督管理、有毒有害物质监测体系和风险应急体系等方面来具体阐述食品安全管理体系。

2.2 食品法律法规体系

2.2.1 食品法律法规的概念和渊源

食品法律法规指的是由国家制定的适用于食品从农田到餐桌各个环节的一整套法律法规，其目的是为了保证食品安全，保障公众身体健康和生命安全。其中，食品法律及规章是食品生产、销售企业必须执行的，而有些标准、规范为推荐使用。食品法律法规是国家对食品行业进行有效监督管理的基础，我国目前已基本形成了由国家基本法律、行政法规和部门规章构成的食品法律法规体系。

自 20 世纪 80 年代以来，我国以宪法为依据，制定了一系列与食品质量安全有关的法规以及国际条约。目前已形成了以《中华人民共和国食品安全法》《中华人民共和国产品质量法》《中华人民共和国标准化法》等法律为基础，以《食品安全生产加工企业质量安全监督管理办法》《食品添加剂卫生管理办法》《保健食品管理办法》及涉及食品质量与安全要求的大量技术标准等法规为主体，以各省及地方政府关于食品质量与安全的规章为补充的食品质量与安全法规体系。因此，我国食品法律法规的渊源主要包括以下几种。

（1）宪法

宪法是我国的根本大法，是国家最高权力机关通过法定程序制定的具有最高法律效力的规范性法律文件。它规定和协调国家的社会制度和国家制度、公民的基本权利和义务等最根本的全局性问题。它是制定食品法律、法规的来源和基本依据。它不仅是食品法的重要渊源，也是其他法律的重要渊源。

（2）食品安全法律

食品安全法律是指全国人大及其常委会经过特定的立法程序制定的规范性法律文件。它的地位和效力仅次于宪法。它通常包括两种形式：其一是由全国人大制定的食品法律，称为基本法，如《中华人民共和国食品安全法》《中华人民共和国产品质量法》《中华人民共和国消费者权益保护法》《中华人民共和国传染病防治法》《中华人民共和国进出口商品检验法》和《中华人民共和国标准化法》等；其二是由全国人大常委会制定的食品基本法律以外的食品法律。

（3）食品行政法规

食品行政法规是由国务院根据宪法和法律，在其职权范围内制定的有关国家食品行政管理活动的规范性法律文件，其地位和效力仅次于宪法和法律。国务院各部委所发布的具有规范性的命令、指示和规章，也具有法律效力，但其法律地位低于行政法规。

（4）地方性食品法规

地方性食品法规是指省、自治区、直辖市以及省级人民政府所在地的市人民代表大会及其常委会和经国务院批准的较大的市人民代表大会及其常委会制定的适用于当地的规范性文件。除地方性法规外，地方各级权力机关及其常设机关、执行机关所制定的决定、命令、决议，凡属规范者，在其辖区范围内，也都属于法的渊源。地方性法规和地方其他规范性文件不得与宪法、食品法律和食品行政法规相抵触，否则无效。

（5）自治条例与单行条例

自治条例和单行条例是由民族自治地方的人民代表大会依照当地民族的政治、经济和文化的特点制定的规范性文件。自治区的自治条例和单行条例，报全国人大常委会批准后生效；州、县的自治条例报上一级人大常委会批准后生效。

（6）食品规章

食品规章分为两种类型：一是指由国务院行政部门依法在其职权范围内制定的食品行政管理规章，在全国范围内具有法律效力；二是指由各省、自治区、直辖市以及省、自治区人民政府所在地和经国务院批准的较大的市人民政府，根据食品法律在其职权范围内制定和发布的有关该地区食品管理方面的规范性文件。

（7）食品标准

由于食品法的内容具有技术控制和法律控制的双重性质，因此，食品标准、食品技术规范和操作规程是食品法渊源的一个重要组成部分。这些标准、规范和规程可分为国家和地方两级。尽管食品标准、规范和规程的法律效力不及法律、法规，但在具体的执法过程中，它们的地位又相当重要。这是因为食品法律、法规只对一些问题作了原则性规定，而对与食品安全相关行为的具体控制，则需要依靠食品标准、规范和规程。所以从一定意义上说，只要食品法律、法规对某种行为作了规范，那么食品标准、规范和规程对这种行为的控制就有了其相应的法律效力。

（8）国际条约

国际条约是指我国与外国缔结的或者我国加入并生效的国际法规范性文件。它可由国务院按职权范围同外国缔结相应的条约和协定。这种与食品有关的国际条约虽然不属于我国国内法的范畴，但其一旦生效，除我国声明保留的条款外，也与我国国内法一样对我国国家机关和公民具有约束力。

2.2.2 中华人民共和国食品安全法

2.2.2.1 食品安全法的历程及意义

《中华人民共和国食品安全法》简称《食品安全法》，是围绕食品安全主体截至目前最新发布的包括内容最为全面的一部法律文件。该法在 2009 年 2 月 28 日第十一届全国人民代表大会常务委员会第七次会议上通过，2009 年 6 月 1 日正式实施，同时《中华人民共和国食品卫生法》废止。《中华人民共和国食品安全法》是《中华人民共和国食品卫生法》的修订版，前者的篇幅为 2.5 万字，而后者仅为 0.9 万字，并且前者所包括的内容是从食品安全的高度来着手考虑和解决问题，因此它的深度、广度以及可操作性均明显超过了《中华人民共和国食品卫生法》。

2015 年 4 月 24 日中华人民共和国主席令第 21 号将修订后的"最严"《食品安全法》公布，于 2015 年 10 月 1 日开始实施。新《食品安全法》（以下简称"新法"）为创新食品安全监管模式、构建"最严"食品安全管理体制奠定了制度基础，承担着新常态下推动我国食品安全监管体制转型的重大历史使命。

"新法"体现了十八届三中全会"建立最严格的覆盖全过程的监管制度"的要求，在 2009 年实施的《食品安全法》基础上增加了 50 条，分为 10 章 154 条。"新法"最重要的亮点就是改变了以往食品安全管理主要依靠政府监管部门单打独斗的方式，在总则明确提出食品安全监管"社会共治"的原则上，明确规定"食品安全工作实行预防为主、风险管理、全程控制、社会共治，建立科学、严格的监督管理制度"。这充分体现了政府在食品安全监管领域从"监管"到"治理"的理念转变，是推进国家治理体系和治理能力现代化的积极作为。

2.2.2.2　食品安全法的基本内容

《食品安全法》共十章一百五十四条，主要包括：

第一章　总则

第二章　食品安全风险监测和评估

第三章　食品安全标准

第四章　食品生产经营

　　第一节　一般规定

　　第二节　生产经营过程控制

　　第三节　标签、说明书和广告

　　第四节　特殊食品

第五章　食品检验

第六章　食品进出口

第七章　食品安全事故处置

第八章　监督管理

第九章　法律责任

第十章　附则

2.2.3　中华人民共和国产品质量法

1. 产品质量法的历程及意义

《中华人民共和国产品质量法》简称《产品质量法》，是指调整产品的生产者、销售者、用户及消费者以及政府有关行政管理部门之间，因产品质量问题而形成的权利义务关系的法律规范的总称。《产品质量法》属于产品质量基本法，是我国产品质量法律体系的基础，是全面、系统地规范产品质量问题的重要经济法，是一部包含产品质量监督管理和产品质量责任两大范畴的基本法律。

《产品质量法》于 1993 年 2 月 22 日第七届全国人民代表大会常委会第三十次会议审议通过，并于 1993 年 9 月 1 日起实行。2000 年 7 月 8 日第九届全国人民代表大会通过《关于修改产品质量法的决定》，修改后的《产品质量法》自2000 年 9 月 1 日起实施。2009 年 8 月 27 日第十一届全国人民代表大会常务委员会第十次会议通过《关于修改部分法律的决定》，并进行第二次修订。修订后的《产品质量法》充分体现了保护消费者合法权益的立法宗旨和社会主义市场经济的客观要求。它与原《产品质量法》相比，在产品质量监督管理体制、承担产品责任主体的范围以及民事赔偿优先等方面均有所创新，并实现了重大突破。

产品质量法的立法具有以下目的及意义。

（1）加强产品质量的监督管理，提高产品质量

产品质量法的制定和实施，有利于促进生产者、经营者改善经营管理，增强竞争能力。市场经济要求生产者、经营者改善和加强企业经营管理，提高产品质量，以高质量的产品树立企业形象，服务人民大众。

（2）明确产品责任，维护社会经济秩序

产品质量法明确了生产者、经营者在产品质量安全方面的责任和国家对产品质量的管理职能，有利于维护产品生产经营的正常秩序，从而保证市场经济的健康发展。

（3）保护消费者合法权益的有效法律武器

产品质量问题涉及千家万户，目前侵害消费者合法权益的行为大量存在，维护用户和消费者的利益，就必须完善有关产品质量的法律制度。严格执行产品质量法，将有利于保护消费者的合法权益。

2. 产品质量法的基本内容

《产品质量法》共六章七十四条，主要内容包括：

第一章　总则

第二章　产品质量的监督

第三章　生产者、销售者的产品质量责任和义务

　　第一节　生产者的产品质量责任和义务

　　第二节　销售者的产品质量责任和义务

第四章　损害赔偿

第五章　罚则

第六章　附则

2.2.4　中华人民共和国农产品质量安全法

1.《农产品质量安全法》的立法历程及意义

《中华人民共和国农产品质量安全法》简称《农产品质量安全法》，于2005年10月22日由国务院审议提出，2006年4月29日第十届全国人民代表大会常务委员会第二十一次会议通过，自2006年11月1日起施行。且在《食品安全

法》中明确规定，涉及农产品原料安全的按《农产品质量安全法》规定执行。

在国家未实行《食品安全法》前，全国人大常委会虽已制定了《食品卫生法》和《产品质量法》，但《食品卫生法》没有涉及种植业、养殖业等农业生产活动；《产品质量法》只适用于经过加工、制作的产品，不适用于未经加工、制作的农业初级产品。为了从源头上保障农产品质量安全，维护公众的身体健康，促进农业和农村经济的发展，在中央的高度重视和各有关方面的共同努力下制订了《农产品质量安全法》。

2.《农产品质量安全法》的基本内容

《农产品质量安全法》主要调整了三个方面的内容。一是关于农产品的范围，该法主要针对来源于农业的初级产品，即在农业活动中获得的植物、动物、微生物及其产品；二是关于行为主体，既包括农产品的生产者和销售者，也包括农产品质量安全管理者和相应的检测技术机构和人员等；三是关于管理环节，既包括产地环境、农业投入品的科学合理使用、农产品生产和产后处理的标准化管理，也包括农产品的包装、标识、标志和市场准入管理。

《农产品质量安全法》共分八章五十六条，主要包括：

第一章　总则

第二章　农产品质量安全标准

第三章　农产品产地

第四章　农产品生产

第五章　农产品包装和标识

第六章　监督检查

第七章　法律责任

第八章　附则

《农产品质量安全法》针对保障农产品质量安全的主要环节和关键点，确立了七项基本制度，建立了从农田到市场的农产品全程监管体系和可追溯制度，是完善农产品质量安全监管畅销机制的制度保障。

（1）政府统一领导、农业主管部门依法监管、其他有关部门分工负责的农产品质量安全管理体制。

（2）农产品质量安全标准的强制实施制度。政府有关部门应当按照保障农产品质量安全的要求，依法制定和发布农产品质量安全标准并监督实施；不符合农产品质量安全标准的农产品，禁止销售。

（3）防止因农产品产地污染而危及农产品质量安全的农产品产地管理制度。

（4）农产品的包装和标识管理制度。

（5）农产品质量安全监督检查制度。

（6）农产品质量安全的风险分析、评估制度和农产品质量安全的信息发布制度。

（7）对农产品质量安全违法行为的责任追究制度。

2.2.5　中华人民共和国进出境动植物检疫法

《中华人民共和国进出境动植物检疫法》（以下简称《动植物检疫法》）于1991年10月30日第七届全国人大常委会二十二次会议审议通过，并正式对外发布施行。《动植物检疫法》是中国颁布的第一部动植物检疫法律，是中国动植物检疫史上一个重要的里程碑，它以法律的形式明确了动植物检疫的宗旨、性质、任务，为口岸动植物检疫工作提供了法律依据和保证。该法的颁布实施，扩大了中国动植物检疫在国际上的影响，标志着中国动植物检疫事业进入一个新的发展时期。1996年12月，国务院颁布《动植物检疫法实施条例》，细化了动植物检疫法中的原则规定，如进一步明确了进出境动植物检疫的范围，确定了国家动植物检疫机关的职能，完善了检疫审批程序和检疫监督制度，进一步规范了实施行政处罚的规则和尺度。2009年8月27日，第十一届全国人民代表大会常务委员会第十次会议《关于修改部分法律的决定》对《中华人民共和国进出境动植物检疫法》进行了修正。修订后的《动植物检疫法》共八章五十条，主要内容包括：

第一章　总则

第二章　进境检疫

第三章　出境检疫

第四章　过境检疫

第五章　携带、邮寄物检疫

第六章　运输工具检疫

第七章　法律责任

第八章　附则

2.2.6　中华人民共和国食品安全法实施条例

《中华人民共和国食品安全法实施条例》依据《中华人民共和国食品安全

法》制定，于国务院第七十三次常务会议通过，自 2009 年 7 月 20 日起正式施行。随着新《食品安全法》于 2015 年 10 月 1 日起开始施行，为深入贯彻落实新《食品安全法》，根据 2016 年 2 月 6 日《国务院关于修改部分行政法规的决定》（国务院令第 666 号），国家食品药品监督管理总局对《食品安全法实施条例》进行了修订，修订后的《食品安全法实施条例》共十章二百条，主要内容包括：

第一章　总则

第二章　食品安全风险监测和评估

第三章　食品安全标准

第四章　食品生产经营

第五章　食品检验

第六章　食品进出口

第七章　食品安全事故处置

第八章　监督管理

第九章　法律责任

第十章　附则

2.2.7　食品添加剂新品种管理办法

添加剂使用不当或过量使用将危害消费者健康，因此，食品添加剂的安全备受关注。为加强食品添加剂新品种管理，根据《食品安全法》和《食品安全法实施条例》有关规定，卫生部制定《食品添加剂新品种管理办法》。该管理办法于 2010 年 3 月 15 日经卫生部部务会议审议通过，自 2010 年 3 月 30 日起实施，《食品添加剂卫生管理办法》同时废止。

《食品添加剂新品种管理办法》共有十五条，主要内容如下：

第一条　为加强食品添加剂新品种管理，根据《食品安全法》和《食品安全法实施条例》有关规定，制定本办法。

第二条　明确规定食品添加剂新品种。

第三条　食品添加剂应当在技术上确有必要且经过风险评估证明安全可靠。

第四条　规定使用食品添加剂的具体要求。

第五条　卫生部负责食品添加剂新品种的审查许可工作，组织制定食品添加剂新品种技术评价和审查规范。

第六条　申请食品添加剂新品种生产、经营、使用或者进口的单位或者个人，应当提出食品添加剂新品种许可申请，并提交相关材料。

第七条　申请首次进口食品添加剂新品种的，需提交除第六条规定的材料。

第八条　申请人应当如实提交有关材料，反映真实情况，并对申请材料内容的真实性负责，承担法律后果。

第九条　食品添加剂新品种技术上确有必要和使用效果等情况，应当向社会公开征求意见。

第十条　卫生部应当在受理后 60 日内组织医学、农业、食品、营养、工艺等方面的专家对食品添加剂新品种技术上确有必要性和安全性评估资料进行技术审查，并作出技术评审结论。

第十一条　食品添加剂新品种行政许可的具体程序按照《行政许可法》和《卫生行政许可管理办法》等有关规定执行。

第十二条　根据技术评审结论，卫生部决定对在技术上确有必要性和符合食品安全要求的食品添加剂新品种准予许可并列入允许使用的食品添加剂名单予以公布。

第十三条　卫生部根据技术上必要性和食品安全风险评估结果，将公告允许使用的食品添加剂的品种、使用范围、用量按照食品安全国家标准的程序，制定、公布为食品安全国家标准。

第十四条　当食品添加剂安全性可能存在问题，不再具备技术上必要性时，卫生部应当及时组织对食品添加剂进行重新评估。

第十五条　本办法自公布之日起施行。卫生部 2002 年 3 月 28 日发布的《食品添加剂卫生管理办法》同时废止。

2.2.8　国外食品安全信息化监管相关法律法规

（1）美国反生物恐怖法

美国《反生物恐怖法》于 2002 年开始实施，该法案规定所有该法案中规定的食品都可以被追溯和跟踪，被追溯是指食品能够从餐桌到农田被追溯回去，被跟踪是指食品从农田到餐桌能够一路跟踪。FDA 要求食品的生产商、供应商上报生产时间、生产日期、批号、销售顾客及产品名称等相关信息，且企业必须在 4 小时以内提交 FDA 索要的上述信息。这实际上就是要求企业采取计算机信息管理系统来收集整理相关信息，因为纸质的信息记录方式通常难以达到 FDA 的要求。

（2）日本农业标准法（JAS 法）

日本的食品安全监管法律体系分为 3 个层次：一是针对食品链各环节的一系列法律，如《食品卫生法》《JAS 法》等，这些法律效力最高；二是根据法律制定并由内阁批准通过的政令，如《食品安全委员会令》《JAS 法实施令》等；三是根据法律和政令，由日本各省制定的法律性文件，如《食品卫生法实施规则》《关于乳和乳制品的成分标准省令》等。这些法律体系覆盖了农产品生产环节、农产品流通环节、食品生产环节和食品流通环节。

值得提出的是，日本政府于 2003 年 5 月出台了《食品安全基本法》，规定了食品从"农田到餐桌"的全过程管理，明确了风险分析方法在食品安全管理体系中的应用，并授权内阁府下属的食品安全委员会进行风险评估工作。

《日本农业标准法》也称《农林物质标准化及质量标志管理法》（简称 JAS 法），该法于 1950 年制定，1970 年修订，2000 年全面推广实施。JAS 法中确立了两种规范，分别为：JAS 标识制度（日本农产品标识制度）和食品品质标识标准。日本在 JAS 法的基础上，开始试行并推广农产品与食品的追踪系统。该系统给农产品与食品标上了生产者（产地）、使用农药、加工厂家、原材料、经过的流通环节与其所有阶段的日期等信息。借助于追踪系统能够迅速查到食品在生产、加工、流通等各个阶段使用原材料的来源与制造的厂家以及销售商店等记录，同时也能够追踪掌握到食品目前的所处阶段。这些举措不仅能使食品的安全性和质量得到消费者的信赖，在发生食品安全事故时也能够及时查出事故的原因，同时对问题食品的追踪和回收起到重要作用。

2.3　食品安全管理机构及职责

2.3.1　我国食品安全管理机构及职责

1949 年至今，我国对食品安全监管主体进行了一系列改革，包括中央层面上的改革和地方层面上的改革。在中央层面上，食品安全监管体制经历了从以各主管部门为主、卫生部门为辅的监管，到多个部门混合监管、多个部门分段监管，再到以食药监管部门为主，进行相对集中统一监管的改革。而在地方层面上，实行"多合一"，组建市场监管局对包括食品在内的问题进行管理。

在中央层面上，2015 年 4 月修订的《中华人民共和国食品安全法》以法律的形式明确食药监管部门负责对食品的生产经营活动实行全程监管，同时强调地方政府的属地管辖责任。此外，该法进一步完善了食品安全监管机构，使食品安全监管由原来的工商部门、质监部门、卫生部门、农业部门、食药监管部门等多部门监管转变为集中在食药监管部门和农业部门进行监管，国家出入境检验检疫部门仍然负责进出口食品的安全监管。在中央对食品安全监管主体进行改革时，地方层面对食品安全监管主体的改革也在进行中，其改革模式主要是对质监部门、工商部门、食药监管部门等实行"多合一"，并对这些部门进行人员、职能等的整合，组建市场监督管理局。

1. 国务院食品安全委员会

根据《中华人民共和国食品安全法》规定，为贯彻落实食品安全法，切实加强对食品安全工作的领导，2010年2月6日决定设立国务院食品安全委员会，作为国务院食品安全工作的高层次议事协调机构。国务院食品安全委员会设立国务院食品安全委员会办公室。

经国务院和中央编委领导同志同意，中央编办于2010年2月6日印发《关于国务院食品安全委员会办公室机构设置的通知》（中央编办发〔2010〕202号），对国务院食品安全办主要职责、内设机构、人员编制以及与其他部门的职责分工等事项作了具体规定。该规定明确国务院食品安全委员会办公室设综合司、协调指导司、监督检查司、应急管理司、政策法规司、宣传与科技司，机关党委办事机构设在综合司。2013年3月10日，根据第十二届全国人民代表大会第一次会议审议的《国务院机构改革和职能转变方案》，保留国务院食品安全委员会，具体工作由国家食品药品监督管理总局承担。不再保留国家食品药品监督管理局和单设的国务院食品安全委员会办公室。

现国务院食品安全委员会主要职能为：（1）分析食品安全形势，研究部署、统筹指导食品安全工作；（2）提出食品安全监管的重大政策措施；（3）督促落实食品安全监管责任。

2. 国家食品药品监督管理总局（CFDA）

为加强食品药品监督管理、提高食品药品安全质量水平，2013年3月10日，根据第十二届全国人民代表大会第一次会议审议的《国务院机构改革和职能转变方案》，将国务院食品安全委员会办公室的职责、国家食品药品监督管理局的职责、国家质量监督检验检疫总局的生产环节食品安全监督管理职责、国家工商行政管理总局的流通环节食品安全监督管理职责进行整合，组建了国家食品药品监督管理总局（CFDA）。不再保留国家食品药品监督管理局和单设的国务院食品安全委员会办公室。2014 年 3 月 13 日，国家食品药品监督管理总局发布《关于进一步加强对超过保质期食品监管工作的通知》，要求加强食品安全监管工作，有效防止和控制食品安全隐患。

CFDA 是国务院综合监督管理药品、医疗器械、化妆品、保健食品和餐饮环节食品安全的直属机构，主要职责如下。

（1）负责起草食品（含食品添加剂、保健食品，下同）安全、药品（含中药、民族药，下同）、医疗器械、化妆品监督管理的法律法规草案，拟订政策规划，制定部门规章，推动建立落实食品安全企业主体责任、地方人民政府负总责的机制，建立食品药品重大信息直报制度，并组织实施和监督检查，着力防范区域性、系统性食品药品安全风险。

（2）负责制订食品行政许可的实施办法并监督实施；建立食品安全隐患排查治理机制，制订全国食品安全检查年度计划、重大整顿治理方案并组织落实；负责建立食品安全信息统一公布制度，公布重大食品安全信息；参与制订食品安全风险监测计划、食品安全标准，根据食品安全风险监测计划开展食品安全风险监测工作。

（3）负责组织制定、公布国家药典等药品和医疗器械标准、分类管理制度并监督实施；负责制定药品和医疗器械研制、生产、经营、使用质量管理规范并监督实施；负责药品、医疗器械注册并监督检查。建立药品不良反应、医疗器械不良事件监测体系，并开展监测和处置工作；拟定并完善执业药师资格准入制度，指导监督执业药师注册工作；参与制定国家基本药物目录，配合实施国家基本药物制度。制定化妆品监督管理办法并监督实施。

（4）负责制定食品、药品、医疗器械、化妆品监督管理的稽查制度并组织实施，组织查处重大违法行为；建立问题产品召回和处置制度并监督实施。

（5）负责食品药品安全事故应急体系建设，组织和指导食品药品安全事故应急处置和调查处理工作，监督事故查处落实情况。

（6）负责制定食品药品安全科技发展规划并组织实施，推动食品药品检验检测体系、电子监管追溯体系和信息化建设。

（7）负责开展食品药品安全宣传、教育培训、国际交流与合作。推进诚信体系建设。

（8）指导地方食品药品监督管理工作，规范行政执法行为，完善行政执法与刑事司法衔接机制。

（9）承担国务院食品安全委员会日常工作；负责食品安全监督管理综合协调，推动健全协调联动机制；督促检查省级人民政府履行食品安全监督管理职责并负责考核评价。

根据上述职责，国家食品药品监督管理总局设办公厅（应急管理办公室）、综合司（国务院食品安全办秘书处）、法制司、食品安全监管一司、食品安全监管二司、食品安全监管三司、特殊食品注册管理司、药品化妆品注册管理司（中药民族药监管司）、医疗器械注册管理司、稽查局、科技和标准司、新闻宣传司、人事司、规划财务司、国际合作司（港澳台办公室）、机关党委和离退休干部局等 19 个机构，各机构分工明确，各司其职，旨在加强食品药品监督管理，提高食品药品安全质量水平。

3. 农业部农产品质量安全监督管理局

农业部农产品质量安全监督管理局是隶属于农业部的下属机构，其成立的目的主要是加强国家对农产品质量安全的监督与管理，部门的主要职责介绍如下。

（1）起草农产品质量安全监管方面的法律、法规、规章，提出相关政策建议；拟定农产品质量安全发展战略、规划和计划，并组织实施。

（2）组织开展农产品质量安全风险评估，提出技术性贸易措施建议；组织农产品质量安全技术研究推广、宣传培训。

（3）牵头农业标准化工作，组织制定农业标准化发展规划、计划，开展农业标准化绩效评价；组织制定或拟定农产品质量安全及相关农业生产资料国家标准并监督实施；组织制定和实施农业行业标准。

（4）组织农产品质量安全监测和监督抽查，组织对可能危及农产品质量安全的农业生产资料进行监督抽查；负责农产品质量安全状况预警分析和信息发布。

（5）指导农业检验检测体系建设和机构考核，负责农产品质量安全检验检测机构建设和管理，负责部级质检机构的审查认可和日常管理。

（6）指导农业质量体系认证管理；负责无公害农产品、绿色食品和有机农产品管理工作，实施认证和质量监督；负责农产品地理标志审批登记并监督管理。

（7）指导建立农产品质量安全追溯体系；指导实施农产品包装标识和市场准入管理。

（8）组织农产品质量安全执法；负责农产品质量安全突发事件应急处置；牵

头整顿和规范农资市场秩序，组织开展打假工作，督办重大案件的查处；指导农业信用体系建设。

（9）编制农产品质量安全领域基本建设规划，提出项目安排建议并组织实施；编制本领域财政专项规划，提出部门预算和专项转移支付安排建议并组织或指导实施；提出本领域科研、技术推广项目建议，承担重大科研、推广项目的遴选及组织实施工作。

（10）开展农产品质量安全国际交流与合作。

（11）指导归口管理的事业单位和社团组织的业务工作。

4. 国家食品安全风险评估中心（CFSA）

国家食品安全风险评估中心（China National Center for Food Safety Risk Assessment，CFSA）成立于 2011 年 10 月 13 日，是经中央机构编制委员会办公室批准、直属于国家卫生和计划生育委员会的公共卫生事业单位。评估中心作为负责食品安全风险评估的国家级技术机构，承担国家食品安全风险评估、监测、预警、交流和食品安全标准制定等技术支持工作。成立评估中心是党中央、国务院加强食品安全工作的重要举措，是深入贯彻落实《中华人民共和国食品安全法》、有效提升我国食品安全管理科学水平的重要基础性工作。评估中心的成立填补了我国长期以来缺乏食品安全风险评估专业技术机构的空白，在增强我国食品安全研究能力、提高我国食品安全水平、保护公众健康、加强国际合作交流等方面发挥重要作用。其主要职责包括：（1）开展食品安全风险监测、风险评估、标准管理等相关工作，为政府制定相关的法律、法规、部门规章和技术规范等提供技术咨询及政策建议。（2）拟订国家食品安全风险监测计划；开展食品安全风险监测工作，按规定报送监测数据和分析结果。（3）拟定食品安全风险评估技术规范；承担食品安全风险评估相关工作，对食品、食品添加剂、食品相关产品中生物性、化学性和物理性危害因素进行风险评估，向国家卫生计生委报告食品安全风险评估结果等信息。（4）开展食品安全风险评估相关科学研究、成果转化、检测服务、信息化建设、技术培训和科普宣教等工作。（5）承担食品安全风险评估、食品安全标准等信息的风险交流工作。

5. 国家卫生计生委食品安全标准与监测评估司

在国务院机构改革和职能转变方案中，强调了加强食品安全风险监测、评估和标准制定的重要性。"三定"规定明确，国家卫生计生委设立食品安全标准与监测评估司，并组织开展食品安全风险监测、评估，依法制定并公布食品安全标准，负责食品、食品添加剂及相关产品新原料、新品种的安全性审查，参与拟定食品安全检验机构资质认定的条件和检验规范。其主要职责分为四个部分：一是组织开展食品安全风险监测工作；二是食品安全风险评估工作；三是依法制定并公布食品安全标准；四是负责食品添加剂及食品相关产品新原料、新品种的安全性审查。另外，还包括参与拟定食品安全检验机构资质认定表条件和检验规范等。

2.3.2 国际上与食品安全相关的组织

1. 世界卫生组织（WHO）

世界卫生组织（World Health Organization，WHO）是联合国系统内卫生问题的指导和协调机构，其前身可追溯到 1907 年成立于巴黎的国际公共卫生局和 1920 年成立于日内瓦的国际联盟卫生组织。中国是 WHO 的创始国之一，1972 年第 25 届世界卫生大会恢复了中国在该组织的合法席位。其后，中国出席该组织历届大会和地区委员会会议，被选为执委会委员。1978 年 10 月，中国卫生部部长和该组织总干事在北京签署了《卫生技术合作谅解备忘录》，协调双方的技术合作，这是双方友好合作史上的里程碑。1981 年该组织在北京设立驻华代表处。

（1）世界卫生组织的机构

WHO 的最高权力机构是世界卫生大会，每年举行一次，主要任务是审议总干事的工作报告、规划预算、接纳新会员国和讨论其他议题。执行委员会是由世界卫生大会选出的 32 名会员国政府指定的代表组成，任期 3 年，每年改选 1/3。根据 WHO 的口头君子协议，联合国安理会 5 个常任理事国是必然的执委会成员国，但席位第三年后轮空一年。常设办事机构为秘书处，下设非洲、美洲、欧洲、东地中海、东南亚、西太平洋 6 个地区办事处，总干事是秘书处行政和业务首席官员，经投票选举产生。

执行委员会每年至少举行两次会议，正常情况下主会议在 1 月份举行，第 2 次较短的会议于 5 月份在卫生大会结束后即举行。执行委员会的主要职能是行使卫生大会作出的决议和政策，建议并促进其工作。

秘书处由卫生及其他领域的专家，以及一般服务人员等组成，分别在总部、6 个国家和地区办公室工作。秘书处秘书长由执行委员会提名，通过世界卫生大会任命。WHO 的专业组织有顾问和临时顾问、专家委员会、全球和地区医学顾问委员会及合作中心。

（2）世界卫生组织的目标和职能

WHO 负责对全球卫生事务提供指导，拟订卫生研究议程、制定规范和标准、阐明以证据为基础的政策方案、向各国提供技术支持以及检测和评估卫生趋势。该组织关注世界人民健康，给健康下的定义为"身体、精神和社会生活的完美状态"。

世界卫生组织宪章将其定义为国家卫生工作的指导和权威，它的目标是：使全世界人民获得可能的最高水平的健康。世界卫生组织致力于促进流行病和地方病的防治，提供和改进公共卫生、疾病医疗和有关事项的教学与训练，推动确定生物制品的国际标准。其出版物有《世界卫生组织月报》（*Bulletin of the World Health Organization*）、《疫情周报》（*Weekly Epidemiological Record*）、《世界卫生统计》（*World Health Statistics*）、《世界卫生》（*World Health*）。

世界卫生组织通过其核心职能来实现其目标，这些核心职能包括：就对卫生至关重要的事项提供指导，并在需要联合行动时参与；制定研究议程，促进开发、传播和应用具有价值的知识；制定规范和标准并促进和监测其实施；阐明合乎伦理并以证据为基础的政策方案；提供技术支持，促进变革并发展可持续的机构能力；监测卫生情况并评估卫生趋势。这些核心职能为全组织范围内工作规划、预算、资源和成果提供了框架。

2. 联合国粮农组织（FAO）

（1）概况

联合国粮农组织（Food Agriculture Organization of the United Nations，FAO）是联合国专门机构之一，是各成员国讨论粮食和农业问题的国际组织。FAO 的宗旨是提高各成员国人民的营养和生活水平，实现农、林、渔业以及粮食和农业产品生产和分配效率的改进，改善农村人口的生活状况，从而为发展世界经济做出贡献。FAO 从其创建之初，便致力于通过发展农业生产来减少饥饿，提高人类营养状况，杜绝食品安全问题引起的人类健康现象。

我国于 1971 年被 FAO 理事国第 57 届会议接纳为正式会员。FAO 在亚太、西非、东非和拉美设有区域办事处，在欧洲设有区域代表，另外在联合国纽约总部和华盛顿特区设有联络办事处。

（2）联合国粮农组织的工作内容

联合国粮农组织的工作涉及很多领域，包括土地和水资源的开发、森林工业、渔业、经济和社会政策、投资、种植业和畜牧业的生产以及营养与水平标准等。在这些领域，该组织应成员国要求提供直接的发展援助或与其他单位合作对发展中国家提供发展援助；收集、分析并传播信息，为各国政府提出建议；为各阶层人士提供一个国家论坛以便对食品和农业问题进行辩论和讨论。此外，FAO还出版经济和科技方面的刊物。随着自然资源的不断消耗和环境恶化现象不断加剧，社会各界都重视可持续发展，FAO也将近期工作重点转移到可持续发展上，合理利用自然资源，保护生态环境，在不损害后代利益的前提下满足当代人的需求。

FAO还负责实施联合国开发计划署资助的各项农业技术援助计划，参与联合国儿童基金会、世界银行、国际劳工组织以及其他机构有关粮农计划的实际活动，指导世界范围内免于饥饿。通过对国际农产品市场形势的分析和质量预测，组织政府间协商，推进农产品的国际贸易。

粮农组织的出版物有《粮农状况》（State of Food and Agriculture）年度报告、《谷物女神》（Ceres）双月刊。其中《粮农状况》被粮农组织理事会作为向成员国提出建议的依据。

（3）联合国粮农组织的组成机制

粮农组织大会是该组织最高权力机构，由成员国各自委派 1 名代表组成，每 2 年举行 1 次。大会负责决定该组织的政策，批准预算和工作计划，通过行动规章和财务制度。

理事会是大会的执行机构，在大会休会期间执行大会所赋予的权力。理事会由大会选出的 49 个成员组成，任期为 3 年，并交替轮换，每年有 1/3 的成员任期届满。FAO 将全球分为非洲、亚洲、欧洲、拉丁美洲及加勒比、近东、北美洲和西南太平洋 7 个区域，每个区域有固定的席位数。理事会设主席一名，由大会选举产生，任期两年。此外，大会还选举 1 名总裁来领导该机构。理事会下设计划和财政、农业、林业、渔业、商品问题及世界粮农安全等委员会，协助理事会研究和审查各种专门问题，提出相应的建议。

秘书处是大会和理事会的执行机构，负责执行粮农组织计划，负责人是总干事，由大会选出，任期 6 年，可连任，在大会和理事会的一般监督下有权知道整个粮农组织的工作。秘书处下设有 6 个司，还有百余个专业委员会和工作组。

3. 国际食品法典委员会（CAC）

1）概况

为了在国际食品和农产品贸易中给消费者提供更高水平的保护，促进更公平的贸易活动，联合国粮农组织和世界卫生组织在联合食品标准计划下创建了食品法典委员会（Codex Alimentarius Commission，CAC）。作为一个制定食品标准、准则和操作规范等相关文件的国际性机构，其宗旨是保护消费者健康和便利食品国际贸易，通过制定推荐的食品标准及食品加工规范，协助各国的食品标准立法并指导其建立食品安全体系。

CAC 为成员国和国际机构提供了一个交流食品安全和贸易问题信息的论坛，通过制定、建立具有科学基础的食品标准、准则、操作规范和其他相关建议以保护消费者和促进食品贸易。其主要职能为：

（1）保护消费者健康和确保公平的食品贸易；

（2）促进国际机构和非政府组织所承担的所有食品标准工作的协调一致；

（3）通过或借助适当的组织一起决定、发起和指导食品标准的制定工作；

（4）批准以上第 3 条已制定的标准，并与其他机构（以上第 2 条）已批准的国际标准一起，在由成员国政府接受后，作为世界或区域标准予以发布；

（5）根据制定情况，在适当审查后修订已发布的标准。

2）国际食品法典委员会组织机制

食品法典委员会的组织机构包括常设秘书处、执行委员会和附属技术机构（各类分委员会）。

（1）全体成员国大会

CAC 主要的决策是每 2 年 1 次在罗马和日内瓦轮流召开的全体成员国大会，审议并通过国际食品法典标准和其他相关事项。委员会的日常工作由在罗马粮农组织总部的由 6 名专业人员和 7 名支持人员组成的常设秘书处来承担。

（2）执行委员会

在 CAC 全体成员国大会休会期间，执行委员会代表 CAC 开展工作，行使职权。执行委员会由主席、副主席以及委员会选出的 7 名来自非洲、亚洲、欧洲、拉美及加勒比、近东、北美和西南太平洋的成员组成。

（3）附属技术机构

CAC 附属技术机构是 CAC 国际标准制定的实体机构。这些附属机构分成综合主题委员会（10 个）、商品委员会（11 个）、区域协调委员会（6 个）和政府间特别工作组（1个）四类。每个委员会由国际食品法典委员会会议选的1个成员国主持。在食品法典委员会的章程中，明确提出了其目的、责任规范、目标和议事规则。目前共有29个附属机构（委员会），其中4个委员会暂停工作，CAC标准通过这29个附属机构制定完成。

综合主题委员会负责拟定有关适用于所有食品的食品安全和消费者健康保护通用原则的标准。商品委员会（纵向）负责拟定有关特定商品的标准。区域协调委员会负责处理区域性事务。此外，委员会成立政府间特设工作组（而非食品法典委员会），以作为一种精简委员会组织机构的手段，并借此提高附属机构的运行效率。

食品法典委员会的分委员会和特别工作组负责草拟提交给CAC的标准，无论是其拟作全球使用还是供特定区域和国家使用。在食品法典内对标准草案及相关文件的解释工作由附属技术机构承担。食品法典委员会的组织机构被假定为互相联系的，每个成员国内部有相应的行政管理机构。

食品法典委员会与成员国主要的机构接触渠道就是各国家的法典联络处。法典联络处的核心职能包括：充当食品法典委员会秘书处与成员国之间的联系纽带，并协调国家一级与食品法典有关的所有活动。理想的情况是，食品法典联络处支持一个国家委员会，其结构能反映出国家立法、政府行政管理结构以及已建立的程序和惯例。

粮农组织和世界卫生组织共同资助和管理的两个专家委员会是食品添加剂和污染物联合专家委员会（JECFA）、农药残留联合会议（JMPR），两者均为制定食品法典标准所需的信息提供独立的专家建议。

3）食品法典

食品法典是全球消费者、食品生产和加工者、各国食品管理机构和国家食品贸易重要的基本参照标准。食品法典是否先进合理直接决定着食品安全管理体系模式的先进性和有效性。因此，食品法典的制定需要基于协商一致，要求委员会采用一种"积极达成一致"的程序，包括为阐述有争议问题的科学依据所开展的进一步的研究，确保会议的充分讨论，出现不同意见时组织有关方面举行非正式会议（会议参与权对各利益方和观察员开放，以确保透明度），重新定义审议中的主题事项的范围，以去掉无法达成共识的议题，强调有关事项不提交给委员会，直至达成一致。

制订CAC法典要求遵循以下原则：（1）保护消费者健康；（2）促进公正国际

食品贸易；（3）以科学危险性评价（定性与定量）为基础，包括 JECFA、JMPR、微生物危险评价专家咨询会议；（4）考虑其他因素，如经济、不同地区和国家的情况等。

食品法典标准体系内容结构有下列要素架构：横向的通用标准由一般专题分委员会制定，包括食品卫生（卫生操作规范）、食品添加剂、农药残留、污染物、标签及其说明，以及分析和取样方法等方面的规定。纵向的产品标准由商品标准委员会制定，涉及水果、蔬菜、肉和肉制品、鱼和鱼制品、谷物及其制品、豆类及其制品、植物蛋白、油脂及其制品、婴儿配方食品、糖、可可制品、巧克力、果汁及瓶装水、食用冰 14 类产品。

4. 世界动物卫生组织（OIE）

世界动物卫生组织（World Organization for Animal Health，OIE），也称"国际兽疫局"，是 1924 年建立的一个国际组织，总部在法国巴黎。世界动物卫生组织作为动物卫生的国际组织，它在国际动物法规和标准的制定中发挥着重要的作用，对全球的动物卫生工作具有权威性的指导作用。

OIE 所宣称的使命包括以下几个方面。

（1）全球动物疫情的透明化。这是 OIE 的首要任务。成员国在发生动物疫情时必须向 OIE 进行通报，OIE 根据疫情危害程度紧急或者定期通过 OIE 网站，E-mail 和出版《疫情信息》（*Disease Information*）、《世界动物卫生状况》（*World Animal Health*）刊物等途径将这些信息转发给其他成员国，以便及时采取必要的预防措施。

（2）收集、分析和传播兽医科技信息。OIE 收集和分析动物疫病控制的最新科技信息，然后将整理的有用信息通报各成员国，以帮助他们提高控制和根除疫病技术的能力。这些指导性原则由全世界的 OIE 协作中心和参考实验室网络来制定。兽医科技信息也通过 OIE 出版的各种著作和刊物发表，最著名的是《科学技术评论》（*Scientific and Technical Review*）。

（3）为动物疫情控制提供专家意见和鼓励国际协作。OIE 向在控制和根除动物疫情（包括人畜共患病）方面需要帮助的成员国提供技术支持，尤其是向贫穷的国家提供专家的意见，以帮助控制那些影响畜牧业发展和人类健康，以及威胁其他国家的动物疫情。OIE 已经与许多国际性地区和国家金融组织建立了永久性联系，以保证他们能够更多地控制动物疫情和人畜共患病提供资金支持。

（4）制订动物和动物产品国际贸易地卫生规则，保证国际贸易地卫生安全。OIE 制订了一系列国际标准化准则，包括《陆空动物卫生法典》（*Terrestrial Animal Health Code*）、《陆生动物诊断试验和疫苗手册》（*Manual of Diagnostic Tests and Vaccines for Terrestrial Animals*）、《水生动物法典》（*Aquatic Animal Health Code*）和《水生动物诊断试验手册》（*Manual of Diagnostic Tests for Aquatic Animals*）等。通过应用这些准则，成员国既可以避免外来疫病和病原地入侵，又不需要设置不公正的技术壁垒。

（5）提供动物源性食品更好的安全保障和通过科学的途径促进动物福利。OIE 成员国决定通过建立 OIE 和 FAO/WHO 食品法典委员会（CAC）的进一步协作以更好地保障动物性食品的安全。

OIE 自成立起，就作为唯一的国际动物卫生参考组织发挥了重要的作用，得到了国际的认可，并通过与所有成员国兽医机构的直接合作得到长足的发展。作为动物卫生和动物福利之间紧密联系的一种标志，应各成员国的要求，OIE 已成为动物福利的最主要的国际组织。正是基于上述发展目标，OIE 得到了各成员国和许多相关的国际和区域性组织的认可，从而也使自身获得了发展，成为在动物及其产品国际贸易中举足轻重的一个国际性组织。

2.4　食品质量安全市场准入制度

所谓市场准入，一般是指货物、劳务与资本进入市场的程度的许可。对产品的市场准入可理解为，市场的主体（产品的生产者与销售者）和客体（产品）进入市场的程度的许可。因此，食品质量安全市场准入制度是为了保证食品的质量安全，具备规定条件的生产者才允许进行生产经营活动，具备规定条件的食品才允许生产销售的一种监管制度。实行食品质量安全市场准入制度是一种政府行为，是一项行政许可制度。

国家质量监督检验检疫总局于 2002 年下半年起在部分省、市启动了食品质量安全市场准入制度。首批被准入的是米、面、油、酱油、醋五类常用食品。相关的食品生产企业必须在获得食品生产许可证、得到食品市场准入资格后，才能把所生产的食品投放市场销售。这是我国食品安全方面与国际接轨所采取的一项重大措施。并计划从 2004 年第一季度起，全面实施食品安全市场准入制度，所涉及的食品将由最初的肉制品、奶制品、茶叶、饮料、调味品、方便食品，分期分批地过渡到所有食品品种。目前，我国 28 大类 500 多种食品已悉数纳入市场准入管理。2015 年，《食品生产许可管理办法》（国家食品药品监督管理总局令第 16 号）规定了申请食品生产许可，应当按照以下食品类别提出：粮食加工品，食用油、油脂及其制品，调味品，肉制品，乳制品，饮料，方便食品，饼干，罐头，冷冻饮品，速冻食品，薯类和膨化食品，糖果制品，茶叶及相关制品，酒类，蔬菜制品，水果制品，炒货食品及坚果制品，蛋制品，可可及焙烤咖啡产品，食糖，水产制品，淀粉及淀粉制品，糕点，豆制品，蜂产品，保健食品，特殊医学用途配方食品，婴幼儿配方食品，特殊膳食食品，其他食品等。这意味着，我国食品质量安全市场准入制度已完成对全部食品的全面覆盖。

2.4.1　食品质量安全市场准入制度的实行目的

（1）提高食品质量、保证消费者安全健康

食品是一种特殊商品，它直接关系到每个消费者的身体健康和生命安全。近几年来，在人民群众生活水平不断提高的同时，食品质量安全问题也日益突出。食品生产工艺水平较低，产品抽样检测合格率不高，假冒伪劣产品屡禁不止，食品质量安全问题造成的中毒及伤亡事故屡有发生，已经严重影响到人民群众的安全和健康。为从食品生产加工的源头上确保食品质量安全，必须制订一套符合社会主义市场经济要求、运行有效、与国际通行做法一致的食品质量安全监管制度。

（2）保证食品生产加工企业的基本条件，强化食品生产法制管理

我国食品工业的生产技术水平总体上同世界先进水平还有较大差距。许多食品生产加工企业规模极小，加工设备简陋，环境条件很差，技术力量薄弱，质量意识淡薄，难以保证食品的质量安全。有些食品加工企业不具备产品检验能力，产品出厂不检验，企业管理混乱，不按标准组织生产。企业是保证和提高产品质量的主体，为保证食品的质量安全，必须加强食品生产加工环节的监督管理，从企业的生产条件上把住生产准入关。

（3）适应改革开放，创造良好经济运行环境

在我国的食品生产加工和流通领域中，降低标准、偷工减料、以次充好等违法犯罪活动比较猖獗。为规范市场经济秩序，维护公平竞争，适应加入 WTO 以后我国社会经济进一步开放的形势，保护消费者的合法权益，必须实行食品质量安全市场准入制度，采取审查生产条件、强制检验、加贴标识等措施，对各类违

法活动实施有效的监督管理。

2.4.2 食品质量安全市场准入制度的基本准则

（1）坚持事先保证和事后监督相结合的原则

为确保食品质量安全，必须从保证食品质量的生产必备条件抓起，因此要实行生产许可证制度，对企业生产条件进行审查，不具备基本条件的不发放生产许可证，不准进行生产。但只把住这一关还不能保证进入市场的都是合格产品，还需要有一系列的事后监督措施，包括实行强制检验制度、合格产品标识制度、许可证年审制度以及日常的监督检查，对违反规定的还要依法处罚。概括地说，要保证食品质量安全，事先保证和事后监督缺一不可，两者要有机结合。

（2）实行分类管理、分步实施的原则

食品的种类繁多，对人身安全的危害程度高低不同，同时对所有食品都采用一种模式管理，是不科学和不必要的，还会降低行政效率。因此，有必要按照食品的安全要求程度、生产量的大小、与老百姓生活的相关程度，以及目前存在的问题的严重程度等，分轻重缓急实行分类分级管理。

2.4.3 食品质量安全市场准入制度的内容

国家食品药品监督管理总局 2017 年修订的《食品生产许可管理办法》第二条和第四条规定：在中华人民共和国境内，从事食品生产活动，应当依法取得食品生产许可。食品生产许可实行一企一证原则，即同一个食品生产者从事食品生产活动，应当取得一个食品生产许可证。从事食品生产加工的企业，必须具备保证食品质量安全必备的生产条件，按规定程序获取食品生产许可证，未取得食品生产许可生产的食品不得出厂销售。具体包括生产许可证制度和市场准入标志制度。

（1）对食品生产企业实施生产许可证制度

实行生产许可证管理是指对食品生产加工企业的环境条件、生产设备、加工工艺过程、原材料把关、执行产品标准、人员资质、贮运条件、检测能力、质量管理制度和包装要求等条件进行审查，并对其产品进行抽样检验。对符合条件且产品经全部项目检验合格的企业，颁发食品生产许可证，允许其从事食品生产加工。

（2）对实施食品生产许可制度的产品实行市场准入标志制度

获得食品质量安全生产许可证的企业，其生产加工的食品经出厂检验合格的，在出厂销售之前，必须在最小销售单元的食品包装上标注由国家统一制定的食品质量安全生产许可证编号 SC 标志，即"食品生产许可"中"生产"的汉语拼音首字母缩写。

为规范食品生产经营许可活动，加强食品生产经营监督管理，保障公众食品安全，国家食品药品监督管理总局发布了《食品生产许可管理办法》和《食品经营许可管理办法》，自 2016 年 10 月 1 日起实施，QS 认证标志将退出舞台，使用食品生产许可证编号"SC"标志，至 2018 年 10 月 1 日后生产的食品一律不得继续使用"QS"标志。"SC"标志由字母 SC 与 14 位阿拉伯数字组成。数字从左到右依次为：3 位食品类别编码、2 位省（自治区、直辖市）代码、2 位市（地）代码、2 位县（区）代码、4 位顺序代码、1 位校验码，见图 2-1。

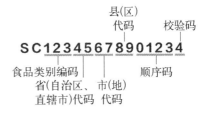

图 2-1　食品生产许可证编码 "SC"的组成

"SC"标志取代食品"QS"标志，一是严格执行法律法规的要求，因为新《食品安全法》明确规定食品包装上应当标注食品生产许可证编号，没有要求标注食品生产许可证标志；二是新的食品生产许可证编号完全可以达到识别、查询的目的。之前的"QS"标志对应的是质量安全要义，体现由政府部门担保的食品安全，新"SC"标志是生产要义，是企业唯一生产许可编码，体现食品生产企业在保证食品安全方面的主要地位。

《食品生产许可管理办法》规定食品生产许可证应当载明：生产者名称、社会信用代码（个体生产者为身份证号码）、法定代表人（负责人）、住所、生产地址、食品类别、许可证编号、有效期、日常监督管理机构、日常监督管理人员、投诉举报电话、发证机关、签发人、发证日期和二维码。副本还应当载明食品明细和外设仓库（包括自有和租赁）具体地址。生产保健食品、特殊医学用途配方食品、婴幼儿配方食品的，还应当载明产品注册批准文号或者备案登记号；接受委托生产保健食品的，还应当载明委托企业名称及住所等相关信息。

2.4.4　食品生产许可制度

新修订的《食品安全法》规定，我国对食品、食品添加剂实施生产许可制度，在中华人民共和国境内从事食品生产和加工活动的，应当依法取得许可。为规范食品、食品添加剂生产许可活动，加强食品生产监督管理，保障食品安全，国家食品药品监督管理总局同步修订施行新版《食品生产许可管理办法》（以下简称《办法》）。作为食品安全法的配套规章，《办法》规定了食品生产许可的申请、受理、审查、决定及其监督检查要求。《办法》最主要的变化概括起来主要是"五取消""四调整""四加强"。"五取消"指：① 取消部分前置审批材料核查；② 取消许可检验机构指定；③ 取消食品生产许可审查收费；④ 取消委托加工备案；⑤ 取消企业年检和年度报告制度。"四调整"指：① 调整食品生产许可主体，实行一企一证；② 调整许可证书有效期限，将食品生产许可证书由原来 3 年的有效期限延长至 5 年；③ 调整现场核查内容；④ 调整审批权限，除婴幼儿配方乳粉、特殊医学用途食品、保健食品等重点食品原则上由省级食品药品监督管理部门组织生产许可审查外，其余食品的生产许可审批权限可以下放到市、县级食品生产监管部门。"四加强"指：① 加强许可档案管理；② 加强证后监督检查；③ 加强审查员队伍管理；④ 加强信息化建设。

《办法》的整个内容，可总结为"五增二减"。"五增"指：（1）范畴扩大。把保健食品、食品添加剂纳入食品生产许可的范畴，也就是保健食品、食品添加剂的生产同是发放食品生产许可证。（2）主体资格扩大。以前只有企业法人、合伙企业、个人独资企业才能申请 QS，把个体工商户排除在外，现在是法人、企业、个体工商户均能申请食品生产许可证。（3）有效期延长。有效期从 3 年延长至 5 年。（4）食品许可类别增多。发证单元从 28 大类增加到 31 大类。（5）许可证载明的事项增多。许可证正本要载明日常监管机构、日常监管人员、投诉举报电话、签发人、二维码等信息，副本还要载明外设仓库。"二减"指：（1）证书形式的减少。正本、副本、附页减少为正本、副本。（2）换证程序的简化。如果企业声明生产条件未发生变化的，可以不进行现场核查，仅是对书面材料进行审查，大大简化了企业换证的时间、流程。

为指导食品生产许可审查工作，2016 年 8 月，国家食品药品监督管理总局印发《食品生产许可审查通则》（以下简称《通则》），作为《办法》的配套技术文件。《通则》共 5 章 56 条，主要内容包括适用范围、申请材料审查、现场核查、核查结果上报和检查整改要求等。其严格划分了许可审查的方式，优化了现场核查要求，完善了许可审查机制，提出了行政许可方便服务机制。主要体现在以下几方面。（1）《通则》将生产许可审查划分为申请材料审查和现场核查两种方式。对许可延续、生产食品品种变化、法人代表人事变更等，可以仅通过申请材料审查决定是否准予许可。同时，为严格生产条件，保证食品质量安全，《通则》规定，对工艺流程、主要生产设备设施、食品类别发生变化的，必须进行现场核查。（2）优化了现场核查要求。《通则》第 19 条规定了必须进行现场核查的情形，并在第 3 章全面规定了现场核查的人员、核查的内容、核查的程序、工作时限要求、核查记录及核查结果确认等。特别是在现场核查中明确了观察员参与现场核查的要求，优化了核查评分表、签到表，提高了现场核查的可操作性。（3）完善了许可审查机制。赋予申请人整改机会，对于判定结果为通过现场核查但存在一些管理瑕疵的情况，准予申请人在 1 个月内进行整改，并将整改结果向负责对申请人实施食品安全日常监督管理的食品药品监督管理部门书面报告。发放生产许可后，由负责对申请人实施食品安全日常监督管理的食品药品监督管理部门或其派出机构在许可后 3 个月内对获证企业开展一次监督检查，重点检查现场核查中发现的问题是否已进行整改。（4）提出了行政许可方便服务机制。主要体现在：应逐步下放许可决定的权力，尽可能让申请人到所在地市县级许可机关申请许可事项，提高行政效率、方便申请人；准许申请人委托代理人申请生产许可证。对换证审查能够不进行现场核查的尽量不进行现场核查；对能够当场作出许可决定的，应当场决定；能即时办结的事项，要抓紧即时办结。同时，改进许可工作方式，积极推进电子政务，运用信息网络等现代技术手段，提高管理水平和效率、简化程序、减少环节，切实提高管理水平、强化服务、方便群众。

新《通则》施行后，结合食品药品监管部门"五取消、四调整、四加强"的举措，从许可申请、现场核查、换发证书等多个方面体现了便民惠民的原则，解决了申请材料多、审查程序繁复、审批时间长等问题。《通则》与 2010 年公布并应用的通则相比主要有三大变化：（1）实现了通用性，食品（含保健食品、特殊医学用途配方食品、婴幼儿配方食品）、食品添加剂均可应用该《通则》，并对同一企业生产不同类别食品，统一审查基本要求；（2）实现许可与监管的联通，将现场核查中发现问题的整改由企业在取得许可证后一个月内完成；（3）简化了许可审查条件、要求和内容。

2.5　食品召回制度

产品召回（recall）是一种产品安全管理制度，始于 1966 年，首先在美国汽车行业根据《国家交通与机动车安全法》明确规定汽车制造商有义务召回缺陷汽车。此后，美国在多项产品安全和公众健康的立法中引入缺陷产品召回制度，食品是其中一个重要领域。

食品召回制度是指食品的生产商、进口商或者经销商在获悉其生产、进口或经销的食品存在可能危害消费者健康安全的缺陷时，依法向政府部门报告，及时通知消费者，并从市场和消费者手中收回有问题产品，予以更换、赔偿的积极有效的补救措施，以消除不安全食品（或称"缺陷食品"）危害风险的制度。

从食品召回制度的设计初衷与实践效果分析，该制度设计的目的是避免潜在的不安全食品对消费者人身安全损害的发生或扩大，保障消费者的人身与财产安全。食品召回制度具有预防性、无偿性、大众性、实体法与程序法兼容性等特征。所谓预防性是指食品召回制度的功能在于预防食品安全事件的发生或者阻止其进一步扩大，从而防止更多人的生命健康利益受到侵害。该制度有利于防患于未然，避免因该类产品造成大规模损害的发生。无偿性是指生产商、经销商、进口商必须依照法律程序无偿地召回不安全食品。因为不安全食品的产生责任在于生产者一方，消费者是受害者，所以经济损失必须由生产者承担，这也是实质正义的必然要求。大众性是食品召回制度最典型的特点，因为相比而言，汽车、玩具等产品召回涉及的只是一部分消费者，而食品消费是所有人都需参与的活动。

2.5.1 我国食品召回制度

1. 我国食品召回制度的发展历程

我国食品召回制度发展起步较晚，计划经济和小农意识的束缚严重制约着我国经济的发展。自改革开放以来，我国开始施行市场经济体制，食品工业产品种类的增多、商业发展的兴起，加之层出不穷的食品污染问题，让人们越来越注重食品的质量安全。1995 年实施的《食品卫生法》首次出现了"公告收回"的相关规定，"生产经营禁止生产经营的食品和不符合营养、卫生标准的专供婴幼儿的主、辅食品的，责令停止生产经营，立即公告收回已售出的食品，并销毁该食品"。这时的召回还停留在违规处罚的阶段，是针对违法者进行的处罚措施。

2007 年 8 月 31 日，国家质检总局发布第 98 号局令，于当日公布并正式实施《食品召回管理规定》，这是我国首部关于食品召回的部门规章，是食品召回制度正式开始在我国实行的标志，为我国后面陆续出台的法律法规奠定了理论基础。2009 年 6 月 1 日《食品安全法》颁布，终于弥补了我国食品召回制度在法律层面的缺失。《食品安全法》第五十三条明确规定国家建立食品召回制度，对我国食品召回制度施行具有划时代的意义。国务院又在 2009 年 7 月颁布实施了《食品安全法实施条例》，对食品召回的法律规定进一步完善细化，我国食品召回制度初步建成。2015 年 3 月 11 日，国家食品药品监督管理总局令第 12 号公布《食品召回管理办法》，分总则、停止生产经营、召回、处置、监督管理、法律责任、附则，共计 7 章 46 条，该办法自 2015 年 9 月 1 日起施行，进一步完善了我国食品召回制度。2015 年 4 月 24《食品安全法》修订通过并公布，于 2015 年 10 月 1 日起施行。

2. 我国食品召回制度的主要内容

在食品召回法律法规的制定上，我国《食品安全法》第六十三条规定："国家建立食品召回制度。食品生产者发现其生产的食品不符合食品安全标准或者有证据证明可能危害人体健康的，应当立即停止生产，召回已经上市销售的食品，通知相关生产经营者和消费者，并记录召回和通知情况。食品经营者发现其经营的食品有前款规定情形的，应当立即停止经营，通知相关生产经营者和消费者，并记录停止经营和通知情况。食品生产者认为应当召回的，应当立即召回。由于食品经营者的原因造成其经营的食品有前款规定情形的，食品经营者应当召回。食品生产经营者应当对召回的食品采取无害化处理、销毁等措施，防止其再次流入市场。但是，对因标签、标志或者说明书不符合食品安全标准而被召回的食品，食品生产者在采取补救措施且能保证食品安全的情况下可以继续销售；销售时应当向消费者明示补救措施。食品生产经营者应当将食品召回和处理情况向所在地县级人民政府食品药品监督管理部门报告；需要对召回的食品进行无害化处理、销毁的，应当提前报告时间、地点。食品药品监督管理部门认为必要的，可以实施现场监督。食品生产经营者未依照本条规定召回或者停止经营的，县级以上人民政府食品药品监督管理部门可以责令其召回或者停止经营。"

食品召回制度的内容主要包括食品召回的管理体制及监管部门；食品安全危害评估；食品召回的实施，包括召回分级、召回层次、召回方式、召回监督以及法律责任。

1）监督管理

我国不安全食品的召回在政府部门的监管下进行。《食品安全法》及《食品召回管理办法》明确规定，国家食品药品监督管理总局负责汇总分析全国不安全食品的停止生产经营、召回和处置信息，根据食品安全风险因素，完善食品安全监督管理措施。县级以上地方食品药品监督管理部门负责收集、分析和处理本行政区域不安全食品的停止生产经营、召回和处置信息，监督食品生产经营者落实主体责任。

2）食品安全危害评估

食品召回的危害评估是根据缺陷食品存在问题的性质和程度，结合缺陷食品上市时间的长短、进入市场数量的多少、流通的方式及消费群体等情况，对其可能对消费者造成的不同健康危害的危险程度进行综合分析和评估。危害评估结论将为确定召回的级别及召回的启动和实施提供科学依据和技术支持，以控制食品安全风险。

3）食品召回的实施

（1）食品召回分级

食品召回的分级应根据风险分析原则和对食品安全危害程度的评估，并与采取的召回措施相对应，根据食品安全危害的严重程度，食品召回分为以下三个级别。

一级召回：食用后已经或者可能导致严重健康损害甚至死亡的，食品生产者应当在知悉食品安全风险后 24 小时内启动召回，并向县级以上地方食品药品监督管理部门报告召回计划。

二级召回：食用后已经或者可能导致一般健康损害，食品生产者应当在知悉食品安全风险后 48 小时内启动召回，并向县级以上地方食品药品监督管理部门报告召回计划。

三级召回：标签、标识存在虚假标注的食品，食品生产者应当在知悉食品安全风险后 72 小时内启动召回，并向县级以上地方食品药品监督管理部门报告召回计划。标签、标识存在瑕疵，食用后不会造成健康损害的食品，食品生产者应当改正，可以自愿召回。

实施一级召回的，食品生产者应当自公告发布之日起 10 个工作日内完成召回工作。实施二级召回的，食品生产者应当自公告发布之日起 20 个工作日内完成召回工作。实施三级召回的，食品生产者应当自公告发布之日起 30 个工作日内完成召回工作。情况复杂的，经县级以上地方食品药品监督管理部门同意，食品生产者可以适当延长召回时间并公布。

根据不安全食品可能对人体造成的健康危害程度，对不安全食品实施分级召回，且对不同召回级别采用不同的管理体制，并使公众知道被召回食品的危害程度，从而采取不同的处理方法和处理态度。这也有利于政府职能部门对食品召回进行分类管理，增强工作的针对性，提高行政效率。

（2）食品召回层次

食品监管部门及食品生产经营者根据确定的食品召回级别及市场分布情况，确定召回行动需要延伸的程度。食品召回通常在以下三个层面进行。

① 批发层面：指召回延伸程度达到进口商、批发商的召回行动。

② 零售层面：指召回延伸程度达到零售商的召回行动。

③ 消费、使用层面：指召回延伸程度达到消费者或使用该食品的食品生产经营者的召回行动。

（3）食品召回方式

食品召回的实施主要分为自主召回和责令召回两种方式。

自主（主动）召回：食品生产经营者通过自行检查，或者通过销售商、消费者的报告或投诉，或者通过有关监管部门通知等方式，获知其生产经营的食品存在缺陷时主动实施的食品召回行动。自确认食品属于应当召回的不安全食品之日起，一级召回应当在 1 日内，二级召回应当在 2 日内，三级召回应当在 3 日内，通知有关销售者停止销售，通知消费者停止消费。

责令召回：经确认有下列情况之一的，县级以上人民政府食品药品监督管理部门应当责令食品生产者召回不安全食品，并可以发布有关食品安全信息和消费警示信息，或采取其他避免危害发生的措施。① 食品生产者故意隐瞒食品安全危害，或者食品生产者应当主动召回而不采取召回行动的；② 由于食品生产者的过错造成食品安全危害扩大或再度发生的；③ 国家监督抽查中发现食品生产者生产的食品存在安全隐患，可能对人体健康和生命安全造成损害的。食品生产者在接到责令召回通知书后，应当立即停止生产和销售不安全食品。

县级以上地方食品药品监督管理部门收到食品生产者的召回计划后，必要时可以组织专家对召回计划进行评估。评估结论认为召回计划应当修改的，食品生产者应当立即修改，并按照修改后的召回计划实施召回。

虽然有两种召回方式，但我国食品召回的方式仍处于被动阶段，甚至出现不责令不召回的现象。国外一些食品企业能主动召回，这体现了他们认真负责的经营理念和经营态度，同时主动召回也为他们自己的企业建立了诚信形象。例如，雀巢公司就曾召回旗下品牌的 50 万包馄饨，原因是有消费者在馄饨中发现了玻璃碴，因雀巢公司及时主动的召回，没有消费者因此次事件而受伤，雀巢也随后宣布向消费者致歉。此次召回事件不但没有造成任何消费者损害，反而消费者往后更加信赖雀巢公司。除了雀巢以外，全球知名的美国食品制造商玛氏（Mars）也发生过类似情况。2016年2月23日，玛氏宣布在55个国家召回一系列的巧克力棒，此次召回涉及的品牌包括士力架、银河棒、玛氏等产品。因为在德国出售的士力架巧克力产品中发现"塑料片"，可能会导致食用者窒息。玛氏相关负责人表示："我们不希望市场上的任何产品有可能达不到我们的质量要求，所以决定全部召回。"通过这些事件，我国生产经营者更加需要认真思考自己的社会责任，而食品召回正是考量生产经营者履行社会责任感的标尺。

（4）食品召回监督

实施召回的食品应当定点存放，存放场所应当有明显标志。实施召回的单位必须准确记录召回食品的批号和数量。食品生产者应当根据《食品安全法》等有关法律、法规、规章规定及时对不安全食品进行无害化处理。食品生产或经营者应当将食品召回和处理情况向所在地县级人民政府食品药品监督管理部门报告；需要对召回的食品进行无害化处理、销毁的，应当提前报告时间、地点。食品药品监督管理部门认为必要的，可以实施现场监督。

（5）相关法律责任

食品生产者在实施食品召回的同时，不免除其依法承担的其他法律责任。根据召回的实施情况，对违法者行政处罚的裁量以是否消除对公众的危害为原则。对缺陷食品实施召回，分别设定了从轻和从重处罚的条件：食品生产经营者实施主动召回，经评估认为达到预期效果的，食品监管部门对其生产经营缺陷食品的违法行为进行行政处罚时，可以依法从轻、减轻或者免除行政处罚。反之，食品监管部门发出召回令后，食品生产经营者拒不执行召回令的，食品监管部门在对其生产经营缺陷食品的违法行为进行行政处罚时，可以依法从重处罚。

3. 我国食品召回配套制度

食品召回制度对预防食品安全问题的发生有积极的作用，但食品召回制度还需要与其他配套制度相结合才能够在实践中充分发挥作用。实施食品召回制度可以促进与食品召回制度配套的其他制度的完善。

（1）食品溯源制度

国际食品法典委员会（CAC）与国际标准化组织（ISO）把可追溯定义为："通过登记的识别码，对商品或行为的历史和使用或位置予以追踪的能力。"欧盟颁布的178/2002号法令中把食品的可追溯性定义为"对一种食品在生产、加工、销售各个阶段的踪迹均可追溯查寻"，即食品在整个生产和流通过程都可以找到踪迹。食品溯源制度是食品召回制度的基础。食品溯源制度可以迅速查明不安全食品所在，只有不安全食品才需要被召回。

2015 年新修订的《食品安全法》第四十二条中提到，国家要建立食品安全全程追溯制度。其中规定食品生产经营者应当建立食品安全追溯体系，保证食品可追溯，并且鼓励食品生产经营者采用信息化手段采集、留存生产经营信息，建立食品安全追溯体系。食品溯源制度是我国食品召回制度的一种信息化监管的方式，通过这种方式，能为食品召回带来更多的便利。目前在国际上食品安全追溯十分重要，因此国内一些第三方食品追溯平台也相继出现。但是相对而言，国家食品安全追溯平台更加完备。

国家食品安全追溯平台于 2007 年正式成立，到现在已经进行了 10 多年的相关工作。该平台在 2012 年得到了国家认可，是国家发改委确定的重点食品质量安全追溯物联网应用示范工程，主要面向全国生产企业，实现产品追溯、防伪及监管，由中国物品编码中心建设及运行维护，由政府、企业、消费者、第三方机构使用。国家平台接收 31 个省级平台上传的质量监管与追溯数据，完善并整合条码基础数据库、QS、监督抽查数据库等质检系统内部现有资源（分散存储、互联互通），通过对食品企业质量安全数据的分析与处理，实现信息公示、公众查询、诊断预警、质量投诉等功能。

虽然国家食品安全追溯平台正在如火如荼地运行中，但我国食品企业数量多、规模小、集中度低，要建立起完备的食品追溯制度，还需要经过较长时间的摸索与努力。

（2）食品安全标准制度

我国及国外食品召回制度的实践表明：判断食品是否需要召回，要进行食品安全危害调查和食品安全危害评估。科学技术日新月异，"可能对人体健康造成的损害"的标准也是随着科学的进步而不断更新的，我国需要加快标准的制定和更新。

（3）食品安全信息公布制度

有效的食品召回离不开有效的信息收集。我国《食品安全法》第一百一十八条规定："国家建立统一的食品安全信息平台，实行食品安全信息统一公布制度。国家食品安全总体情况、食品安全风险警示信息、重大食品安全事故及其调查处理信息和国务院确定需要统一公布的其他信息由国务院食品药品监督管理部门统一公布。食品安全风险警示信息和重大食品安全事故及其调查处理信息的影响限于特定区域的，也可以由有关省、自治区、直辖市人民政府食品药品监督管理部门公布。未经授权不得发布上述信息。公布食品安全信息，应当做到准确、及时，并进行必要的解释说明，避免误导消费者和社会舆论。"

食品安全信息的公布也是信息化监管的体现，不仅可以让公众及时地了解相关信息，同时也能督促国家有关部门以及食品安全事件的相关负责人尽快处理。

（4）紧急快速反应制度

我国已经初步形成紧急状态法律体系。《食品安全法》第二十二条规定："国务院食品药品监督管理部门应当会同国务院有关部门，根据食品安全风险评估结果、食品安全监督管理信息，对食品安全状况进行综合分析。对经综合分析表明可能具有较高程度安全风险的食品，国务院食品药品监督管理部门应当及时提出食品安全风险警示，并向社会公布。"

（5）食品召回责任保险制度

食用产品召回责任保险（食品召回责任保险）是以食品召回责任保险的被保险人对第三者依法应负的赔偿责任为保险标的保险。我国现阶段食品生产和销售企业绝大多数规模较小，在食品出现不安全因素情形下，面对高额的召回成本，如实施召回往往会导致其巨额亏损甚至破产，因此难免会心存侥幸心理而拒绝落实召回制度。目前，我国并没有相关法律法规强制要求食品生产商和销售商购买食品召回责任保险，但是我们有必要借鉴美国等发达国家的做法，建立食品召回责任保险制度，以此作为转嫁召回成本、鼓励企业勇于召回不安全食品的举措，从而有效保护消费者和企业的权益。

2.5.2 国外食品召回制度

1. 美国

美国是食品召回制度相对比较完善的国家，其食品召回实践具有一定的代表性。美国对食品供应实行机构联合监管制度，食品召回是在政府行政部门的主导下进行的。美国农业部食品安全检验局（FSIS）和美国食品药品监督管理局（FDA）在法律的授权下对食品市场进行监管，召回缺陷食品。FSIS 主要负责肉、禽和蛋类产品质量的监督及其缺陷产品的召回，FDA 主要负责 FSIS 管辖以外产品的监督和召回，即肉、禽和蛋类制品以外的食品。FSIS 和 FDA 对缺陷食品可能引起的损害进行分级并以此作为依据确定食品召回的级别。

美国食品召回在两种情况下发生：一是企业得知产品存在缺陷，主动从市场上撤下食品；另一种是 FSIS 或 FDA 要求企业召回食品。无论哪种情况，召回都在 FSIS 或 FDA 的监督下进行。美国的食品召回遵循着严格的法律程序，其主要步骤包括企业报告、FSIS 或 FDA 评估报告、制订召回计划、实施召回计划。企业制定的缺陷食品召回计划经 FSIS 或 FDA 认可后即可实施。

美国在其几十年的食品召回实践中逐渐积累了自己的经验：（1）由政府职能部门主导实施食品召回；（2）有完善的食品召回法律、法规；（3）政府和企业食品召回责任明确；（4）政府管理部门的抽检制度完善；（5）食品召回程序可操作性强；（6）充分发挥企业在食品召回中的诚信自律。

美国食品召回制度之所以如此有效，与其建立透明化、规范化的可追溯系统有着十分密切的关系，它是食品召回制度的基本技术保障，是信息化监管技术在食品召回制度中的应用。2011 年，美国国会通过了《FDA 食品安全现代化法》，该法要求食品生产者、经营者或是所有权人，在食品生产、加工、包装、储存等过程中要正确认知并评估其可能发生的质量风险，针对可能发生的质量风险，采取合理的措施将风险降至最低或完全避免危害的发生，在整个风险评估及处理过程中要做好监控与记录，这个记录至少需要留存 2 年，这就是食品企业内部的可追溯系统。同时，该法还要求食品企业将这个内部的可追溯系统与 FSIS、FDA 的监管系统进行连接，以提高政府监管部门的效率。这个可追溯系统的建立，不但可以提高召回的效率，还能够最大限度地节省召回成本和挽回企业声誉。

2. 澳大利亚

澳大利亚食品召回由澳大利亚新西兰食品标准局（Food Standards Australia/New Zealand，FSANZ）主导进行，国家、州和地方立法共同管理。在澳大利亚新西兰食品标准局设有专门的食品召回协调员，各州和地方也设有州和地方的召回协调员。澳大利亚的食品召回主要依据《澳新食品标准法典》《贸易行为法案》《澳新食品工业召回规范》的相关规定。

澳大利亚依据产品的销售渠道和销售范围来确定食品召回的级别，目前其分级只有贸易召回（Trade Recall）和消费者召回（Consumer Recall）两个水平。贸易召回指产品从分销中心和批发商那里召回，也可以从医院、餐馆和其他主要公共饮食业中召回。消费者召回指涉及生产流通、消费所有环节的召回，包括从批发商、零售商甚至是消费者手中召回任何受到影响的产品，是最广泛类型的召回。不同水平的食品召回，其召回法则亦不同。譬如，贸易召回只要求通知相关媒体，而消费者召回除了要通知媒体，还要通知公众。

澳大利亚食品召回运行由制定食品召回计划、启动食品召回、实施食品召回、食品召回完成评价四个环节组成。在食品召回制度的信息化监管方面，澳大利亚规定每一个层面的食品生产、加工、分销（包括进口和零售）都必须制定食品的追溯系统，因为有了完备的食品追溯体系，可以查到食品从农田到餐桌每个环节中的信息，能让食品召回工作更加迅速及准确。并且从召回信息上来看，澳大利亚的每一次食品召回，从中央联邦到地方，从 FSANZ 到召回发起者，从政府部门到各类国内的社会团体、国际组织都有良好的信息交流，使食品召回机制在横向和纵向上都能运行顺畅。

3. 德国

德国素来具有法治传统，保障公民的基本权利更是国家宪法的终极价值。因此，对于涉及公民健康与安全的食品问题，德国早在 1879 年就进行立法，制订了《食品法》，可见其对食品安全的重视。而在经历了两次世界大战和 20 世纪 70 年代的经济危机后，德国的食品安全监管体制并没有发生大的变革，直到 20 世纪末的英国"疯牛病"发生"东扩"，人们真切感受到食品风险所带来的潜在威胁或者已受到不安全食品的危害，才迫使德国彻底地推动食品安全监管的体制改革，开始走向以风险为中心的食品监管。

在德国，食品安全局和联邦消费者协会等部门联合成立了"食品召回委员会"，专门负责问题食品召回事宜。德国的食品召回制度分为三个等级，其中"重级"主要针对可能导致难以治疗甚至致死的健康损伤的产品，"中级"主要针对可能对健康产生暂时影响的产品，"轻级"则主要针对不会产生健康威胁、但内容与说明书不符的产品。

德国食品安全局和联邦消费者协会等部门联合成立的"食品召回委员会"负责召回的监督实施。通常先由食品出了问题的企业在 24 小时内向委员会提交报告，委员会对其给出评估报告，并正式开始实施召回计划。

德国在食品安全监管的改革中也在不断地跟随时代的变化，在食品召回中应用信息化监管。例如，德国联邦食品与农业部开设了"我们吃什么"网站，将存在巨大安全隐患的食物公开曝光。不但如此，在 2010 年发生的德国西北部北威州的"二噁英毒饲料"事件中，德国与欧盟在疯牛病后建立起来的欧盟食品与饲料快速预警系统（RASFF）就扮演了关键角色。该系统是一个"连接欧盟委员会、欧洲食品安全管理局以及各成员国食品与饲料安全主管机构的网络"，它要求各成员国通过 RASFF 迅速通告如下信息：各国为保护人类健康而采取的限制某食品或饲料上市，或强行使其退出市场，或回收该食品或饲料，并需要紧急执行的措施。德国的欧盟快速预警系统的联络点是联邦消费者保护和食品安全局，因此，在这次危机爆发后，为了防止这些有毒饲料流入消费市场，德国联邦农业部宣布临时关闭 4 700 多家农场，超过 8 000 只鸡被强制宰杀，并且德国当局立即告知欧盟快速预警系统。后德国证实受污染的鸡蛋经过加工后可能流入英国市场，迅速将情况通知欧盟委员会，由欧盟委员会告知英国政府，后者随即开展调查工作。如此高效灵活的预警系统的有效运作，保障了德国及其他欧盟成员国的食品安全。

2.6　进出口食品的监督管理

2.6.1　我国进出口食品安全管理体系

1. 进出口食品管理体系的形成

我国进出口食品安全管理的历史可以溯源到 20 世纪初，但进出口食品安全管理的体系化建设不过 10 余年时间。《中华人民共和国食品安全法》颁布以后，我国进出口食品安全管理体系建设进展迅速，先后出台《进出口食品安全管理办法》《进口食品境外生产企业注册管理规定》及针对特定进口食品的若干规章，进口食品安全管理体系基本形成。

2. 进出口食品的相关法律法规

在我国当前的法律体系当中，关于进出口食品安全的特定法律并不多，2015 年十二届全国人大常委会第十四次会议通过的《中华人民共和国食品安全法》是我国关于进出口食品安全法律体系的核心，同时《中华人民共和国进出口动植物检疫法》《中华人民共和国进出口商品检验法》等法律以及《进出口乳品检验检疫监督管理办法》《国务院关于加强食品等产品安全监督管理的特别规定》等行政法规与其相结合构成了关于进出口食品安全整套法律体系。

《中华人民共和国食品安全法》第六章是对进出口食品安全的专章规定，共有 11 项条文。该法对进口食品的流程、检验检疫方式、应急事件处理方法、登记管理和信息管理等方面作了重要规定。其中第九十二条明确规定，进口食品、食品添加剂以及食品相关产品必须在取得我国检验检疫机构出具的符合我国食品安全国家标准的证明后，才能通过海关放行，这也与《技术性贸易壁垒协议》和《实施卫生和植物卫生措施协议》中的关于本国待遇的规定相一致。对没有相关国家标准的进口食品、食品添加剂及相关产品，该法第九十三条规定，由境外出口商、境外生产企业或者其委托的进口商向国务院卫生行政部门提交所执行的相关国家（地区）标准或者国际标准。国务院卫生行政部门对相关标准进行审查，认为符合食品安全要求的，决定暂予适用，并及时制定相应的食品安全国家标准。这一条款相比 1989 年通过的《中华人民共和国进出口商品检验法》中的相关规定，有了很大的改进，主要是对无法依据现有法律进行判定的情况进行了补充规定，并将其判定的权力授予了国家卫生行政部门。一方面完善了之前法律中所存在的漏洞，另一方面也有利于制定食品安全的国家标准的部门灵活进行管理。

截至 2016 年年底，我国实施的食品国家标准共 3 427 项，其中关于食品安全的标准 2 703 项。我国现行的技术性法规与标准可以划分为强制性和自愿性两种类型。食品安全标准是保障我国国民健康的强制性标准。《中华人民共和国标准化法》第三章第十四条规定："强制性标准，必须执行。不符合强制性标准的产品，禁止生产、销售和进口。"在技术法规层面，我国则是通过食品安全强制性标准来代替技术法规的具体实施。

3. 进口食品质量安全监管制度和保障措施

经过多年的探索与实践，中国建立了一整套进口食品质量安全监管制度和保障措施，确保了进口食品的安全。

（1）科学的风险管理制度

按照 WTO/SPS 协定及国际通行做法，中国政府对肉类、蔬菜等高风险进口食品实行基于风险管理的检验检疫准入制度，包括：对出口国申请向中国出口的高风险食品开展风险分析，对风险可接受的食品与出口国主管部门签署检验检疫议定书，对国外生产企业实施卫生注册，对动植物源性食品实施进境检疫审批等。如果出口国发生了动植物疫情疫病或严重的食品安全卫生问题，及时采取相应的风险管理措施，包括暂停可能受到影响的食品进口等。

（2）严格的检验检疫制度

进口食品到达口岸后，中国出入境检验检疫机构依法实施检验检疫，只有经检验检疫合格后方允许进口。海关凭检验检疫机构签发的入境货物通关单办理进口食品的验放手续，之后在中国市场上销售。在检验检疫时如发现质量安全和卫生问题，立即对存在问题的食品依法采取相应的处理措施。2015 年全国检验检疫机构共计检验进口食品接触产品 108 007 批次、货值 67 167.2 万美元，检验批次较 2014 年增加 35.7%、货值下降 9.8%，共检出不合格进口食品接触产品 8 331 批，检验批不合格率为 7.71%，批次检验不合格率达近五年最高。

（3）完善的质量安全监控制度

在依法对进口食品实施检验检疫的同时，对风险较高的食品以及在检验中发现问题较多的食品和项目实行重点监控。对发现严重问题或多次发现同一问题的进口食品及时发出风险预警，采取包括提高抽样比例、增加检测项目、暂停进口在内的严格管制措施。

（4）严厉打击非法进口的制度

中国国家质量监督检验检疫总局与海关总署建立了关检合作机制，联合打击非法进口食品行为。中国与欧盟委员会签署《中欧联合打击非法进出口食品行为合作安排》，明确了双方将通过开展信息通报、技术合作、专家互访和联合专项打击行动措施等，共同打击欺诈、夹带、非法转口、走私等非法进出口食品行为。

2.6.2　国外进出口食品安全管理体系

进口食品的监管控制可在生产源头、入境口岸、再加工过程、转运和分销、储存及售卖等食品生产流通消费链的各个环节进行。在各国/地区进口食品的管理实践中，也逐渐摒弃了以往单靠口岸检验的做法，将监管链前后延伸。如美国 2011 年颁布的《食品安全现代化法案》，就改变了以往不重视源头监管的做法，设置了规模庞大的国外食品企业检查计划，在该法案颁布 1 年内检查了不少于 600 家国外企业，随后 5 年中每年检查企业数量以同比一倍以上的比例递增，六年之内总检查数量达 37 800 家以上，占所有境外企业数量的 20%。在进口前实施"体系认可""企业注册""检疫审批"，进口时实施"提前通报""指定口岸""分级查验"，进口后实施"后续市场监控""不合格产品召回"，已成为各国/地区的通行做法。这些制度相互衔接，构成覆盖进口食品整个生命历程的监管链。

各国/地区食品安全法规特别强调生产经营者对于食品安全的无限主体责任

及政府部门的有限监管责任。日本《食品安全基本法》规定，食品生产经营者是食品安全的第一责任人，有义务采取措施保障食品各环节的安全性；美国食品药品监督管理局（FDA）《管理程序手册》更是明确指出，"FDA 属于监管机构，而非质量控制实验室"。为落实进口食品企业的主体责任，各国/地区均采取了若干针对性措施，如美国强制性的"国外供应商审核计划""进口产品保证金制度""有违规嫌疑产品的自动扣留制度"以及自愿性的"自愿合格进口商计划"，日本要求企业对其生产经营的产品实施自主检查等。

2.7 食品安全风险监测体系

2.7.1 我国食品安全风险监测体系

1. 食品安全风险监测体系简介

作为食品安全风险监测的主要内容，有毒有害物质监测体系是通过系统和持续地收集食品污染以及食品中有害因素的监测数据及相关信息，并进行综合分析和及时通报的活动。食品安全风险监测旨在掌握我国食品安全风险分布，是食品安全标准和风险评估的基础，为食品安全监管提供重要技术支撑。其结果重点服务于食品安全风险评估、食品安全标准制定以及食品安全监管。监测的内容包括食品污染物和食品中有害因素。食品污染物是指食品从生产（包括农作物种植、动物饲养和兽医用药）、加工、包装、贮存、运输、销售直至食用等过程中产生的或由环境污染带入的、非有意加入的化学性危害物质。食品中有害因素指在食品生产、流通、餐饮服务等环节，除了食品污染以外的其他可能途径进入食品的有害因素，包括自然存在的有害物、违法添加的非食用物质以及被作为食品添加剂使用的对人体健康有害的物质。

1981 年我国加入了 GEMS/Food 组织。成立了世界卫生组织（WHO）食品污染物监测（中国）检测中心，与世界卫生组织、联合国粮农组织等相关国际组织建立了广泛的联系。从 2000 年起，在卫计委和科技部的领导和支持下，中国疾病预防控制中心营养与食品安全所先后建立了全国食品污染物监测网络和全国食源性致病菌监测网络。"十五"期间，经过不懈努力，我国食品污染物和食源性疾病监测网络建设取得重大进展。截至目前，监测点已经覆盖 16 个省区市，覆盖人口 8.3 亿，占我国人口总数的 65.58%。通过网络监测，重点对我国消费量较大的 29 种食品中常见的 36 种化学污染物、5 种重要食物病原菌污染情况，以及食源性疾病病因、流行趋势等进行了监测和评估。经过 5 年连续监测，初步摸清了我国食品中重要污染物和食源性疾病发病状况。

"十一五"期间，从中央到省、市、县（区），并延伸覆盖农村地区的卫生监督网络初步形成，建立了以 31 个省级和 312 个县级监测点为基础的全国食品安全风险监测网络。通过 2009—2010 年的努力，在全国建立起覆盖各省、市、县并逐步延伸到农村地区的食品污染物和食源性疾病监测体系，以加强食品安全风险监测数据的收集、报送和管理，提高我国食品安全水平。食品污染物监测网已在全国建立 16 个监测点（省）。监测项目涵盖重金属、有机氯、有机磷农药和环境污染物等与居民日常饮食密切相关的污染情况指标。

"十二五"期间，全国共设置食品安全风险监测点 1196 个，覆盖了 100% 的省份、73% 的地市和 25% 的县（区）。国家启动了食品安全风险监测能力建设试点项目，同时建设了食品中非法添加物、真菌毒素、农药残留、兽药残留、有害元素、重金属、有机污染物以及二噁英等 8 个食品安全风险监测国家参比实验室。组织研究并及时公布食品中非法添加物和易滥用食品添加剂"黑名单"6批，涉及非法添加物 64 种、易滥用食品添加剂 22 种。

在食品安全标准与监测评估"十三五"规划（2016—2020）中，计划设立风险监测点 2 656 个，覆盖所有省、地市和 92% 的县级行政区域，建立起以国家食品安全风险评估中心为技术核心、各级疾病预防控制和医疗机构为主体、相关部门技术机构参与的食品安全风险监测网络。制定实施国家食品安全风险监测计划，监测品种涉及 30 大类食品，囊括 300 余项指标，累积获得 1 500 余万个监测数据，基本建立了国家食品安全风险监测数据库。

2. 食品安全风险监测部门和方案的制订

食品安全风险监测工作由省级以上人民政府卫生行政部门会同同级质量监督、工商行政管理、食品药品监督管理等部门确定的技术机构承担。承担食品安全风险监测工作的技术机构应当根据食品安全风险监测计划和监测方案开展监测工作，保证监测数据真实、准确，并按照食品安全风险监测计划和监测方案的要求，将监测数据和分析结果报送省级以上人民政府卫生行政部门和下达监测任务的部门。

国务院质量监督、工商行政管理、卫计委、国家食品药品监督管理及国务院工业和信息化等部门制定国家食品安全风险监测质量控制方案并组织实施，省、自治区、直辖市卫生行政部门组织同级质量监督、工商行政管理、食品药品监督管理、工业和信息化等部门，根据国家食品安全风险监测计划，结合本地区人口特征、主要生产和消费食物种类、预期的保护水平以及经费支持能力等，制订和实施本行政区域的食品安全风险监测方案。省、自治区、直辖市卫生行政部门应将食品安全风险监测方案及其调整情况报卫计委备案，并向卫计委报送监测数据和分析结果。国务院卫生行政部门应当将备案情况、风险监测数据分析结果通报国务院农业行政、质量监督、工商行政管理和国家食品药品监督管理以及国务院商务、工业和信息化等部门。

卫计委会同国务院有关部门在综合利用现有监测机构能力的基础上，根据国家食品安全风险监测工作的需要，制定和实施加强国家食品安全风险监测能力的建设规划，建立覆盖全国各省、自治区、直辖市的国家食品安全风险监测网络。省、自治区、直辖市卫生行政部门会同省级有关部门，根据国家和本地区食品安全风险监测工作的需要，制定和实施本地区食品安全风险监测能力建设规划，建立覆盖各市（地）、县（区），并逐步延伸到农村的食品安全风险监测体系。

2.7.2 国外的食品安全风险监测体系

1. 美国食品安全监测体系

（1）监测机构

美国建立的食品安全系统有较完备的法律及强大的企业支持，它将政府职能与各企业食品安全体系紧密结合，担任此职责的部门主要由卫生和公众服务部（DHHS）、食品药品监督管理局（FDA）、美国农业部（USDA）、食品安全检验局（FSIS）、动植物卫生检验局（APHIS）、国家环境保护局（EPA）组成，同时海关定期检查、留样监测进口食品。其中，FDA 在美国食品安全风险监测方面承担非常重要的职责。

（2）监测范围和对象

美国的食品污染物监测工作包括农药残留、兽药残留的检测、总膳食调查和其他相关污染物的长期监测。农药残留监测工作主要是由食品药品监督管理局、美国农业部共同执行，FDA 主要负责农副产品中农药残留的监测工作和总膳食的调查，并且对超标的农副产品具备处罚权；美国农业部的食品安全检验局和动植物卫生检验局分别负责畜禽食品安全和农产品进口检验检疫工作，并开展兽药残留的监测。美国的疾病监测是以"国家—州—地方"三级公共卫生部为基本架构。美国卫生部对地方部门的疾病监测能力有很具体的要求，使其成为国家监测网络的一部分。国家一级有监测网络 100 多个，如全国医院传染病监控系统、全国法定报告疾病监控系统、食源性疾病主动监测网、水源性疾病主动监测网、公共卫生信息系统等。这些网络既有分工也能有机地连接、交流和合作。

2. 欧盟食品安全风险监测体系

（1）监测机构

欧盟食品安全局（EFSA）是一个独立的法律实体，负责监控整个食品链，工作上完全独立于欧盟委员会，其经费来源于欧盟财政预算，是欧盟进行风险监测与评估的主要机构，其评估结果直接影响欧盟成员国的食品安全政策、立法。欧盟食品安全局建立风险信息和数据监控程序，并及时系统查询、收集、分析、识别潜在风险，同时向成员、其他机构和欧盟委员会寻求相关信息进行确证，并将收集的风险信息、评估结果提交欧盟议会和欧盟委员会及各成员。

（2）监测范围和对象

欧盟食品安全局对食品安全风险监测的范围，主要包括食品消费和与食品消费相关的个人暴露风险、生物性危害的发生和流行状况、食品和饲料的污染情况、残留物等。通过与请求的国家、第三国家和国家机构等收集信息的组织机构密切合作，实现上述信息的收集。同时，欧盟食品安全局可以向成员和欧盟委员会提交合理化建议，促进欧盟层面的技术统一。

目前 EFSA 主要是应欧洲委员会的请求进行风险监测与评估，同时根据新出现的食品安全问题开展一些项目研究。欧盟已经将残留监控的技术规范转变为污染物监控方面的指令和执行法令，检测包括动物源残留物质的监测，农药残留检测及其他监测方案。欧盟监测体系与 GEMS／Food-European 监测组织是相互协调的，均是要求每个国家将监测数据上报给该组织，以便更好地了解欧洲地区的食品中污染物污染状况。

3. 日本食品安全风险监测体系

（1）监测机构

日本政府根据国内和国际食品安全形势发展需求，2003 年 7 月颁布了《食品安全基本法》，根据该法的规定成立了食品安全委员会，专门从事食品安全风险监测评估和风险交流工作。日本食品安全风险管理部门主要是厚生劳动省和农林水产省。

（2）监测范围和对象

厚生劳动省主要开展与食品卫生相关的风险管理工作，制定食品添加剂与农残标准，通过食品生产批发零售监控保证食品安全，实施风险交流工作；农林水产省主要开展与农林、水产品相关的风险管理工作，进行食品原材料安全管理，并采取措施改进农林、水产品生产、批发、零售过程的安全，实施风险交流工作。由食品安全委员会组织执行的风险评估典型案例有 BsE（疯牛病）相关食品安全风险评估、海产品中甲基水银的安全风险评估、Madder color（茜草素）安全风险评估等。

第3章 食品安全信息溯源系统及相关技术

3.1 食品安全信息溯源系统

长期以来，国际上在食品安全控制方面通用的方法是采用 HACCP（危害分析与关键控制点）、GMP（良好加工操作规范）、ISO 9000 等体系。这些技术主要是对食品的生产、加工环境进行控制，以保证食品在整个生产过程中免受可能发生的生物、化学、物理因素的危害，将可能发生的危害消除在生产过程中。但是，这些技术不能对那些在流通过程中出现的问题进行监控，准确、快速地找出根源所在，从而及时采取有效措施，减少对人们健康的更大损害，并明确相关主体的责任。因此，对食品从生产到消费的供应链全程进行追踪，并在发生问题后进行追溯，就成为监控食品安全、保障消费者健康的必要手段，而这也是广大消费者的期望所在。

1996 年英国疯牛病引发的恐慌，加上丹麦的猪肉沙门氏菌污染事件和苏格兰大肠杆菌事件等动物源性食品安全事件的发生，使得欧盟消费者对政府食品安全监管缺乏信心，为了确保食品安全并在可能发生某种食品安全问题时能够及时准确地实施召回，动物源性食品可追溯性制度在欧盟首先应运而生。

3.1.1 可追溯性的定义

食品可追溯系统（Food Traceability System，FTS），是从"可追溯性"发展而来，其目的是为了解决食品从生产到消费整个过程中的质量安全问题。"可追溯性"的概念源于质量保证的 ISO 8042—1994《质量管理和质量保证——基础和术语》："Traceability is the ability to trace the history, application or location of an entity by means of recorded information"，即"通过记载的识别，追踪实体的历史、应用情况和所处场所的能力"。该定义最早是由法国等部分欧盟国家在国际食品法典委员会生物技术食品政府间特别工作组会议上旨在作为危险管理的措施而提出的。

欧盟在《通用食品法》（EC 178/2002）中对食品可追溯性的定义为"食品、畜产品、饲料及其原料在生产、加工，以及流通等环节所具备的跟踪、追溯其痕迹的能力"，认为"食品可追溯系统"是追踪食品从生产到流通全过程的信息系统，其目的在于食品质量控制和出现问题时召回。食品标准委员会对食品可追溯性的定义为"追溯食品在生产、加工、储运、流通等任何过程的能力，保持食品供应链信息流的完整性和持续性"。我国《质量管理和质量保证——术语》（GB/T 6582—1994）将可追溯性定义为：追溯所考虑对象的历史、应用情况或所处场所的能力。产品的可追溯性包括原材料与零部件的来源，加工过程的历史，以及产品交付后的分布和场所。

总的来说，食品安全信息可追溯系统包括跟踪（Tracking）和追溯（Tracing）两个方面，见图 3-1。术语"产品跟踪"和"产品追溯"在可追溯的内容上意义是不同的。"产品跟踪"属于当产品进入流通过程中各个环节的信息记录，并且能知道该产品所走过的路线和实时踪迹；"产品追溯"则属于消费者通过这些步骤来溯源产品的生产者。

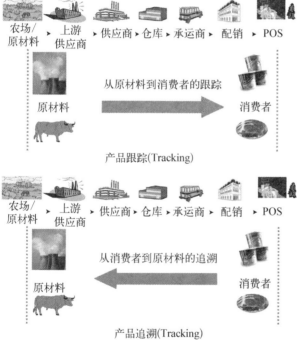

图 3-1 产品跟踪和产品追溯的方向

可追溯体系范围很广，目的是记录从原始材料至最终消费品的整个产品生产链的过程，该系统的范围不仅仅局限于检测和追溯一批高风险原料和产品的能力，也提供原料和产品的质量保证程序。现在普遍认为食品可追溯系统的基本含义是一种以风险管理为基础的安全保障体系，即一旦危害健康的问题发生后，可按照原料生产至成品最终消费过程中的各个环节所必须记载的信息，追踪流向，回收存在危害的尚未被消费的食品，撤销其上市许可，切断源头，减少损失的保障体系。

3.1.2　食品溯源系统的基本要求和特点

1. 食品溯源系统的基本要求

（1）在各个阶段记录和储存信息

食品生产经营者在食物链的各个环节应当明确食品及原料供货商、购买者，以及相互之间的关系，并记录和储存这些信息。

（2）食品身份的管理

食品身份的管理是建立溯源的基础，食品身份管理工作包括以下内容。

① 确定产品溯源的身份单位和生产原料；

② 对每一个身份单位的食品和原料分隔管理；

③ 确定产品及生产原料的身份单位与其供应商、买卖者之间的关系，并记录相关信息；

④ 确立生产原料的身份单位与其半成品和成品之间的关系，并记录相关信息；

⑤ 如果生产原料被混合或被分割，应在混合或分割前确立与其身份之间的关系，并记录相关信息。

（3）企业的内部检查

开展企业内部联网检查，对保证溯源系统的可靠性和提升其能力至关重要。企业内部检查的内容有以下几个方面。

① 根据既定程序，检查其操作是否到位；

② 检查食品及其信息是否得到追踪和回溯；

③ 检查食品的质量和数量的变化情况。

（4）第三方的监督检查

第三方的监督检查包括政府食品安全监管部门的检查和中介机构的检查，它有利于保持食品溯源系统有效运转，及时发现和解决问题，增加消费者的信任度。

（5）向消费者提供信息

一般而言，向消费者提供的信息有以下两个方面：

① 食品溯源系统所收集的即时信息，包括食品的身份编号、联系方式等；

② 既往信息，包括食品生产经营者的活动及其产品的以往声誉等信息。向消费者提供此类信息时，应注意保护食品生产经营者的合法权益。其中，在各个

阶段记录和储存信息是食品溯源的基本要求。

2. 食品安全溯源系统特点

（1）溯源流程的透明性

食品溯源系统强调每一个食品供应链成员的参与，强调每一个关键环节信息的公开化、透明化。因此，增加了食品溯源的透明度。

（2）溯源层次的多样性

在地域层次上，食品溯源系统可以对一个国家、一个地区、一家企业直至一个具体的生产经营环节进行溯源；在产品层次上，食品溯源系统可以对一种产品、一个批次、一个产品直至一个具体的原材料进行溯源。因此，食品溯源系统的溯源层次灵活多样。

（3）溯源信息的标准性

建立在食品溯源关键技术基础上的食品溯源系统实现了溯源信息采集、加工、传输和应用的标准化，食品供应链成员之间、食品供应链之间实现了信息的共享与交流。

（4）溯源数据的保密性

在食品溯源信息采集、加工、传输和应用过程中，食品溯源系统注重加强对食品供应链成员产品配方、销售统计等商业机密信息的保护，以提高食品溯源数据的保密性。

（5）溯源数据的及时性

基于 Internet 的食品溯源系统，能够借助 Internet 环境快速定位问题食品危及的范围、及时发布风险信息、立即开展食品召回工作，有效地防止问题食品的扩散，保障消费者的健康不受到威胁。

（6）溯源操作的灵活性

食品溯源系统直接应用物种鉴别技术、电子编码技术以及自动识别与数据采集技术等食品溯源关键技术，有助于增强食品溯源信息采集、加工、传输和应用能力，提高食品溯源操作的灵活性。

3.1.3 构建食品流通溯源信息的关键环节

现代食品质量安全问题的本质取决于现代食品生产、流通及消费方式。食品质量安全问题的形成机制根本上是由于当今食品经济体系复杂化、国际化及多元化。特别是食品供给的链条越来越长、环节越来越多、范围越来越广，加大了食品风险发生的概率，这就要求对供应链的生产、加工、运输、配送、销售等各环节进行有效管理。

1. 生产环节

在农业生产环节中，农业投入品如农药、化肥及抗生素的滥用使生态平衡遭到破坏，一些病虫的抗药性增强，使动植物病、虫防治难度加大。与此同时，生产者为了片面追求产量，往往投入过多的添加剂、农药、化学肥料等，从而忽视了食品质量安全，在食品供应体系的源头造成了污染。化学性的食品污染，因为是长期的少量的进入人体，不像沙门氏菌只吃一次就可中毒，而且也不是天天接触到，它对健康的危害往往在很久以后才能发现。这些污染物是不容易被破坏的，进入人体后会长期蓄积存在，这是一种潜在的危害。

农产品生产管理主要重点控制与蔬菜食品安全相关的品种基本信息，生产资料基本信息，农作物生产过程信息，大气、灌溉水源、土壤的相关监测信息，农作物的虫害、病害、防除和农药使用信息，残留农药监测信息，蔬菜销售对象信息，物流运输信息，信用评价等。生产过程记录包括种子、农药、肥料、灌溉水的用法、用量、使用、停用的日期，以及产品收获的日期等。

蔬菜生产环节包括生产者代码、产品名称、等级、尺寸、产地、净重、批号等信息。当前我国的蔬果等农产品生产，绝大部分由千家万户的个体农户进行，生产比较分散，科技应用水平较低，产品质量不稳定。因此，从农产品生产环节实施追踪，一方面要推动农民与有关企业建立合同生产，定向生产，建立农业经济合作组织，以提高生产的专业化、科技化、标准化水平。目前，我国有相当一部分经营生鲜农产品的连锁超市企业，都建立了自己的生产和采购基地，如北京京客隆超市、福建永辉超市、山东家家悦超市等，这就具备了从生产环节进行信息标识跟踪的基础条件。

种猪的生产管理包括将射频芯片和其天线封装在树脂材料的耳标内，在种猪耳朵处打上电子耳标，除记录饲料、病理、喂药、转群、检疫、育种等信息外，同时结合国外先进的种猪测定设备进行生长测定，从而对单个种猪生产全过程进行记录。

2. 加工包装环节

在食品的加工环节中，作为经济理性人的厂商以追求利润最大化为目标，尽量减少设备设施的投入和管理的投入。由此，陈旧过时的生产加工设备容易遭到微生物等有害物质的污染，食品添加剂和防腐剂的滥用更增加了食品的危险性。

有些不法商人为了使成本最低、产生利润最大，在食品添加剂的安全控制上不把关，即使国家有这个规定，为了自身的利益也不去执行，这样安全系数就下降，大规模生产后就容易产生污染并蔓延。更为严重的是一些厂商为了牟取暴利竟生产假冒伪劣食品，人为造假掺"毒"。

农产品的加工包装标志记录按照有关规定和标准应当包装或者附加标志的，包装物或者标志上应当按照规定标明产品的品名、产地、生产者、生产日期、保质期、产品质量等级、主要成分等。按照有关规定和标准应当包装或者附加标志的，须经包装或者附加标志后方可销售。包装物或者标志上应当按照规定标明产品的品名、产地、生产者、生产日期、保质期、产品质量等级、主要成分等内容。这也是产品可追溯体系的重要内容。

蔬果的加工包装环节，要根据产品的质量、尺寸、色彩进行分级，包装成物流单元，并利用生产环节传递过来的标识信息，生成所需信息的条码标签。按照需求不同，可以生成箱/盒标签和托盘标签两种标签。如果产品要进行分销和零售，就生成箱/盒标签，标签要包含 GTIN、批号、包装日期、国家批准号码或供货商全球位置码、原产国（地）、农田代码（可选）、收获日期（可选）等。如果产品要进行仓储和物流运输，就生成托盘标签，标签要包含 SSCC、物流单元内贸易项目的 GTIN、物流单元内贸易项目的数量、托盘化日期、净重、毛重、原产国（地）、农田代码（可选）等。

欧盟指令对食品包装材料、标示说明等作了详细规定，如从 2002 年 1 月 1 日开始执行新的牛肉标识办法，除了关于价格、重量和最迟销售日期等信息外，还必须详述育肥地、屠宰地、分割地以及家畜出生地及培育地等精确信息。

3. 仓储运输环节

随着现代通信运输的快速发展，食品供应方式发生了很大变化。长距离运输、大范围销售使微生物与有害物质污染的可能性增大。日趋加速的城市化状况导致食品的运输、贮存及制作需求的不断增加。与过去相比，人们对食品种类的需求越来越广，非时令食品的消费量剧增。特别是在发展中国家，健康和社会环境变化较快，城市化的扩展、对储存食品的依赖、安全卫生的水供应不足以及食品生产设备的缺乏等使本来有限的资源更加紧张。

蔬果的仓储运输环节中，蔬果等生鲜产品在仓储/运输过程中也很容易发生变质等问题。因此，有必要对仓储/运输环节的信息如仓储/运输的主体、位置、时间等进行标识和记录。可以通过条码标签、RFID 技术、GIS/GPS 技术等来实现对仓储/运输过程的跟踪。同时，在运输过程中应保持运输车辆的清洁、卫生，保持包装的完整性，不应与其他有毒、有害物质混装。运输车辆应具有较好的抗震、通风等性能。

4.分销零售环节

我国农产品耕种以及食品加工一般是小规模、小作坊生产方式等，而作为面向广大消费者的零售终端的超市则是老百姓购买食品的场所，因此，食品安全问题往往最后集中出现在超市尤其是生鲜超市以及同样为老百姓提供日常生活食品的农贸市场中。

生鲜包装食品对产品质量要求很高，加之产品生命周期短，生产企业数量多，分布广而散；消费者跨多个群体；市场需求变化快。这些特点决定了生鲜包装食品必须具备高度灵敏的供应链，这样才能快速响应消费者的需求。因此，新鲜度控制、持续补货、渠道管理、配送和经销商管理就成为生鲜包装食品供应链高效与否的"生死结"。

在蔬果的分销零售环节，承载产品信息的条码标签要能够通过 POS 扫描采集有关信息，这些信息进入相应的管理信息系统，并保证能够随时调用和分析。对于蔬菜、水果这些规格、重量不固定的产品，有时还要在这个环节进行再次加工包装，这就要采用店内条码。这个环节的标签要包含产品名称、分级/分类、原产国（地）、重量等内容。销售出去的商品一旦出现问题，就可以根据条码信息进行追溯，快速、准确地锁定问题出现的环节，找出原因。另外，在这一环节，一些基本的管理手段和原则，如批次管理、单品管理、先进先出、货位管理等，都将有助于实现食品的可追溯。

食品可追溯是一个多层次的活动，需政府部门组织、多个部门参与，包括质量部门、物流部门、IT 部门、营销部门等。它只有在生产、包装、储存、运输等各个环节建立无缝的连接并进行有效的管理才能实现。以上几个环节必须协调进行，各方应各负其责地提供正确的条码数据信息，确保记录与维护这些信息的安全、真实和准确。缺少任何一个环节，整个过程就中断了。所以，各方应就各自所标识的信息、方式等达成协议，采用国际通用的有关标准来进行。

3.1.4　食品安全溯源系统的总体架构

食品安全可追溯系统涉及多个行为主体，建立一个可靠的食品可追溯系统的前提是对数据进行整合，构建各行为主体的信息共享机制和食品安全信息数据库，实现从原料到最终产品的追踪及其过程的反向追踪，以及消费者、企业、政府之间的信息共享，见图3-2。一般来讲，基于信息共享的食品可追溯系统主要由中央控制平台、区域平台、企业端管理信息系统和用户信息查询平台四部分构成。

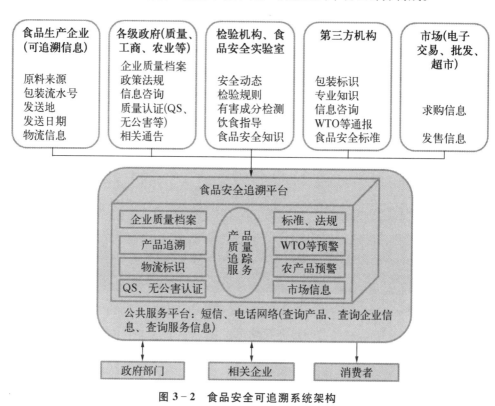

图3-2 食品安全可追溯系统架构

（1）中央控制平台

中央控制平台通过中央平台数据库实现各个参与方身份管理、信息编码的解释、各参与方相互关系管理等功能。同时，运用各种管理模型、定量化分析手段、运筹学方法等对食品可追溯涉及的数据进行分析，为食品追溯各个参与方系统接入提供技术支持。

（2）区域平台

区域平台的核心为产品数据库，记录存储相关信息，不仅包括产品的各种信息，还包括所有加入可追溯系统中产品供应链上的经济主体的信息，另外还包括相应的质量标准、质量认证以及最近发生的质量安全事件等信息。区域平台通过对食品追溯信息管理，为本区域内各类企业加工食品可追溯系统与本区域平台，以及将产品质量信息提供给中央平台或其他区域平台进行数据交换与共享提供技术支持。

（3）企业端管理信息系统

在企业端管理信息系统中，供应链上每个经济主体都要将其产品相关信息记录存储到管理信息系统中，并按照要求将信息数据提供给产品数据库。企业端管理信息系统由经济主体自行开发管理，但是其中产品编码的标准要遵从行业或国家的规范。

（4）用户信息查询平台

用户信息查询平台是消费者、企业以及政府部门用来查询产品质量安全信息的系统，其查询方式包括互联网网站查询、超市终端机器查询和手机短信查询等。该系统联结到产品数据库中，根据不同的权限，可以查询到产品、企业名录、安全标准、认证信息、安全事件等各种信息，增加信息透明度和公开度，最大限度地满足消费者的知情权，提高消费者的信心，在一定程度上减弱信息不对称，减少安全事件的发生。该系统由行业协会或者政府相关部门开发维护管理。追溯信息查询系统作为消费者可以直接使用的信息检索工具，是构建整个产品可追溯系统的核心之一。

这四者之间的关系是：产品数据库中的信息主要来源于企业端管理信息系统，企业端管理信息系统也可以从数据库中得到上下游企业产品的信息，两者之间的信息是双向流动；用户通过信息查询平台向中央或区域平台提出请求，从产品数据库中获得信息，信息是单向流动。

3.1.5　食品安全信息溯源平台的分类

食品安全信息溯源平台的建立一般是由政府主导推动、食品产业链上的各方参与来进行实现的。根据使用主体对象的不同，食品安全溯源平台主要分为政府监管溯源平台和生产经营企业管理溯源平台两大类。

1. 政府监管溯源平台

政府监管溯源平台是指由政府主导、利用先进的互联网技术建立起的权威性的追溯平台，主要包括企业主体信息审查、日常检查、检验检疫、全程监管、产品召回、舆情监测以及风险管控等内容。

目前与食品安全监管相关的国家发改委、农业部、工信部、商务部、食药监总局等政府部门，都主导建立各自重点监管环节的追溯体系（图3-3），具体情况如下。

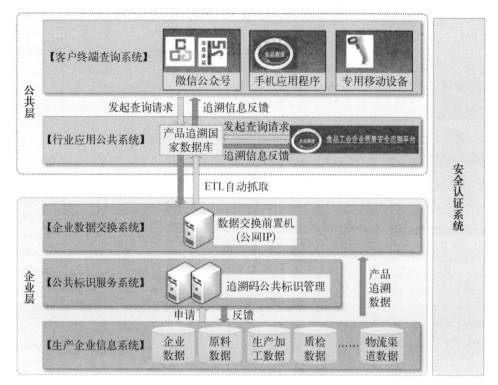

图 3-3　国家层面的安全追溯体系架构

（1）国家食品安全追溯平台（http://www.chinatrace.org）

国家食品安全追溯平台是国家发改委确定的重点食品质量安全追溯物联网应用示范工程，主要面向全国生产企业，实现产品追溯、防伪及监管，由中国物品编码中心建设及运行维护，由政府、企业、消费者、第三方机构使用。国家平台接收 31 个省级平台上传的质量监管与追溯数据；完善并整合条码基础数据库、QS、监督抽查数据库等质检系统内部现有资源（分散存储、互联互通）；通过对食品企业质量安全数据的分析与处理，实现信息公示、公众查询、诊断预警、质量投诉等功能。

（2）国家食品工业企业质量安全追溯平台（http://foodcredit.miit.gov.cn/zs/zhuisu.html）

为贯彻落实国家有关食品诚信体系建设的相关政策和要求，工业和信息化部主导建立了国家食品工业企业质量安全追溯平台，由生产企业信息系统、企业数据交换系统、公共标识服务系统、行业应用公共系统、客户终端查询系统、信息安全认证系统 6 个系统构成。通过国家平台的建设、运行及与生产企业的对接，可为生产企业提供查询入口统一、数据存储安全、查询高效的对外追溯服务，建立生产企业与消费者等追溯用户之间数据流转的桥梁。该平台具有在全国范围内实现食品诚信信息征集、诚信信息评价、诚信信息发布、诚信信息管理、食品企业诚信数据查询等功能。该平台的建立将有效提高食品企业诚信意识、规范企业诚信经营行为、营造行业诚信环境，加强政府对食品安全的监控能力和管理创新能力，使诚信社会监督机制得到完善，从而保障食品质量安全，促进食品行业健康发展。

（3）国家农产品质量安全追溯管理信息平台（http：//www.qsst.moa.gov.cn/）

2017 年 6 月 30 日，由农业部主办的国家农产品质量安全追溯管理信息平台正式上线运行，标志着农产品向实现全程可追溯迈出了重要一步。农产品质量安全追溯体系建设是维护人民群众"舌尖上的安全"的重大举措，也是推进农业信息化的重要内容。习近平总书记强调，要尽快建立全国统一的农产品和食品质量安全追溯管理信息平台。近几年的中央 1 号文件多次提出，要建立全程可追溯、互联共享的农产品监管追溯信息平台。全国农业工作会议提出"五区一园四平台"建设，进一步明确了追溯管理工作要求。加快建立全国统一的追溯管理信息平台、制度规范和技术标准，有利于积极开展农产品全程追溯管理，提升综合监管效能；有利于倒逼生产经营主体强化质量安全意识，落实好第一责任；有利于畅通公众查询渠道，提振公众消费信心。建立健全农产品质量安全追溯体系，对于提升农产品质量安全智慧监管能力、促进农业产业健康发展、确保农产品消费安全具有重大意义。

（4）国家重要产品追溯体系（http://www.zyczs.gov.cn/）

国家重要产品追溯体系由商务部主导建设。重要产品是指对人民生活和生产安全、物质财产安全及国家安全具有重大影响的产品。追溯体系建设是采集记录产品生产、流通、消费等环节信息，实现来源可查、去向可追、责任可究，强化全过程质量安全管理与风险控制的有效措施。党中央、国务院高度重视重要产品追溯体系建设。《国务院关于促进市场公平竞争维护市场正常秩序的若干意见》（国发〔2014〕20 号）、《国务院关于推进国内贸易流通现代化建设法治化营商环境的意见》（国发〔2015〕49 号）等重要文件均提出了明确要求。根据《国务院办公厅关于加快推进重要产品追溯体系建设的意见》（国办发〔2015〕95 号）

和《商务部 工业和信息化部 公安部 农业部 质检总局 安全监管总局 食品药品监管总局关于推进重要产品信息化追溯体系建设的指导意见》（商秩发〔2017〕53号），当前及今后一个时期，要将食用农产品、食品、药品、农业生产资料、特种设备、危险品、稀土产品等作为重点，分类指导、分步实施，以落实企业主体责任为基础，以信息化追溯和互通共享为方向，建设覆盖全国、统一开放、先进适用的重要产品追溯体系，促进质量安全综合治理，提升产品质量安全与公共安全水平，更好地满足人民群众生活和经济社会发展需要。

国家重要产品追溯体系建设的目标：到2020年，追溯体系建设的规划标准体系得到完善，法规制度进一步健全；全国追溯数据统一共享交换机制基本形成，初步实现有关部门、地区和企业追溯信息互通共享；重要产品生产经营企业追溯意识显著增强，采用信息技术建设追溯体系的企业比例大幅提高；社会公众对追溯产品的认知度和接受度逐步提升，追溯体系建设市场环境明显改善。

除了国家层级食品追溯平台建设，各级省、地（市）均建立了食品安全追溯平台，大大推动了我国食品安全追溯系统建设工作。

2. 生产经营企业管理溯源平台

生产经营企业管理溯源平台是指企业利用先进的标识技术和互联网技术建立的产品管理信息追溯平台。企业管理溯源以产品为主线、条码技术为手段，从计划开始，对产品的物料、生产过程、半成品、成品实行自动识别、记录和监控，实施全透明的管理，在生产中预防、发现并及时改正错误，事后也可以对产品进行追溯，清晰查询到产品的真伪、去向、存储、工序记录、生产者、质检者和生产日期等信息，以实现产品生产的防错、精益生产和管理，极大地提高了生产效益和产品质量，也可大大提高客户的满意度。

由于食品生产链涉及食品的原料生产、食品生产、物流、销售等多个环节，企业在食品链中只能承担其中的一部分或几部分功能。因此，食品生产链的总体溯源责任应该由政府承担，依靠法律、法规进行约束，而食品生产链的基本溯源功能——企业溯源则由企业保证，它是食品链能够得以完整溯源的基础。完整食品生产链的溯源系统必然包括企业间溯源（又称外部溯源）和企业内部溯源两部分，见图3-4。

（1）外部溯源

外部溯源是指溯源项（某个批次的某个产品）已经确定，只是企业与企业交接时产生的溯源，常见的如配送环节。对某一个产品来说，接收双方都需对产

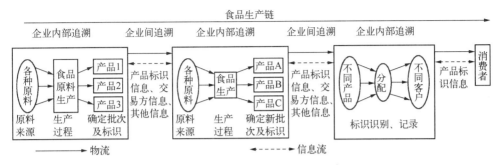

图 3 - 4　完整食品生产链溯源系统

品的标识进行识别，保持交接记录，即供货方必须能够根据产品标识追踪到接收方，而接收方也必须能够追溯到产品的供货方，双方都要保持货物的交接记录。需要注意的是，对外部溯源来讲，溯源项（包括产品、批次及标识）是确定的，需要追溯的信息主体是以产品为基础的交易双方，即溯源方（Traceability Partner）——企业。外部溯源实质是食品链上的"节点管理"（Link Management），见图 3 - 5。

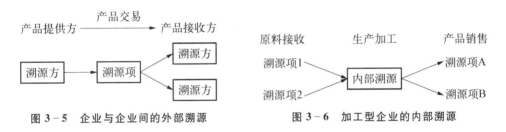

图 3 - 5　企业与企业间的外部溯源　　　**图 3 - 6　加工型企业的内部溯源**

（2）内部溯源

企业内部溯源是食品链溯源的基础和关键。内部溯源环节一般比较复杂，其中涉及多种原料的投入和可能不止一种产品的产出，企业必须做好相应的管理和记录，做好产品的定义和批次的确定，保证溯源的准确性。企业内部溯源必须做到"一步向前，一步向后"，既向上追溯到原料供应商，又向下追溯到产品客户。常见的企业内部溯源是指加工型企业，如农产品初级加工、食品加工、食品包装、分装等类型，其特点是通常多种原料进入食品链，产生一种或多种产品，且生产过程可能包含生产、转运、包装等程序。企业内部溯源需明确产品批次、标识，定义"溯源项"。加工型食品溯源类型见图 3 - 6。

需要说明的是，类似于批发型的分配型企业，由于其不再对产品进行加工，不再产生新的标识和批次，相当于其分别作为产品接收方和提供方，进行了两种外部溯源，其溯源实质仍然是"节点管理"。

3.1.6 我国食品安全溯源平台建设的发展趋势

自 2004 年国务院《关于进一步加强食品安全工作的决定》提出建立农产品质量安全追溯制度至今已有十多年了，这十年是食品行业动荡的十年，食品事故层出不穷，食品从业人员的道德底线被一次次地刷新，消费者对国内食品现状的信心降至最低点。我国的食品供应体系主要是围绕解决食品供给量问题而建立起来的，目前正由单纯提高生产量转向"量足且质优"。为了保障食品安全，近年来上至国家下至地方政府均出台了多项措施，其中最引人注目的就是建立食品追溯体系。

自 2010 年以来，各级地方政府、企业在食品追溯方面的投入不下千亿元，然而这些由政府主导、企业执行的食品溯源项目收效甚微。究其原因，由政府或是企业主导进行的食品溯源有许多无法克服的弊端，容易受到企业和监管部门的影响。此前存在监管部门指定服务商的情况，监管部门、企业、被指定的服务商之间易滋生信息不透明、相关人员权力寻租、利益绑定的不良状况。从长远看，促生了溯源市场的不公平竞争，对溯源体系建设工作的推广也是一种破坏行为。

而要求企业自主完成溯源体系建设，几乎是不现实的。一方面，企业自行建立的溯源监管系统功能单一、作用有限、费时费力，加大成本的同时又无法发挥出溯源的实际作用，更与"社会共治、信息共享"的监管形式相悖。另一方面，每个企业建立大数据平台是不现实的，溯源更是需要大数据支持。有能力自建溯源体系的企业必然具备较大规模，实力较强，而更多的不具备如此规模的企业只能望而兴叹，因此，这类方式无法实现全国性的大幅度推广。

相对于由政府、企业主导，第三方食品追溯平台的优势在于实时在线生成信息，而且第三方意味着公正与公平，不受企业和监管部门的影响，提供的溯源技术更加规范化、全面化，真正实现"投入少、收益大"。如图 3 - 7 所示为第三方追溯平台与

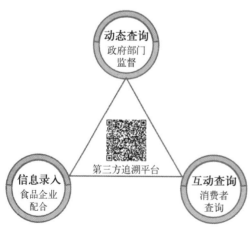

图 3 - 7 **第三方追溯平台与政府、食品企业以及消费者之间的逻辑关系**

政府、食品企业以及消费者之间的逻辑关系，可以看出第三方食品追溯平台将政府部门的监管信息、食品企业的生产信息以及消费者的信息互动查询紧密联系了起来。

由于我国消费者的消费习惯还没有得到根本性的改变，在这种特殊国情的背景下，建立食品追溯体系是一个缓慢而又曲折的过程，因而我们不仅要有信心，还要有耐心。自 2004 年至今，过去的十年是探索发展的十年，食品追溯经过这些年的沉淀，如今已基本确立了第三方食品追溯平台的最终出路，这将为消费者提供切实的益处。相信在不久的将来，食品追溯必将会硕果累累，成为食品安全监控的有力手段。

3.2　条　码　技　术

3.2.1　代码

代码（Code）也叫信息编码，是作为实体事物唯一标识的一组有序字符组合。它必须便于计算机和人识别、处理。代码是人为确定的代表客观事物名称、属性或状态的符号，或者是这些符号的组合。

在信息系统中进行代码编制时，要体现出以下几个方面的特点。

（1）唯一性

在现实世界中，如果我们对很多东西不加标识是无法区分的，即使是计算机处理也很困难。所以，将原来不能确定的信息加以唯一标识是编制代码的首要任务。

最简单的例子就是某个单位职工的工号。在人事档案管理中，不难发现人的姓名都很难避免重名的。为了避免这一问题，采用代码唯一地标识每一位员工，这就成了工号。

（2）规范性

在进行代码编写时，要遵守一定的编码规范，否则代码编出来后可能是杂乱无章，使人或计算机无法辨认识别。

（3）系统性

要全面、系统地考虑代码设计的体系结构，要把编码对象分成组，然后分别进行编码设计，如建立物料编码系统、人员编码系统、设备编码系统等。

（4）可扩展性

在代码编制时，要保证有足够的容量，要足以包括规定范围内的所有对象。

3.2.2 条码技术的起源与发展

条码（Bar Code）技术最早出现在 20 世纪 40 年代。当时美国两位工程师研究用条码表示信息，并于 1949 年获得世界上第一个条码专利。这种最早的条码由几个黑色和白色的同心圆组成，被形象地叫作牛眼式条码，见图 3-8。这个条码与我们广泛应用的一维条码在原理上一致，它们都是用深色的条和浅色的空来表示二进制数的"1"和"0"。限于当时美国印刷工业水平和商品经济发展水平，还没有能力使用条码技术。

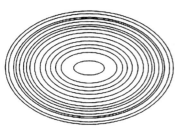

图 3-8 最早的"公牛眼"条码

20 年后的 1966 年，IBM 和 NCR 两家公司在调查了商店销售结算口使用扫描器和计算机的可行性基础上推出了世界上首套条码技术应用系统。这个系统把物品价格记录在物品包装的磁条上，当物品通过扫描器时，扫描器就读出了磁条上的信息。

1970 年，美国食品杂货工业协会发起组成了美国统一代码委员会（简称 UCC），UCC 的成立标志着美国工商界全面接受了条码技术。1972 年，UCC 组织将 UPC 条码作为统一的商品代码，用于商品标识，并且将通用商品代码 UPC 条码作为条码标准在美国和加拿大普遍应用。这一措施为今后商品条码统一和广泛应用奠定了基础。

1973 年欧洲的法国、英国、联邦德国、丹麦等 12 个国家的制造商和销售商发起并筹建了欧洲的物品编码系统，并于 1977 年成立欧洲物品编码协会，简称 EAN 协会。EAN 协会推出了与 UPC 条码兼容的商品条码——EAN 条码。这一新生事物在欧洲一出现，立刻引起世界上许多国家的制造商和销售商的兴趣。许多非欧美地区的国家也纷纷加入 EAN 协会。1981 年，欧洲物品编码协会改名为国际物品编码协会，简称 IAN，由于习惯叫法，直到今天仍然称 EAN 组织。

2002 年 11 月，UCC 正式加入 EAN，并宣布从 2005 年 1 月 1 日起，EAN 码也能在北美地区正常使用，且美国、加拿大新的条码用户将采用 EAN 条码标识商品，并更名为 GS1。这标志着国际物品编码协会真正实现成为全球化的编码组织。

我国于 1988 年成立中国物品编码协会，并于 1991 年 4 月正式加入国际物品编码协会（GS1），负责推广国际通用的、开放的、跨行业的全球统一编码标识系统和供应链管理标准，向社会提供公共服务平台和标准化解决方案。中国物品编码中心在全国设有 47 个分支机构，形成了覆盖全国的集编码管理、技术研发、标准制定、应用推广以及技术服务为一体的工作体系。

3.2.3　条码技术的工作原理及特点

条码或称条形码，是将宽度不等的多个黑条和空白，按照一定的编码规则排列，用以表达一组信息的图形标识符。在进行辨识时，使用条码阅读机（即条码扫描器，又叫条码扫描枪或条码阅读器）扫描，得到一组反射光信号，此信号经光电转换后变为一组与线条、空白相对应的电子信号，然后译码器通过测量脉冲数字电信号 0、1 的数目来判别条和空的数目。通过测量 0、1 信号持续的时间来判别条和空的宽度。此时所得到的数据仍然是杂乱无章的，要知道条形码所包含的信息，则需根据对应的编码规则，将条形符号换成相应的数字、字符信息。最后，由计算机系统进行数据处理与管理，物品的详细信息便被识别了，见图 3-9。

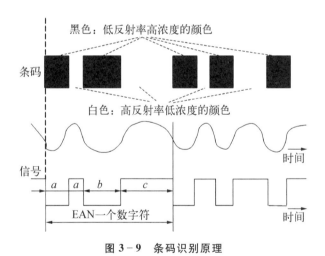

图 3-9　条码识别原理

条形码可以标出物品的生产国、制造厂家、商品名称、生产日期、图书分类号、邮件起止地点、类别、日期等许多信息。因而在商品流通、图书管理、邮政管理、银行系统等许多领域都得到广泛的应用。

条形码技术是迄今为止最经济、实用的一种自动识别技术，具有以下几个方面的特点。

（1）输入速度快：与键盘输入相比，条形码输入的速度是键盘输入的 5 倍，并且能实现"即时数据输入"。

（2）可靠性高：键盘输入数据出错率为三百分之一，利用光学字符识别技术出错率为万分之一，而采用条形码技术误码率低于百万分之一。

（3）采集信息量大：利用传统的一维条形码一次可采集几十位字符的信息，二维条形码更可以携带数千个字符的信息，并有一定的自动纠错能力。

（4）灵活实用：条形码标识既可以作为一种识别手段单独使用，也可以和有关识别设备组成一个系统实现自动化识别，还可以和其他控制设备连接起来实现自动化管理。

（5）成本低：条形码标签易于制作，对设备和材料没有特殊要求，识别设备操作容易，也相对便宜。特别是在零售业领域，因为条码是印刷在商品包装上的，所以其使用成本非常低。

3.2.4 条码的分类

条码可以依据维码区别（即编码方式不同）和码制区别（即编码规则不同）来进行分类。一般来讲，依据维码区别，目前最为常见的是一维码和二维码。近些年又出现了一种建立在传统黑白二维码基础之上发展而来的全新图像信息矩阵产品，即彩色三维码。而它们各自依据码制的不同又可以分为不同种类的条码。

1. 一维条码

一维条码即指条码条和空的排列规则，常用的一维码的码制包括 EAN 码、39 码、交叉 25 码、UPC 码、128 码、93 码以及 Codabar（库德巴码）等，不同的码制有它们各自的应用领域。

1）EAN 码

EAN 码是国际物品编码协会制定的一种商品用条码，通用于全世界。EAN 码符号有标准版（EAN - 13）和缩短版（EAN - 8）两种，见图 3 - 10。我国的通用商品条码与其等效，日常购买的商品包装上所印的条码一般就是 EAN 码。

图 3 - 10　EAN 码

（1）EAN－13 码

EAN－13 标准码共 13 位数，系由"国家代码"3 位数、"厂商识别代码"4 位数、"商品项目代码"5 位数，以及"校验位"1 位数组成（图 3－11）。

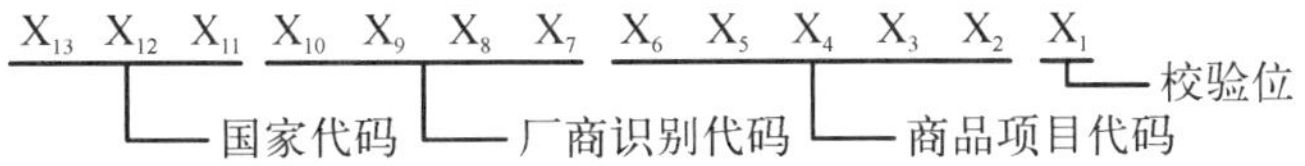

$$X_{13}\ X_{12}\ X_{11}\quad X_{10}\ X_9\ X_8\ X_7\quad X_6\ X_5\ X_4\ X_3\ X_2\quad X_1$$
　　　　　　　　　　　　　　　　　　　　　　　　　　　　校验位
　　└──国家代码　└──厂商识别代码　└──商品项目代码

图 3－11　EAN－13 代码结构

图 3－10 中 EAN－13 码分为 4 个部分，从左到右分别为：

1~3 位：共 3 位，对应该条码的 690，是中国的国家代码之一。注：690~699 都是中国大陆的代码，由国际上分配，具体见表 3－1。

4~8 位：共 5 位，对应该条码的 12345，代表生产厂商代码，由厂商申请，国家分配。

9~12 位：共 4 位，对应该条码的 6789，代表商品代码，由厂商自行确定。

第 13 位：共 1 位，对应该条码的 2，是校验码，依据一定的算法由前面 12 位数字计算而得到。

其中，厂商识别代码由中国物品编码中心统一向申请厂商分配。厂商识别代码左起三位是国际物品编码协会分配给中国物品编码中心的前缀码。商品项目代码由厂商根据有关规定自行分配。校验位用来校验其他代码编码的正误。条形码校验码计算方法如下：首先，把条形码从右往左依次编序号为"1，2，3，4，……"从序号二开始把所有偶数序号位上的数相加求和，用求出的和乘 3，再把所有奇数序号上的数相加求和，用求出的和加上刚才偶数序号上的数，然后得出和。再用 10 减去这个和的个位数，就得出校验码。

举例如下。

此条形码为 977167121601X（X 为校验码）。

第一步：取出该数的奇数位的和：1+6+2+7+1+7=24

第二步：奇数位和的 3 倍：24×3=72

第三步：取出该数的偶数位的和：0+1+1+6+7+9=24

第四步：将奇数位和的 3 倍与偶数位的和相加：72+24=96

第五步：用 10 减去这个数的个位数字：10－6=4

所以最后校验码 X=4。此条形码为：9771671216014。

备注：如果第 5 步的结果个位为 10，校验码是 0；也就是说第 4 步个位为 0 的情况。

表 3 - 1　国际各编码组织所在国家和地区的前缀码

前 缀 码	编码组织所在国家 （或地区）/应用领域	前 缀 码	编码组织所在国家 （或地区）/应用领域
000~019/030~ 039/060~139	美 国	485	亚美尼亚
		486	格鲁吉亚
020~029/040~ 049/200~299	店内码	487	哈萨克斯坦
		488	塔吉克斯坦
050~059	优惠券	489	中国香港特别行政区
300~379	法 国	500~509	英 国
380	保加利亚	520~521	希 腊
383	斯洛文尼亚	528	黎巴嫩
385	克罗地亚	529	塞浦路斯
387	波 黑	530	阿尔巴尼亚
389	黑山共和国	531	马其顿
400~440	德 国	535	马耳他
450~459，490~499	日 本	539	爱尔兰
460~469	俄罗斯	540~549	比利时和卢森堡
470	吉尔吉斯斯坦	560	葡萄牙
471	中国台湾	569	冰 岛
474	爱沙尼亚	570~579	丹 麦
475	拉脱维亚	590	波 兰
476	阿塞拜疆	594	罗马尼亚
477	立陶宛	599	匈牙利
478	乌兹别克斯坦	600~601	南 非
479	斯里兰卡	603	加 纳
480	菲律宾	604	塞内加尔
481	白俄罗斯	608	巴 林
482	乌克兰	609	毛里求斯
484	摩尔多瓦	611	摩洛哥

续　表

前　缀　码	编码组织所在国家 （或地区）/应用领域	前　缀　码	编码组织所在国家 （或地区）/应用领域
613	阿尔及利亚	754～755	加拿大
615	尼日利亚	759	委内瑞拉
616	肯尼亚	760～769	瑞　士
618	象牙海岸	770～771	哥伦比亚
619	突尼斯	773	乌拉圭
621	叙利亚	775	秘　鲁
622	埃　及	777	玻利维亚
624	利比亚	778～779	阿根廷
625	约　旦	780	智　利
626	伊　朗	784	巴拉圭
627	科威特	786	厄瓜多尔
628	沙特阿拉伯	789～790	巴　西
629	阿拉伯联合酋长国	800～839	意大利
640～649	芬　兰	840～849	西班牙
690～699	中　国	850	古　巴
700～709	挪　威	858	斯洛伐克
729	以色列	859	捷　克
730～739	瑞　典	860	南斯拉夫
740	危地马拉	865	蒙　古
741	萨尔瓦多	867	朝　鲜
742	洪都拉斯	868～869	土耳其
743	尼加拉瓜	870～879	荷　兰
744	哥斯达黎加	880	韩　国
745	巴拿马	884	柬埔寨
746	多米尼加	885	泰　国
750	墨西哥	888	新加坡

前缀码	编码组织所在国家 （或地区）/应用领域	前缀码	编码组织所在国家 （或地区）/应用领域
890	印　度	960~969	GS1 总部（缩短码）
893	越　南	955	马来西亚
896	巴基斯坦	958	中国澳门特别行政区
899	印度尼西亚	977	连续出版物
900~919	奥地利	978~979	图　书
930~939	澳大利亚	980	应收票据
940~949	新西兰	981~983	普通流通券
950	GS1 总部	990~999	优惠券
951	GS1 总部 （产品电子代码）		

（2）EAN-8 码

EAN-8 商品条码也称缩短版商品条码，表示 EAN/UCC-8 代码。

在通常情况下，用户应尽量选用 EAN 商品条码，尤其是选用 EAN-13 条码。但在以下几种情况下，可采用 EAN-8 条码：① EAN-13 商品条码的印刷面积超过印刷标签最大面面积的四分之一或全部可印刷面积的八分之一时；② 印刷标签的最大面面积小于 40 cm² 或全部可印刷面积小于 80 cm² 时；③ 产品本身是直径小于 3 cm 的圆柱体。

2）UPC 码

UPC 码是美国统一代码委员会制定的一种商品用条码，主要用于美国和加拿大地区，我们在美国进口的商品上可以看到。其中，UPC-A 码是标准的 UPC 通用商品条码版本，UPC-E 码为 UPC-A 码的压缩版，如图 3-12 所示。

0 89600 12456 9　　0 89600 0 7
UPC-A码　　　　UPC-E码

图 3-12　UPC 条码

3）39 码

39 码是一种可表示数字、字母等信息的条码，主要用于工业、图书及票证的自动化管理，目前使用极为广泛，如图 3-13 所示。

4）Code 93 码

Code 93 码与 39 码具有相同的字符集，但它的密度要比 39 码高，所以在面积不足的情况下，可以用 93 码代替 39 码，具体见图 3 - 14。

5）库德巴码

库德巴码也可表示数字和字母信息，主要用于医疗卫生、图书情报、物资等领域的自动识别，如图 3 - 15 所示。

图 3 - 13　39 码　　　　　图 3 - 14　Code 93 码　　　图 3 - 15　库德巴码

6）Code 128 码

Code 128 码是 1981 年引入的一种高密度条码，可表示从 ASCII 0 到 ASCII 127 共 128 个字符，故称 128 码。其中包含了数字、字母和符号字符。Code 128 码是广泛应用在企业内部管理、生产流程、物流控制系统方面的条码码制。共有三种不同的版本：A（数字、大写字母、控制字符）、B（数字、大小字母、字符）和 C（双位数字）。

其中，EAN/UCC - 128 码就是采用 Code 128 - C 码，具有完整性、紧密性、联结性及高可靠度的特性。辨识范围涵盖生产过程中一些补充性质且易变动的资讯，如生产日期、批号、计量等。EAN/UCC - 128 码可应用于货运栈板标签、携带式资料库、连续性资料段、流通配送标签等，如图 3 - 16 所示。

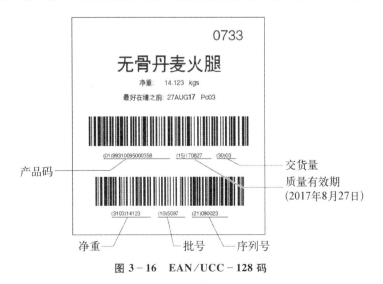

图 3 - 16　EAN/UCC - 128 码

7) ITF 25 条码（交插 25 码）

交插 25 码是一种条和空都表示信息的条码，交插 25 码有两种单元宽度，每一个条码字符由五个单元组成，其中两个宽单元、三个窄单元。在一个交插 25 码符号中，组成条码符号的字符个数为偶数，当字符是奇数个时，应在左侧补 0 变为偶数。条码字符从左到右，奇数位置字符用条表示，偶数位字符用空表示。交插 25 码的字符集包括数字 0 到 9，如图 3－17 所示。

图 3－17　ITF 25 条码

图 3－18　Industrial 25 条码

8) Industrial 25 条码

Industrial 25 条码只能表示数字，有两种单元宽度。每个条码字符由五个条组成，其中两个宽条，其余为窄条。这种条码的空不表示信息，只用来分隔条，一般取与窄条相同的宽度，如图 3－18 所示。

2. 二维条形码

在水平和垂直方向的二维空间存储信息的条形码，称为二维条形码（2-Dimensional Barcode）。与一维条形码一样，二维条形码也有许多不同的编码方法（即码制）。就这些码制的编码原理而言，通常可分为堆叠式和矩阵式两种类型。

1) 堆叠式二维码

堆叠式/行排式二维条码（又称堆积式二维条码或层排式二维条码），其编码原理是建立在一维条码基础之上，按需要堆积成两行或多行。它在编码设计、校验原理、识读方式等方面继承了一维条码的一些特点，识读设备与条码印刷与一维条码技术兼容。但由于行数的增加，需要对行进行判定，其译码算法与软件也不完全相同于一维条码。典型的码制包括 PDF417、Code 49、Code 16K 等，具体见图 3－19。

PDF 417

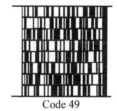

Code 49

Code 16 K

图 3－19　几种线性堆叠式码制

2）矩阵式二维码

矩阵式二维码是指在一个矩形空间通过黑、白像素在矩阵中的不同分布进行编码。在矩阵相应元素位置上，用点（方点、圆点或其他形状）的出现表示二进制"1"，点的不出现表示二进制的"0"，点的排列组合确定了矩阵式二维条码所代表的意义。矩阵式二维条码是建立在计算机图像处理技术、组合编码原理等基础上的一种新型图形符号自动识读处理码制。典型的码制包括 Aztec Code、Maxi Code、QR Code、Data Matrix 等，见图 3－20。

| Aztec Code | Maxi Code | QR Code | Data Matrix |

图 3－20　几种传统矩阵式码制

3）龙贝码

目前国际上所有的二维矩阵条码基本上全都是正方形，而且只提供有限的几种不同大小的模式供用户使用，这样大大地限制了二维矩阵条码的应用范围。由上海龙贝信息科技有限公司开发的龙贝码，是一种具有中国自主知识产权的、全新的矩阵式二维码，英文全称是 Lots Perception Matrix Code，简称"龙贝码（LP Code）"。龙贝码提出了一种全新的通用的对编码信息在编码区域中分配的算法，不仅能最佳地符合纠错编码算法对矩阵码编码信息在编码区域中分配的特殊要求，大幅度地简化编码/译码程序，而且首次实现了二维矩阵码对外形比例的任意设定。龙贝码可以对任意大小及长宽比的二维码进行编码和译码。因此龙贝码在尺寸、形状上有极大的灵活性，见图 3－21。

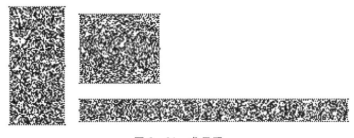

图 3－21　龙贝码

由于龙贝码采用了全方位同步信息的特殊方式，还可以有效地克服对现有二维条码抗畸变能力很差的问题，这些全方位同步信息可有效地用来指导对各种类型畸变的校正和图像的恢复，见图3-22。

(a)　　　　　　　　　　　(b)

图3-22　龙贝码透视畸变(a)和扫描速度变化畸变(b)

龙贝码标志着中国成为继美国、日本之后又一个拥有二维码底层核心技术的国家。与其他二维码制相比，龙贝码信息容量更大、更安全，达到国际领先技术水平。龙贝码的研制成功，改变了中国自动识别技术行业长期代理国外产品的格局，是"中国条码推进工程"20年来的重大技术突破，被业内公认为中国自动识别技术发展的里程碑。

4）汉信码

汉信码是一种全新的二维矩阵码，由中国物品编码中心牵头组织相关单位合作开发，完全具有自主知识产权。和国际上其他二维条码相比，更适合汉字信息的表示，而且可以容纳更多的信息。它的主要技术特色介绍如下。

（1）具有高度的汉字表示能力和汉字压缩效率

汉信码支持 GB 18030 中规定的 160 万个汉字信息字符，并且采用 12 比特的压缩比率，每个符号可表示 12~2 174 个汉字字符，见图3-23。

汉信码可以表示GB18030全部160万码位，单个符号最多可以表示2 174个汉字

图3-23　汉信码支持汉字字符信息

（2）信息容量大

在打印精度支持的情况下，每平方英寸最多可表示 7 829 个数字字符、2 174 个汉字字符、4 350 个英文字母，见图3-24。

汉信码的数据容量	
数字	最多 7 829 个字符
英文字符	最多 4 350 个字符
汉字	最多 2 174 个字符
二进制信息	最多 3 262 字节

图 3 - 24　汉信码支持大容量信息

（3）编码范围广

汉信码可以将照片、指纹、掌纹、签字、声音、文字等凡可数字化的信息进行编码。

（4）支持加密技术

汉信码是第一种在码制中预留加密接口的条码，它可以与各种加密算法和密码协议进行集成，因此具有极强的保密防伪性能。

（5）抗污损和畸变能力强

汉信码具有很强的抗污损和畸变能力，可以被附着在常用的平面或桶装物品上，并且可以在缺失两个定位标的情况下进行识读，见图 3 - 25。

图 3 - 25　汉信码抗污损和畸变能力

（6）修正错误能力强

汉信码采用世界先进的数学纠错理论，采用太空信息传输中常采用的 Reed-Solomon 纠错算法，使得汉信码的纠错能力可以达到 30%。

（7）可供用户选择的纠错能力

汉信码提供四种纠错等级，使得用户可以根据自己的需要在 8%、15%、

23%和30%各种纠错等级上进行选择，从而具有高度的适应能力。

（8）容易制作且成本低

利用现有的点阵、激光、喷墨、热敏/热转印、制卡机等打印技术，即可在纸张、卡片、PVC甚至金属表面上印出汉信码。由此所增加的费用仅是油墨的成本，可以真正称得上是一种"零成本"技术。

（9）条码符号的形状可变

汉信码支持84个版本，可以由用户自主进行选择，最小码仅有指甲大小。

（10）外形美观

汉信码在设计之初就考虑到人的视觉接受能力，所以较之现有国际上的二维条码技术，汉信码在视觉感官上具有突出的特点。

汉信码研发完成后，中国物品编码中心通过与物流、铁路、教育等行业企业的合作，建立了六个汉信码的应用试点。其中，北京西南物流中心项目和天津天保冈谷国际物流有限公司项目达到了十个以上扫描点、一万次以上的扫描规模，对汉信码广泛应用形成了良好的示范效应，并支撑了汉信码国家标准的制定和发布。具有我国自主知识产权的汉信码国家标准一经推出，就受到各方关注，不仅打破了国外企业对二维条码打印、识读等设备的价格垄断，还推动了国内自动识别领域的产业链升级。

汉信码目前已经在医疗、食品追溯、发票等领域实现规模化应用，并由于其信息容量大、密度高、防伪性能好、成本低、专利开放等特性，吸引了众多设备开发商、系统集成商与应用方的广泛关注，未来汉信码有望在我国食品产品追

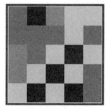

溯、物流、制造业信息化、单证、票据管理及机动车零部件领域取得行业应用，成为我国的二维条码主导码制。

汉信码是第一个具有我国自主知识产权的二维条码的国家标准，具体说明可以参考 GB/T 21049—2007《汉信码》国家标准。

3. 彩色三维码

彩色三维码全称彩色图像三维矩阵，英文名 Colormobi，又称色码、三维码、三维彩色码、彩链，见图 3-26。简单来说它

图 3-26　三维彩色码图案

是索引信息的一把钥匙，只需手机用 Colormobi 彩色码解读器扫描彩色码就能读取码内的信息，无论是文字、图片还是视频都能在手机上快速浏览。彩色三维码是建立在传统黑白二维码基础之上发展而来的一种全新图像信息矩阵产品，由 R、G、B、K 4 色矩阵而构成的独特彩色图像三维矩阵产品。它的原理是运用手机读取器向服务器发送索引资讯，在服务器上转换成 URL 资讯，然后跳转到相应的网页上。它的组合高达 28 京兆亿次，完全能满足各个领域的需求应用。它本身不是信息携带型码，它提供的是后台内容的快速指向和数据双向管理。

三维码是彩码，这种在码制上已经和二维码有很大差别，其确实是把颜色作为一个维度来记录信息。彩色二维码和彩码的不同之处是，彩色二维码可以用普通的二维码识别工具（如微信扫一扫）识别，而彩码则不可以，需要对应的专用识别工具识别。底部二维码相同的彩色二维码变换颜色（代表的深浅不变的情况下），其对应的内容不变；而彩码变换颜色时，其对应的内容将会改变。

目前，三维码已经被广泛应用在 O2O 营销、身份认证、移动票据、视频发布、个人生活等多个方面，但在食品安全追溯方面还没有开展应用。

3.2.5　条码的印制

条码质量直接影响条码的使用，达不到质量要求的条码不仅不能提高管理功效，反而会造成混乱。因此，提高条码质量对生产商与销售商都非常重要。由于条码的条空组合包含有特定的信息，且由特定识读设备识读，因此，对条码的条空尺寸印刷精度、颜色匹配、印刷位置等都有严格的规定。具体如下。

1. 条空颜色搭配

条空颜色搭配时，必须保证条空颜色的反差足够大。一般来说，白色作底、黑色作条是最理想的颜色搭配。条码符号的条空颜色选择参见表 3 - 2。

表 3 - 2　条码符号条空颜色搭配参考

序　号	空　色	条　色	能否采用	序　号	空　色	条　色	能否采用
1	白色	黑色	√	5	白色	黄色	×
2	白色	蓝色	√	6	白色	橙色	×
3	白色	绿色	√	7	白色	红色	×
4	白色	深棕色	√	8	白色	浅棕色	×

序　号	空　色	条　色	能否采用	序　号	空　色	条　色	能否采用
9	白色	金色	×	21	黄色	深棕色	√
10	橙色	黑色	√	22	亮绿	红色	×
11	橙色	蓝色	√	23	亮绿	黑色	×
12	橙色	绿色	√	24	暗绿	黑色	×
13	橙色	深棕色	√	25	暗绿	蓝色	×
14	红色	黑色	√	26	蓝色	红色	×
15	红色	蓝色	√	27	蓝色	黑色	×
16	红色	绿色	√	28	金色	黑色	×
17	红色	深棕色	√	29	金色	橙色	×
18	黄色	黑色	√	30	金色	红色	×
19	黄色	蓝色	√	31	深棕色	黑色	×
20	黄色	绿色	√	32	浅棕色	红色	×

注："√"表示能采用；"×"表示不能采用。

表 3-2 仅供条码符号设计者参考使用。条空颜色搭配最终应满足 GB 12904—2008 的相关要求。

2. 印刷位置

根据不同包装形式选择商品条码的摆放位置，应满足扫描设备扫描的要求。应当注意，条码须与包装边缘、重叠处、皱褶处或弯角地方至少距离 5 毫米，以避免条码受到磨损、遮盖或随包装变形，导致扫描识读时出现问题。如某企业生产的豆腐干，其包装袋上条码标识在袋内未装实物时可以识读，但袋内装了实物，经真空包装处理后，条码由于位置不当而导致皱褶变形而不能识读。因此，企业应以商品实际销售状况来判断其条码印刷位置。印刷位置最终应满足 GB/T 14257—2009 的相关要求。

3. 条码大小

根据商品外包装大小及允许印刷的面积，在标准条码尺寸的 0.8~2.00 倍范围内选择条码放大系数。条码的高度原则上不能截短，若因摆放位置不够必须截短时应向有关条码技术人员征询意见。EAN 条码符号主要尺寸具体见表 3-3。

表 3 - 3 EAN 条码符号的主要尺寸 单位：毫米

放大系数	模块宽度	EAN 条码符号的主要尺寸							
		EAN - 13				EAN - 8			
		条码长度 a	条码符号长度 b	条高 c	条码符号高度 d	条码长度 a	条码符号长度 b	条高 c	条码符号高度 d
0.8	0.264	25.08	29.83	18.28	20.74	17.69	21.38	14.58	17.05
0.85	0.281	26.65	31.7	19.42	22.04	18.79	22.72	15.5	18.11
0.9	0.297	28.22	33.56	20.57	23.34	19.9	24.06	16.41	19.18
1	0.33	31.35	37.29	22.85	25.93	22.11	26.73	18.23	21.31
1.1	0.363	34.49	41.01	25.14	28.52	24.32	29.4	20.05	23.44
1.2	0.396	37.62	44.75	27.42	31.12	26.53	32.08	21.88	25.57
1.3	0.429	40.76	48.48	29.71	33.71	28.74	34.75	23.7	27.7
1.4	0.462	43.89	52.21	31.99	36.3	30.95	37.42	25.52	29.83
1.5	0.495	47.03	55.94	34.28	38.9	33.17	40.1	27.35	31.97
1.6	0.528	50.16	59.66	36.56	41.49	35.38	42.77	29.17	34.1
1.7	0.561	53.3	63.39	38.85	44.08	37.59	45.44	30.99	36.23
1.8	0.594	56.43	67.12	41.13	46.67	39.8	48.11	32.81	38.36
1.9	0.627	59.57	70.85	43.42	49.27	42.01	50.79	34.64	40.49
2	0.66	62.7	74.58	45.7	51.86	44.22	53.46	36.46	42.62

注：a—条码长度为从条码起始符左边缘到终止符右边缘的距离。
b—条码符号长度为条码长度与左、右侧空白区最小宽度之和。
c—条高为条码的短条高度。
d—条码符号高度为条的上端到供认识别字符下端的距离。

4. 条码左右空白区

扫描器扫描条码时，要有一定宽度的低电平复位信号，判断扫描条码的开始和结束。因此左右空白区要依照胶片的四个角标所示留够尺寸，否则条码将难以甚至不能被识读。例如，EAN - 13 商品条码由左侧空白区、起始符、左侧数据符、中间分隔符、右侧数据符、校验符、终止符、右侧空白区及供人识别字符组成，见图 3 - 27。

图 3 – 27　EAN – 13 商品条码符号结构

5. 承印材料

在透明材料（如塑料、玻璃等）上印制条码符号时，不能只印条的颜色，而未印底色（空的颜色）。否则，扫描器采集不到空的反射信号，无法识读。因此，透明材料上印制条码必须首先预印底色。

关于条码印刷质量检验的其他说明，请查阅 GB / T 23704—2009《二维条码符号印制质量的检验》、GB / T 18348—2008《条码符号印刷质量的检验》等国家标准。

3.2.6　条码打印设备

条码打印机是一种专门用来打印条码标签的打印机。条形码打印机和普通打印机的最大区别就是，条形码打印机的打印是以热为基础，以碳带为打印介质（或直接使用热敏纸）完成打印，这种打印方式相对于普通打印方式的最大优点在于它可以在无人看管的情况下实现连续高速打印。常用的条码打印机有热敏式、热转式和普通激光打印机三种。

1. 热敏式条码打印机（Thermal Printer）

热敏打印机的原理是在淡色材料（通常是热敏纸）上覆上一层透明膜，膜加热一段时间后变成深色。图像是通过加热在膜中产生化学反应而生成的。这种化学反应是在一定的温度下进行的。高温会加速这种化学反应。当温度低于60℃时，膜需要经过相当长甚至长达几年的时间才能变成深色；而当温度为200℃时，这种反应会在几微秒内完成。其优点是条码品质佳、价格较低廉，且一般热敏式条码打印机的体积可以制造得很小。其缺点是必须采用感光纸，感光纸不耐光线照射，易造成纸上条码褪色，影响辨识率。热敏打印机目前广泛应用于超市、服装店、物流、零售业等对条形码要求不高的企业。

2. 热转式条码打印机（Thermal Transfer Printer）

热转印技术，就是利用专门的碳带，通过类似传真机打印头的工作原理，将碳带上的碳粉涂层经过加热的方式，转印到纸张或其他种类的材质上，由于碳带上的涂层物质可以根据需要来选择，产生较强的附着力，加上打印介质的选择，更能保证打印出来的字迹不受外界的影响。其打印的品质比热敏式更好、更快速。这一类型打印机可以采用不干胶标签纸、PET、PVC、洗水标、吊牌等作为标签介质，同时也可以使用热敏打印纸。打印出来的介质保存时间较长，一般为两年以上。热转式打印机目前广泛应用于制造业、汽车业、纺织工业、电信业、食品部门、电子工业、化学工业、制药工业、医疗业、公用事业、零售分发业、运输业和物流、政府机构等。

3. 普通激光打印机

应用普通的打印机配合专门的条码标签设计打印软件是制作条码标签的另一种方式。该方式可实现一机多用，且激光打印机精度高、图形表现能力强，也可打印彩色标签。但其打印速度较慢，且可打印材料较少。

几种常用的条码标签设计打印软件包括 Codesoft、BarTender、Label mx、NiceLabel、Loftware、LabelView 等，用户可以根据自己的需求选择不同软件进行条码标签的设计和制作。

一般来讲，在需大量打印标签的地方，特别是企业需在短时间内大量打印以及需要特殊标签（如 PVC 材料、防水材料）、需要即用即打（如售票处等）的地方，应选择条码打印机；在标签打印量较少，且多为一次性打印的地方（如图书馆），应选择激光打印方式；在一些小型商场、小型工厂等地方，两种方式都可选择。

3.2.7　条码识读设备

条码识读设备是用来读取条码信息的设备。它使用一个光学装置将条码的条空信息转换成电平信息，再由专用译码器翻译成相应的数据信息。条码识读设备一般不需要驱动程序，接上后可直接使用，如同键盘一样。条码扫描设备从原理上可分为光笔、CCD 和激光三类，从形式上有手持式和固定式两种。

1. 光笔

光笔式条形码扫描器是一种轻便的条形码读入装置。在光笔内部有扫描光束发生器及反射光接收器。目前，市场上出售的这类扫描器有很多种，它们主要在发光的波长、光学系统结构、电子电路结构、分辨率、操作方式等方面存在不同。光笔式条形码扫描器不论采用何种工作方式，从使用上都存在一个共同点，即阅读条形码信息时，要求扫描器与待识读的条码接触或离开一个极短的距离（一般仅 0.2~1 mm）。

其优点是：与条码接触阅读，能够明确哪一个是被阅读的条码；阅读条码的长度可以不受限制；与其他的阅读器相比成本较低；内部没有移动部件，比较坚固；体积小，重量轻。

其缺点是：只有在比较平坦的表面上阅读指定密度的、打印质量较好的条码时，光笔式条形码扫描器才能发挥它的作用；而且操作人员需要经过一定的训练才能使用，如阅读速度、阅读角度以及使用的压力不当都会影响它的阅读性能；最后，因为它必须接触阅读，当条码在因保存不当而产生损坏，或者上面有一层保护膜时，光笔条码扫描器都不能使用；光笔的首读成功率低及误码率较高。

2. CCD 扫描器

CCD 扫描器是利用光电耦合（CCD）原理，采用发光二极体的泛光源照明整个条码，再通过平面镜与光栅将条码符号映射到由光电二极体组成的探测器阵列上，经探测器完成光电转换，最后由电路系统对探测器阵列中的每一光电二极体依次采集信号，辨识出条码符号，完成扫描。

CCD 扫描器可阅读一维条码和线性堆叠式二维码（如 PDF417），在阅读二维码时需要沿条码的垂直方向扫过整个条码，我们称为"扫动式阅读"。由于CCD 的成像原理类似于照相机，假如要加大景深，则相应地要加大透镜，从而使 CCD 体积过大，不便操纵。这类产品比较便宜。

3. 激光扫描器

激光扫描器的基本工作原理为：手持式激光扫描器通过一个激光二极管发出一束光线，照射到一个旋转的棱镜或来回摆动的镜子上，反射后的光线穿过阅读窗照射到条码表面，光线经过条或空的反射后返回阅读器，由一个镜子进行采集、聚焦，通过光电转换器转换成电信号，该信号将通过扫描器或终端上的译码软件进行译码。可阅读一维条码和线性堆叠式二维码。阅读二维码时将光线对准条码，由光栅元件完成垂直扫描，不需要手工扫动。

优点：激光扫描器可以很好地用于非接触扫描，通常情况下，在阅读距离超过 30 cm 时激光阅读器是唯一的选择；激光阅读条码密度范围广，并可以阅读不规则的条码表面或透过玻璃或透明胶纸阅读，因为是非接触阅读，因此不会损坏条码标签；因为有较先进的阅读及解码系统，首读识别成功率高、识别速度相对光笔及 CCD 更快，而且对印刷质量不好或模糊的条码识别效果好；误码率极低（仅约为三百万分之一）；激光阅读器的防震防摔性能好。

缺点：激光扫描器的唯一缺点是它的价格相对较高，但如果从购买费用与使用费用的总和计算，与 CCD 阅读器并没有太大的区别。

3.2.8　申请商品条码的流程

企业在进行商品条码的申请和使用时，主要包括注册、续展、变更等三个方面。

（1）注册：指企业向中国物品编码中心或其分支机构提出中国商品条码厂商识别代码申请。其流程如下（图 3－28）。

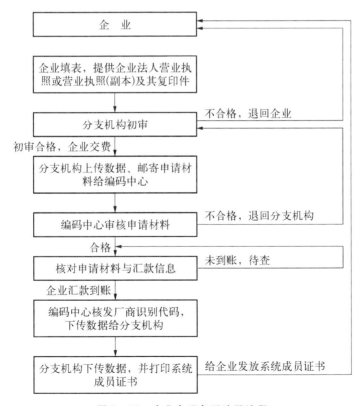

图 3－28　企业办理条码注册流程

（2）续展：厂商识别代码的有效期为 2 年。如果需要继续使用，系统成员应在厂商识别代码有效期满前 3 个月内到所在地编码分支机构办理续展手续。逾期未办理续展手续的，注销其厂商识别代码和系统成员资格。续展的流程如下（图 3 - 29）。

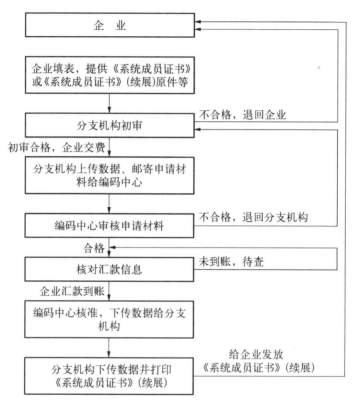

图 3 - 29　企业办理条码续展流程

（3）变更：《商品条码管理办法》第二十九条明确规定："系统成员的名称、地址、法定代表人等信息发生变化时，应当自有关部门批准之日起 30 日内，持有关文件和《中国商品条码系统成员证书》到所在地的编码分支机构办理变更手续。"变更的流程如下（图 3 - 30）。

3.3　RFID 技术

3.3.1　RFID 概述

射频识别（Radio Frequency Identification，RFID）是一种无线通信技术，可

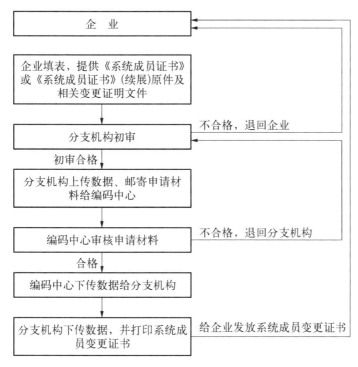

图 3 - 30　企业办理条码变更流程

以通过无线电信号识别特定目标并读写相关数据，而无须识别系统与特定目标之间建立机械或者光学接触。RFID 的优点包括：可非接触识读（识读距离可以从十厘米至几十米）；可识别快速运动物体；抗恶劣环境，防水、防磁、耐高温，使用寿命长；保密性强；可同时识别多个识别对象等。

　　RFID 技术最早起源于英国，应用于第二次世界大战中辨别敌我飞机身份，20 世纪 60 年代开始商用。美国国防部规定 2005 年 1 月 1 日以后，所有军需物资都要使用 RFID 标签；美国食品药品监督管理局（FDA）建议制药商从 2006 年起利用 RFID 跟踪常造假的药品。Walmart、Metro 零售业应用 RFID 技术等一系列行动更是推动了 RFID 在全世界的应用热潮。

　　RFID 要大规模应用，一方面是要降低 RFID 标签价格，另一方面要看应用RFID 之后能否带来增值服务。欧盟统计办公室的统计数据表明，2010 年，欧盟有3%的公司应用 RFID 技术，应用分布在身份证件和门禁控制、供应链和库存跟踪、汽车收费、防盗、生产控制、资产管理等领域。2010 年以来，全球 RFID 市场持续升温，并呈现持续上升趋势，2012 年市场规模达到了 200 多亿美元。与此同时，

RFID 的应用领域越来越多，人们对 RFID 产业发展的期待也越来越高。RFID 技术正处于迅速成熟的时期，许多国家都将 RFID 作为一项重要产业予以积极推动。

3.3.2 RFID 的工作原理及分类

一套完整的 RFID 系统，是由解读器、电子标签（也就是所谓的应答器）及应用软件系统三个部分组成，见图 3-31。其工作原理是：由解读器通过天线发射一特定频率的无线电波能量，电子标签进入磁场后，接收解读器发出的射频信号，凭借感应电流所获得的能量发送出存储在芯片中的产品信息，或者由标签主动发送某一频率的信号，解读器读取信息并解码后，送至中央信息系统进行有关数据处理。

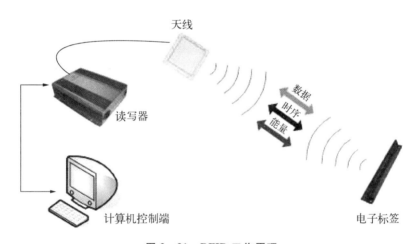

图 3-31　RFID 工作原理

以工作频率来看，RFID 可以分为低频、高频和超高频三种，不同频段的 RFID 产品会有不同的特性。

（1）低频：一般工作频率从 120 kHz 到 134 kHz，波长大约为 2 500 m；除了金属材料影响外，一般低频能够穿过任意材料的物品而不降低它的读取距离；相对于其他频段的 RFID 产品，该频段数据传输速率比较慢；感应器的价格相对于其他频段来说要贵。

（2）高频：工作频率为 13.56 MHz，该频率的波长大概为 22 m；其抗金属效果在几个频段中较为优良；可以同时读取多个电子标签；数据传输速率比低频要快，价格不是很贵。

（3）超高频：全球对该频段的定义不同，欧洲和亚洲部分地区定义的频率为 868 MHz，北美定义的频段为 902～905 MHz，而在日本建议的频段为 950～956 MHz，且该频段的波长大概为 30 cm；超高频频段的电波不能通过许多材料，特别是金属、液体、灰尘、雾等悬浮颗粒物质；有很高的数据传输速率，在很短的时间可以读取大量的电子标签。

从工作模式上看，RFID 标签可分为被动式、半被动式（也称作半主动式）、主动式三类。

（1）被动式：被动式标签没有内部供电电源。其内部集成电路通过接收到的电磁波进行驱动，这些电磁波是由 RFID 读写器发出的。当标签接收到足够强度的信号时，可以向读写器发出数据。这些数据不仅包括 ID 号（全球唯一标识 ID），还可以包括预先存在于标签内 EEPROM 中的数据。被动式标签具有价格低廉、体积小巧、无须电源的优点，市场上的 RFID 标签主要是被动式的。

（2）半被动式：一般而言，被动式标签的天线有两个任务。第一，接收读写器所发出的电磁波，借以驱动标签 IC；第二，标签回传信号时，需要靠天线的阻抗作切换，才能产生 0 与 1 的变化。问题是，想要有最好的回传效率的话，天线阻抗必须设计在"开路与短路"，这样又会使信号完全反射，无法被标签 IC 接收，半主动式标签就是为了解决这样的问题。半主动式类似于被动式，不过它多了一个小型电池，电力恰好可以驱动标签 IC，使得 IC 处于工作的状态。这样的好处在于，天线可以不用管接收电磁波的任务，充分作为回传信号之用。比起被动式，半主动式有更快的反应速度、更好的效率。

（3）主动式：与被动式和半主动式不同的是，主动式标签本身具有内部电源供应器，用以供应内部 IC 所需电源以产生对外的信号。一般来说，主动式标签拥有较长的读取距离和较大的记忆体容量，可以用来储存读写器所传送来的一些附加信息。

3.3.3　RFID 的技术标准

2006 年，国际化标准组织电工委员会（ISO/IEC）开始重视 RFID 应用系统的标准化工作，其目的包括：① 对 RFID 应用系统提供一种框架，并规范数据安全和多种接口，便于 RFID 系统之间的信息共享；② 使得应用程序不再关心多种设备和不同类型设备之间的差异，便于应用程序的设计和开发；③ 能够支持设备的分布式协调控制和集中管理等功能，优化密集读写器组网的性能。

1. 空中接口协议标准

ISO/IEC 18000—1 信息技术—基于单品管理的射频识别—参考结构和标准化的参数定义。它规范空中接口通信协议中共同遵守的读写器与标签的通信参数表、知识产权基本规则等内容。

ISO/IEC 18000—2 信息技术—基于单品管理的射频识别—适用于中频 125～134 kHz，规定在标签和读写器之间通信的物理接口，读写器应具有与 Type A（FDX）和 Type B（HDX）标签通信的能力；规定协议和指令再加上多标签通信的防碰撞方法。

ISO/IEC 18000—3 信息技术—基于单品管理的射频识别—适用于高频段 13.56 MHz，规定读写器与标签之间的物理接口、协议和命令再加上防碰撞方法。

ISO/IEC 18000—4 信息技术—基于单品管理的射频识别—适用于微波段 2.45 GHz，规定读写器与标签之间的物理接口、协议和命令再加上防碰撞方法。

ISO/IEC 18000—6 信息技术—基于单品管理的射频识别—适用于超高频段 860～960 MHz，规定读写器与标签之间的物理接口、协议和命令再加上防碰撞方法。

ISO/IEC 18000—7 适用于超高频段 433.92 MHz，属于有源电子标签。规定读写器与标签之间的物理接口、协议和命令再加上防碰撞方法。有源标签识读范围大，适用于大型固定资产的跟踪。

2. 数据标准

ISO/IEC 15961 规定读写器与应用程序之间的接口，侧重于应用命令与数据协议加工器交换数据的标准方式，这样应用程序可以完成对电子标签数据的读取、写入、修改、删除等操作功能。

ISO/IEC 15962 规定数据的编码、压缩、逻辑内存映射格式，再加上如何将电子标签中的数据转化为应用程序有意义的方式。

ISO/IEC 24753 扩展 ISO/IEC 15962 数据处理能力，适用于具有辅助电源和传感器功能的电子标签。

ISO/IEC 15963 规定电子标签唯一标识的编码标准，该标准兼容 ISO/IEC 7816—6、ISO/TS 14816、EAN. UCC 标准编码体系、INCITS 256 再加上保留对未来扩展。

3. 实时定位标准

ISO/IEC 24730—1 应用编程接口 API，它规范 RTLS 服务功能再加上访问方法，目的是应用程序可以方便地访问 RTLS 系统，它独立于 RTLS 的低层空中接口协议。

ISO/IEC 24730—2 适用于 2 450 MHz 的 RTLS 空中接口协议。它规范一个网络定位系统，该系统利用 RTLS 发射机发射无线电信标，接收机根据收到的几个信标信号解算位置。

ISO/IEC 24730—3 适用于 433 MHz 的 RTLS 空中接口协议。

在我国畜产品中使用 RFID 技术时，请查阅 GB/T 20563—2006《动物射频识别代码结构》、GB/T 22334—2008《动物射频识别技术准则》等国家标准。

3.4　GS1 系统

3.4.1　GS1 概述

GS1（Globe Standard 1）系统起源于美国，由美国统一代码委员会（UCC，于 2005 年更名为 GS1 US）于 1973 年创建。UCC 创造性地采用 12 位的数字标识代码（UPC）。继 UPC 系统成功之后，欧洲物品编码协会，即早期的国际物品编码协会（EAN International，2005 年更名为 GS1），于 1977 年成立并开发了与之兼容的系统并在北美以外的地区使用。EAN 系统设计意在兼容 UCC 系统，主要用 13 位数字编码。随着条码与数据结构的确定，GS1 系统得以快速发展。2005 年 2 月，EAN 和 UCC 正式合并更名为 GS1。该系统主要包括编码体系、数据载体和数据交换三大部分（图 3 - 32）。

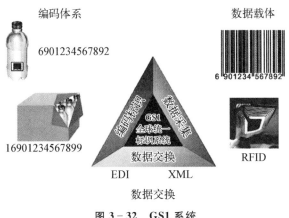

图 3 - 32　GS1 系统

GS1 系统为在全球范围内标识货物、服务、资产和位置提供了准确的编码。这些编码能够以条码符号来表示，以便进行商务流程所需的电子识读。该系统克服了厂商、组织使用自身的编码系统或部分特殊编码系统的局限性，提高了贸易的效率和对客户的反应能力。

这套标识代码也用于电子数据交换（EDI）、XML 电子报文、全球数据同步（GDSN）和 GS1 网络系统。按照 GS1 系统的设计原则，使用者可以设计应用程序来自动处理 GS1 系统数据。系统的逻辑保证从 GS1 认可的条码采集的数据能生成准确的电子信息，以及对他们的处理过程可完全进行预编程。

GS1 同时包含五个含义：全球系统、全球标准、全球解决方案、全球一流的标准化组织、全球开放标准/系统下的统一商务行为。

3.4.2　编码体系

编码体系是整个 GS1 系统的核心，是对流通领域中所有的产品与服务（包括贸易项目、物流单元、资产、位置和服务关系等）的标识代码及附加属性代码，如图 3 – 33 所示。附加属性代码不能脱离标识代码独立存在。

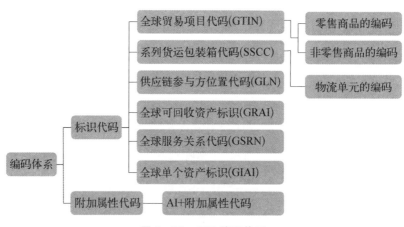

图 3 – 33　GS1 编码体系

1. 代码结构

（1）全球贸易项目代码（GTIN）

全球贸易项目代码（Global Trade Item Number，GTIN）是编码系统中应用最广泛的标识代码。贸易项目是指一项产品或服务。GTIN 是为全球贸易项目提供唯一标识的一种代码（称代码结构）。GTIN 有四种不同的编码结构：GTIN –

13、GTIN - 14、GTIN - 8 和 GTIN - 12（图 3 - 34）。这四种结构可以对不同包装形态的商品进行唯一编码。标识代码无论应用在哪个领域的贸易项目上，每一个标识代码必须以整体方式使用。完整的标识代码可以保证在相关的应用领域内全球唯一。对贸易项目进行编码和符号表示，能够实现商品零售（POS）、进货、存补货、销售分析及其他业务运作的自动化。

GTIN - 14 代码结构	包装指示符	包装内含项目的 GTIN（不含校验码）	校验码
	N_1	$N_2 \ N_3 \ N_4 \ N_5 \ N_6 \ N_7 \ N_8 \ N_9 \ N_{10} \ N_{11} \ N_{12} \ N_{13}$	N_{14}

GTIN - 13 代码结构	厂商识别代码　　商品项目代码	校验码
	$N_1 \ N_2 \ N_3 \ N_4 \ N_5 \ N_6 \ N_7 \ N_8 \ N_9 \ N_{10} \ N_{11} \ N_{12}$	N_{13}

GTIN - 12 代码结构	厂商识别代码　　商品项目代码	校验码
	$N_1 \ N_2 \ N_3 \ N_4 \ N_5 \ N_6 \ N_7 \ N_8 \ N_9 \ N_{10} \ N_{11}$	N_{12}

GTIN - 8 代码结构	商品项目识别代码	校验码
	$N_1 \ N_2 \ N_3 \ N_4 \ N_5 \ N_6 \ N_7$	N_8

图 3 - 34　GTIN 的四种代码结构

（2）系列货运包装箱代码（SSCC）

系列货运包装箱代码（Serial Shipping Container Code，SSCC）的代码结构见表 3 - 4。系列货运包装箱代码是为物流单元（运输或储藏）提供唯一标识的代码，具有全球唯一性。物流单元标识代码由扩展位、厂商识别代码、系列号和校验码四部分组成，是 18 位的数字代码。它采用 UCC/EAN - 128 条码符号表示。

表 3 - 4　SSCC 的四种代码结构

结构种类	扩展位	厂商识别代码	系　　列　　号	校验码
结构一	N_1	$N_2 N_3 N_4 N_5 N_6 N_7 N_8$	$N_2 N_3 N_4 N_5 N_6 N_7 N_8 N_9 N_{10} N_{11} N_{12} N_{13} N_{14} N_{15} N_{16} N_{17}$	N_{18}
结构二	N_1	$N_2 N_3 N_4 N_5 N_6 N_7 N_8 N_9$	$N_{10} N_{11} N_{12} N_{13} N_{14} N_{15} N_{16} N_{17}$	N_{18}
结构三	N_1	$N_2 N_3 N_4 N_5 N_6 N_7 N_8 N_9 N_{10}$	$N_{11} N_{12} N_{13} N_{14} N_{15} N_{16} N_{17}$	N_{18}
结构四	N_1	$N_2 N_3 N_4 N_5 N_6 N_7 N_8 N_9 N_{10} N_{11}$	$N_{12} N_{13} N_{14} N_{15} N_{16} N_{17}$	N_{18}

（3）参与方位置代码（GLN）

参与方位置代码（Global Location Number，GLN）是对参与供应链等活动的法律实体（指合法存在的机构，如供应商、客户、银行、承运商等）、功能实体（指法律实体内的具体的部门，如某公司的财务部）和物理实体（指具体的位置，如建筑物的某个房间、仓库或仓库的某个门、交货地等）进行唯一标识的代码。参与方位置代码由厂商识别代码、位置参考代码和校验码组成，用 13 位数字表示，具体结构见表 3 – 5。

表 3 – 5　GLN 的三种代码结构

结构种类	厂商识别代码	位置参考代码	校验码
结构一	$N_1 N_2 N_3 N_4 N_5 N_6 N_7$	$N_8 N_9 N_{10} N_{11} N_{12}$	N_{13}
结构二	$N_1 N_2 N_3 N_4 N_5 N_6 N_7 N_8$	$N_9 N_{10} N_{11} N_{12}$	N_{13}
结构三	$N_1 N_2 N_3 N_4 N_5 N_6 N_7 N_8 N_9$	$N_{10} N_{11} N_{12}$	N_{13}

2. GTIN 的编码原则

企业在对商品进行编码时，必须遵守编码唯一性、稳定性及无含义性原则。

（1）唯一性：唯一性原则是商品编码的基本原则。是指相同的商品应分配相同的商品代码，基本特征相同的商品视为相同的商品；不同的商品必须分配不同的商品代码。基本特征不同的商品视为不同的商品。

（2）稳定性：稳定性原则是指商品标识代码一旦分配，只要商品的基本特征没有发生变化，就应保持不变。同一商品无论是长期连续生产还是间断式生产，都必须采用相同的商品代码。即使该商品停止生产，其代码也应至少在 4 年之内不能用于其他商品上。

（3）无含义性：无含义性原则是指商品代码中的每一位数字不表示任何与商品有关的特定信息。有含义的代码通常会导致编码容量的损失。厂商在编制商品代码时，最好使用无含义的流水号。对于一些商品，在流通过程中可能需要了解它的附加信息，如生产日期、有效期、批号及数量等，此时可采用应用标识符（AI）来满足附加信息的标注要求。应用标识符由 2~4 位数字组成，用于标识其后数据的含义和格式。

3. 影响 GTIN 变更的因素

除了基本原则外，GTIN 的分配和变更还应考虑若干影响要素，详见《中国商品条码系统成员用户手册》。

4. 再利用 GTIN 的周期

不再生产的产品的 GTIN，自厂商将该种产品的最后一批货配送出去之日起，至少 48 个月内不能被重新分配给其他的产品。根据产品种类的不同，这一期限会有所调整。对于服装类商品，最低期限可减少为 30 个月。例如钢材可能存放多年后才进入流通市场，这一期限会很长。因此，厂商在重新使用 GTIN 时，必须对原商品品种在供应链中的流通期限作一个合理的预测，避免使用该 GTIN 的原商品品种与新商品品种同时出现在市场上，造成商品流通的混乱。

注意，即使原商品品种已不在供应链中流通，但因保存历史资料的需要，有时它的 GTIN 仍然会保存在厂商的数据库中。

3.4.3 数据载体体系

数据载体承载编码信息，用于自动数据采集（Auto Data Capture，ADC）与电子数据交换（EDI&XML）。

1. 条码符号

条码技术是 20 世纪中叶发展并广泛应用的集光、机、电和计算机技术为一体的高新技术。它解决了计算机应用中数据采集的"瓶颈"，实现了信息的快速、准确获取与传输，是信息管理系统和管理自动化的基础。条码符号具有操作简单、信息采集速度快、信息采集量大、可靠性高、成本低廉等特点。以商品条码为核心的 GS1 系统已经成为事实上的服务于全球供应链管理的国际标准。

商品条码通常采用 EAN/UPC 条码，包括 EAN–13、EAN–8、UPC–A 和 UPC–E（见 3.2 节）。通过零售渠道销售的贸易项目必须使用 EAN/UPC 条码进行标识。同时这些条码符号也可用于标识非零售的贸易项目。根据国际物品编码协会（GS1）与原美国统一代码委员会（UCC）达成的协议，自 2005 年 1 月 1 日起，北美地区也统一采用 GTIN–13 作为零售商品的标识代码。但由于部分零售商使用的数据文件仍不能与 GTIN–13 兼容，所以产品销往美国和加拿大市场的厂商可根据客户需要，向编码中心申请 UPC 条码。

对于非零售商品，通常采用 ITF–14 条码（图 3–35），它只用于标识非零售的商品。ITF–14 条码对印刷精度要求不高，比较适合直接印制（热转印或喷墨）在表面不够光滑、受力后尺寸易变形的包装材料上。因为这种条码符号较适合直接印在瓦楞纸包装箱上，所以也称"箱码"。关于 ITF–14 条码的说明，请查阅 GB/T 16830—2008《商品条码储运包装商品编码与条码表示》国家标准。

图 3-35　ITF-14 条码示例

对物流单元进行标识时，通常采用 UCC／EAN-128 条码。UCC／EAN-128条码（图 3-36）由起始符号，数据字符，校验符，终止符和左、右侧空白区及供人识读的字符组成，用以表示 GS1 系统应用标识符字符串。UCC／EAN-128条码可表示变长的数据，条码符号的长度依字符的数量、类型和放大系统的不同而变化，并且能将若干信息编码在一个条码符号中。该条码符号可编码的最大数据字数为 48 个，包括空白区在内的物理长度不能超过 165 mm。UCC／EAN-128条码不用于 POS 零售结算，用于标识物流单元。

图 3-36　UCC／EAN-128 条码示例

应用标识符（AI）是一个 2~4 位的代码，用于定义其后续数据的含义和格式。使用 AI 可以将不同内容的数据表示在一个 UCC／EAN-128 条码中。不同的数据间不需要分隔，既节省了空间，又为数据的自动采集创造了条件。图 3-36 UCC／EAN-128 条码符号示例中的（02）（17）（37）和（10）即为应用标识符。

关于 UCC／EAN-128 条码的说明，请查阅 GB／T 15425《EAN・UCC 系统128 条码》及 GB／T 16986—2009《商品条码应用标识符》等国家标准。

2. 射频标签

无线射频识别技术（RFID）是 20 世纪中叶进入实用阶段的一种非接触式自动识别技术。射频识别系统包括射频标签和读写器两部分。射频标签是承载识别信息的载体，读写器是获取信息的装置。射频识别的标签与读写器之间利用感应、无线电波或微波，进行双向通信，实现标签存储信息的识别和数据交换。

射频识别技术具有可非接触识读、可识别快速运动物体、抗恶劣环境、保密性强、可同时识别多个识别对象等特点。射频识别技术多用于移动车辆的自动收费、资产跟踪、物流、动物跟踪、生产过程控制等。由于射频标签较条码标签成本偏高，目前很少像条码那样用于消费品标识，多用于人员、车辆、物流等管理，如证件、停车场、可回收托盘、包装箱等的标识。

EPC（Electronic Product Code）即电子产品编码，是一种编码系统。EPC 标签是射频识别技术中应用于 GS1 系统 EPC 编码的电子标签，是按照 GS1 系统的 EPC 规则进行编码，并遵循 EPCglobal 制定的 EPC 标签与读写器的无接触空中通信规则设计的标签。EPC 标签是产品电子代码的载体，当 EPC 标签贴在物品上或内嵌在物品中时，该物品与 EPC 标签中的编号则是一一对应的。

EPC 系统是由 EPC 标签、读写器、EPC 中间件、Internet、ONS 服务器、EPC 信息服务（EPC IS）以及众多数据库组成的实物互联网，读写器读出的 EPC 只是一个信息参考（指针），由这个信息参考从 Internet 找到 IP 地址并获取该地址中存放的相关的物品信息，并采用分布式的 EPC 中间件处理由读写器读取的一连串 EPC 信息。由于在标签上只有一个 EPC 代码，计算机需要知道与该 EPC 匹配的其他信息，这就需要 ONS 来提供一种自动化的网络数据库服务，EPC 中间件将 EPC 代码传给 ONS，ONS 指示 EPC 中间件到一个保存着产品文件的服务器（EPC IS）查找，该文件可由 EPC 中间件复制，因而文件中的产品信息就能传到供应链上，EPC 系统的工作流程如图 3－37 所示。

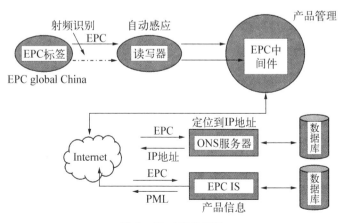

图 3－37　EPC 系统

3.4.4 数据交换体系

1. 电子数据交换技术

许多企业每天都会产生和处理大量的提供了重要信息的纸张文件，如订单、发票、产品目录、销售报告等。这些文件提供的信息随着整个贸易过程，涵盖了产品的一切相关信息。无论这些信息交换是内部的还是外部的，都应做到信息流的合理化。

电子数据交换（Electronic Data Interchange，EDI）是商业贸易伙伴之间，将按标准、协议规范化和格式化的信息通过电子方式，在计算机系统之间进行自动交换和处理，见图3-38。一般来讲，EDI 具有以下特点：使用对象是不同的计算机系统；传送的资料是业务资料；采用共同的标准化结构数据格式；尽量避免介入人工操作；可以与用户计算机系统的数据库进行平滑连接，直接访问数据库或从数据库生成 EDI 报文等。

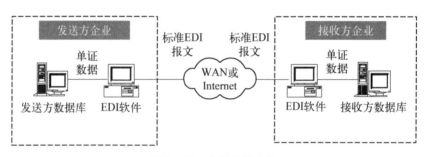

图3-38　电子数据交换

EDI 的基础是信息，这些信息可以由人工输入计算机，但更好的方法是通过采用条码和射频标签快速准确地获得数据信息。

2. XML 技术

在电子商务的发展过程中，传统的 EDI 作为主要的数据交换方式，对数据的标准化起到了重要的作用。但是传统的 EDI 有着相当大的局限性，比如 EDI 需要专用网络和专用程序，EDI 的数据人工难以识读等。为此人们开始使用基于 Internet 的电子数据交换技术——XML 技术。

XML 自从出现以来，以其可扩展性、自描述性等优点，被誉为信息标准化过程的有力工具，基于 XML 的标准将成为以后信息标准的主流，甚至有人提出了 eXe 的电子商务模式（e 即 enterprise，指企业，而 X 就指的是 XML）。XML 的最大优势之一就在于其可扩展性，可扩展性克服了 HTML 固有的局限性，并使互联网一些新的应用成为可能。

3.4.5　GS1 系统在食品追溯领域中的应用

中国物品编码中心通过实施"条码推进工程"项目，开发了基于商品条码的质检信息综合查询系统，在国内建立了 100 多个食品安全追溯应用示范，应用试点和推广工作涵盖肉禽类、蔬菜水果、水产品及地方特色食品等，取得了良好的效果，为更好实现产品质量监管、"强质检、保安全"做出了积极贡献。

在山东实施的"蔬菜安全可追溯性信息系统的研究及应用示范"和"GS1 在深加工食品安全监管追溯中的应用"两大项目，已在山东寿光田苑果蔬有限公司、山东海星集团有限公司和三通食品（潍坊）有限公司成功运行，并在济南银座、家乐福和潍坊的佳乐家超市建立了追溯终端系统，消费者可实时准确查询产品的包装、仓储、运输、销售等整个生产周期的信息。此举提高了消费者对于蔬菜及深加工食品的信任度，社会反响良好。

2007 年，中国物品编码中心在新疆实施"哈密瓜质量安全追溯信息系统"，实现了哈密瓜质量安全信息的追溯，促进了新疆特色农产品的产业发展，填补了新疆食品监管在追溯方面工作的空白；2008 年，又开展了对吐鲁番特色水果——葡萄的追溯体系建设工作，建成"吐鲁番红柳河葡萄质量安全信息追溯系统"，成为 2008 年奥运会指定准入食品；随后又相继开展了和田皮亚曼甜石榴、和田地区薄皮核桃、安迪河甜瓜、红柳大芸，喀什地区喀什噶尔红枣、喀什噶尔木亚格杏、喀什噶尔石榴、伽师瓜等特色产品的质量安全追溯信息系统的研究及应用，为打造特色品牌和推动优质特色农产品进入高端市场起到积极的促进作用。截止到现在，已有 10 个特色农产品纳入新疆质量安全追溯体系平台，可追溯面积已达 100 万亩。

四川地处我国西部，有着丰富的茶业资源和众多茶叶生产企业。为了提高茶叶的安全性和促进茶叶企业发展，在四川建立"茶叶制品质量安全信息追溯示范系统"项目，成为国内首例采用以商品条码为基础的可追溯性标识的茶叶制品示范系统。该系统为企业的产品质量管理提供技术手段，有利于政府对茶叶产品的监督管理和消费者查询茶叶产品质量安全信息。

3.4.6　我国在 GS1 系统方面的现行标准体系

- 商品条码　参与方位置编码与条码表示 GB/T 16828—2007

- 商品条码 店内条码 GB/T 18283—2008
- 商品条码 条码符号印制质量的检验 GB/T 18348—2008
- 商品条码 储运包装商品编码与条码表示 GB/T 16830—2008
- 商品条码 零售商品编码与条码表示 GB 12904—2008
- 商品条码 物流单元编码与条码表示 GB/T 18127—2009
- 商品条码 应用标识符 GB/T 16986—2009
- 商品条码 条码符号放置指南 GB/T 14257—2009
- 商品条码 服务关系编码与条码表示 GB/T 23832—2009
- 商品条码 资产编码与条码表示 GB/T 23833—2009
- 库德巴条码 GB/T 12907—2008
- RSS 条码 GB/T 21335—2008
- 中国标准书号条码 GB/T 12906—2008
- 商品条码印刷适性试验 GB/T 18805—2002
- 条码术语 GB/T 12905—2000
- 贸易项目的编码与符号表示导则 GB/T 19251—2003
- EAN·UCC 系统 128 条码 GB/T 15425—2002
- 动物射频识别 技术准则 GB/T 22334—2008
- 服装名称代码编制规范 GB/T 23559—2009
- 服装分类代码 GB/T 23560—2009
- 动物射频识别 代码结构 GB/T 20563—2006
- 汉信码 GB/T 21049—2007
- 交插二五条码 GB/T 16829—1997
- 四一七条码 GB/T 17172—1997
- 128 条码 GB/T 18347—2001
- 中国标准刊号（ISSN 部分）条码 GB/T 16827—1997
- 信息技术 自动识别技术与数据采集技术 条码符号印刷质量的检验 GB/T 14258—2003
- 信息技术 自动识别技术与数据采集技术 条码符号规范 三九条码 GB/T 12908—2002
- 信息技术 自动识别技术与数据采集技术 二维条码符号印制质量的检验 GB/T 23704—2009

- 基于 ebXML 的商业报文　第 1 部分：贸易项目 GB/T 25114.1—2010
- 基于 ebXML 的商业报文　第 2 部分：参与方信息 GB/T 25114.2—2010
- 基于 ebXML 的商业报文　第 3 部分：订单 GB/T 25114.3—2010
- 货物运输常用残损代码 GB/T 14945—1994
- 货物类型、包装类型和包装材料类型代码 GB/T 16472—1996
- 运输方式代码 GB/T 6512—1998
- 订购单报文 GB/T 17231—1998
- 收货通知报文 GB/T 17232—1998
- 发货通知报文 GB/T 17233—1998
- 交货计划报文 GB/T 18125—2000
- 配送备货与货物移动报文 GB/T 18715—2002
- 汇款通知报文 GB/T 18716—2002
- 商业账单汇总报文 GB/T 18785—2002
- 质量数据报文 GB/T 18124—2000
- 价格/销售目录报文 GB/T 18129—2000
- 报价报文 GB/T 17707—1999
- 订购单变更请求报文 GB/T 17536—1998
- 订购单应答报文 GB/T 17537—1998
- 运输状态报文 GB/T 19255—2003
- 销售预测报文 GB/T 17706—1999
- 销售数据报告报文 GB/T 17705—1999
- 报价请求报文 GB/T 17708—1999
- 库存报告报文 GB/T 17709—1999
- 参与方信息报文 GB/T 18130—2000

3.5　物流跟踪技术

食品尤其是生鲜食品，对温度等环境变化比较敏感，对物流运输的要求就比较高。因此，物流运输过程的管理对食品的安全来说就非常重要，必须采取有效手段，来监控、管理食品物流运输过程，使之能够高效运行。目前主要采用全球卫星定位系统（Global Positioning System，GPS）和地理信息系统（Geographic

Information System，GIS）对物流运输过程进行准确跟踪记录。近年来，随着我国北斗卫星导航系统建设的逐渐完善，其在各领域的应用也变得更为广泛，包括食品物流跟踪。

3.5.1　GPS 系统

全球卫星定位系统（Global Positioning System），简单地说，就是一个由覆盖全球的 24 颗卫星组成的卫星系统。这个系统可以保证在任意时刻，地球上任意一点都可以同时观测到 4 颗卫星，以保证卫星可以采集到该观测点的经纬度和高度，以便实现导航、定位、授时等功能。

GPS 是 20 世纪 70 年代由美国陆海空三军联合研制的新一代空间卫星导航定位系统。其主要目的是为陆、海、空三大领域提供实时、全天候和全球性的导航服务，并用于情报收集、核爆监测和应急通信等一些军事目的，是美国独霸全球战略的重要组成部分。经过 20 余年的研究实验，耗资 300 亿美元，到 1994 年 3月，全球覆盖率高达 98% 的 24 颗 GPS 卫星星座已布设完成。

由于 GPS 技术所具有的全天候、高精度和自动测量的特点，作为先进的测量手段和新的生产力，已经融入了国民经济建设、国防建设和社会发展的各个应用领域。随着冷战结束和全球经济的蓬勃发展，美国政府宣布 2000 年至 2006 年期间，在保证美国国家安全不受威胁的前提下，取消 SA 政策，GPS 民用信号精度在全球范围内得到改善，利用 C/A 码进行单点定位的精度由 100 米提高到 20米，这将进一步推动 GPS 技术的应用，提高生产力、作业效率、科学水平以及人们的生活质量，刺激 GPS 市场的增长。

全球定位系统的主要用途包括：（1）陆地应用，在工程测量中也得到了广泛的应用，极大地改变了传统测量的作业模式，提高了工作效率，也带来了可观的社会、经济效益，主要包括车辆导航、应急反应、大气物理观测、地球物理资源勘探、工程测量、变形监测、地壳运动监测、市政规划控制等。（2）海洋应用，随着卫星定位的作用越来越明显，航海对卫星定位的依赖已经无法分开。包括远洋船最佳航程航线测定、船只实时调度与导航、海洋救援、海洋探宝、水文地质测量以及海洋平台定位、海平面升降监测等。（3）航空航天应用，包括飞机导航、航空遥感姿态控制、低轨卫星定轨、导弹制导、航空救援和载人航天器防护探测等。

由于美国只向外国提供低精度的卫星信号，据悉该系统有美国设置的"后门"。一旦发生战争，美国可以关闭对某地区的信息服务，将会对他国造成不可估量的损失。相信随着我国北斗卫星导航系统的日臻完善，我们将逐渐减少对GPS的依赖。

3.5.2　北斗卫星导航系统

中国北斗卫星导航系统（BeiDou Navigation Satellite System，BDS）是中国自行研制的全球卫星导航系统，是继美国全球定位系统（GPS）、俄罗斯格洛纳斯卫星导航系统（GLONASS）之后第三个成熟的卫星导航系统。北斗卫星导航系统和美国GPS、俄罗斯GLONASS、欧盟GALILEO，是联合国卫星导航委员会已认定的供应商。

北斗卫星导航系统由空间段、地面段和用户段三部分组成，可在全球范围内全天候、全天时为各类用户提供高精度、高可靠定位、导航、授时服务，并具短报文通信能力，已经初步具备区域导航、定位和授时能力，定位精度10米，测速精度0.2米/秒，授时精度10纳秒。2017年11月5日，中国第三代导航卫星顺利升空，它标志着中国正式开始建造"北斗"全球卫星导航系统。北斗卫星导航系统空间段由5颗静止轨道卫星和30颗非静止轨道卫星组成，中国计划2020年左右覆盖全球。

在45°以内的中低纬地区，北斗动态定位精度与GPS相当，水平和高程方向分别可达10米和20米左右；北斗静态定位水平方向精度为米级，也与GPS相当，高程方向10米左右，较GPS略差；在中高纬度地区，由于北斗可见卫星数较少、卫星分布较差，定位精度较差或无法定位。

随着"北斗"导航定位系统的建设发展，"北斗"导航应用即将迎来"规模化、社会化、产业化、国际化"的重大历史机遇，也提出了新的要求。2014年11月，国家发展改革委批复2014年北斗卫星导航产业区域重大应用示范发展专项，成都市、绵阳市等入选国家首批北斗卫星导航产业区域重大应用示范城市。

在2014年11月17日至21日的会议上，联合国负责制定国际海运标准的国际海事组织海上安全委员会，正式将中国的北斗系统纳入全球无线电导航系统。这意味着继美国的GPS和俄罗斯的"格洛纳斯"后，中国的导航系统已成为第三个被联合国认可的海上卫星导航系统。

2016年12月15日，第二届世界互联网大会互联网之光博览会在浙江乌镇正式拉开帷幕，包括北斗卫星导航定位系统在内的众多国际互联网新技术、新产品、新应用都纷纷亮相会场。在北斗卫星导航系统展台，该次展会一共展出了四个北斗示范应用项目北斗星通的北斗渔船管理平台、交通部的北斗车辆管理平台、北斗高精度应用"北斗约车"。还有就是十分新鲜的"北斗菜"：竹篮里的萝卜、茄子上都贴着二维码。用手机扫一扫二维码，就能知道这些蔬菜是当天早晨从北京一个农场采摘并运送过来的；能追踪到用的是哪家公司的种子、什么时候播种、种植过程中施过几次化肥等信息。

3.5.3　北斗/GPS 双模定位系统

北斗/GPS 双模定位系统是指导航终端既可以支持北斗卫星导航系统，也可以支持 GPS 卫星导航系统。在更严格的定义上，是可以支持两套系统同时在导航终端上运行，帮助导航终端进行定位。

北斗/GPS 双模同步系统提供高可靠性、高冗余度的时间基准信号。设备具有智能状态切换功能，能够智能判别 GPS 和北斗接收系统的稳定性，并提供多种时间基准配置方法。当 GPS 授时不稳定或不可用时，能够自动切换到北斗系统上。

如图 3-39 所示是上海理工大学自主研发的北斗/GPS 双模定位的冷链物流信息传输监控系统的工作原理框图。这种工作方式主要是为了有效地进行检测，

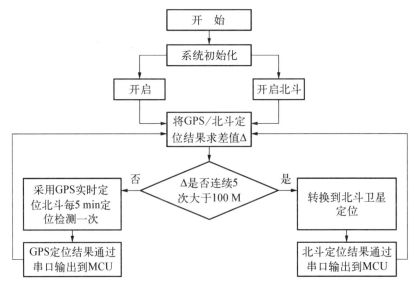

图 3-39　北斗/GPS 双模定位冷链物流信息传输监控系统的工作原理

提高定位结果的可靠性，特别是当 GPS 受限或干扰时，系统的北斗定位系统会继续工作，从而保证了卫星导航的正常工作。该系统在定位时，优先考虑使用 GPS 导航，北斗导航设定为时间间隔 5 min 一次，并且将北斗定位导航的结果与 GPS 导航定位的结果进行比较。当连续 5 次比较 GPS 定位的结果与北斗定位的结果都相差较大时，系统自动切换到北斗导航状态，导航结果主要是采用北斗导航为准。

3.5.4　GIS 系统

地理信息系统（Geographic Information System 或 Geo-Information System，GIS）是一种特定的空间信息系统。它是在计算机硬、软件系统支持下，对整个或部分地球表层（包括大气层）空间中的有关地理分布数据进行采集、储存、管理、运算、分析、显示和描述的技术系统。

1967 年，世界上第一个真正投入应用的地理信息系统由联邦林业和农村发展部在加拿大安大略省的渥太华研发。罗杰·汤姆林森博士开发的这个系统被称为加拿大地理信息系统（CGIS），用于存储、分析和利用加拿大土地统计。该系统使用的是 1∶50 000 比例尺，利用关于土壤、农业、休闲，野生动物、水禽、林业和土地利用的地理信息，以确定加拿大农村的土地能力。

GIS 系统是一门综合性学科，结合地理学与地图学以及遥感和计算机科学，已经广泛地应用在不同的领域，是用于输入、存储、查询、分析和显示地理数据的计算机系统，随着 GIS 的发展，也有称 GIS 为"地理信息科学"（Geographic Information Science）。近年来，也有称 GIS 为"地理信息服务"（Geographic Information Service）。

通过与流动装置的结合，GIS 系统可以为用户提供即时的地理信息。一般汽车上的导航装置都是结合了卫星定位设备（GPS）和地理资讯系统（GIS）的复合系统。汽车导航系统是地理资讯系统的一个特例，它除了一般的地理资讯系统的内容以外，还包括各条道路的行车及相关信息的数据库。这个数据库利用矢量表示行车的路线、方向、路段等信息，又利用网络拓扑的概念来决定最佳行走路线。地理数据文件（GDF）是为导航系统描述地图数据的 ISO 标准。汽车导航系统组合了地图匹配、GPS 定位来计算车辆的位置。地图资源数据库也用于航迹规划、导航，并可能还有主动安全系统、辅助驾驶及位置定位服务（Location Based Services，LBS）等高级功能。

在食品物流运输跟踪系统建设中，常常采用 GPS 系统和 GIS 系统来进行车辆的管理与调度。图 3-40 就是上海理工大学参与研发的食品物流运输车辆管理系统工作流程，主要包括实时位置监控系统、历史轨迹查询、车辆调度、路径优化、车辆信息管理等模块。

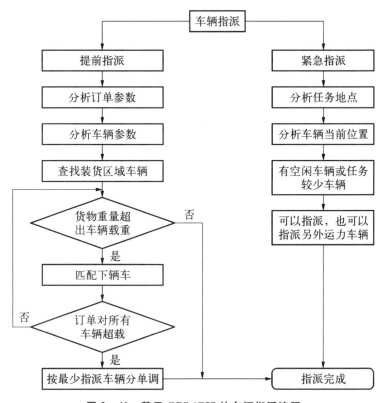

图 3-40　基于 GPS/GIS 的车辆指派流程

车辆管理主要实现的是远程管理网络结合 GIS 系统对车辆运行情况的监控，以及车辆信息的监控，从而保证车辆的正常运行与车辆安全，以及紧急情况处理。车辆监控与告警实时监控管理见图 3-41。

3.6　动植物 DNA 条形码技术

3.6.1　概述

DNA 条形码（DNA Barcode）是指生物体内能够代表该物种的、标准的、

图 3-41　车辆实时监控管理

有足够变异的、易扩增且相对较短的 DNA 片段。DNA 条形码技术是可用于物种分类、食品鉴定等多个领域的一门新兴技术。这个概念与零售业中对商品进行辨认的商品条形码原理是一样的。简单地说，DNA 条形码技术的关键就是对一个或一些相关基因进行大范围地扫描，进而来鉴定某个未知的物种或者发现新种。和其他可追溯性的方法相比，DNA 分析法有显著的优势：DNA 的化学稳定性好，分类学水平上有大量的变异来源，任意 DNA 序列的检测方法统一。DNA 条形码就是利用这些特点创建的一种新的身份识别系统，从而对物种进行快速自动鉴定。

2003 年，加拿大动物学家 Paul Hebert 最早提出 DNA 条形码的概念。Herbert 研究发现利用线粒体细胞色素 C 氧化酶亚基 I 基因一段长度为 648bp 的片段，能够在 DNA 水平上成功地区分物种，并且认为利用 COI 基因从分子演化的角度，提供一种快速、简便、可信的分类方法。这种方法逐步发展起来并被研究者命名为 DNA 条形码技术。其思想产生于现代商品零售业的条形码系统（Universal Product Code，UPC），就像以超市条形码识别产品一样，利用 A、T、C、G 这 4 个碱基在基因中的排列顺序识别物种。简单来说，即通过对不同生物个体上的短的同源 DNA 序列（COI 基因）进行聚合酶链式反应（Polymerase Chain Reaction，PCR）扩增和测序，再经序列的多重比对和分析建立起物种名称和生物实体之间一一对应的关系。后来的科学研究都证实 COI 基因作为 DNA 条形码被认为能够很好地对动物进行分类鉴定。

2005 年前后，DNA 条形码概念被引入植物学研究。研究者对各种 DNA 条形码片段进行广泛筛选，涉及的候选片段主要分布在叶绿体基因编码区和间隔区。因此，在植物的鉴定中，DNA 条形码因为其更快速、高效、精确和经济的特点逐步取代传统分类学以及 DNA 指纹图谱技术。

近年来，食品工业的蓬勃发展及其所面临的日渐严峻的食品安全问题挑战，使得食品的可追溯性显得尤为重要。尤其是对于加工食品而言，物种的原始特征消失，这使得物种鉴别相对困难，因此迫切需要一些灵敏和可靠的检测方法来鉴定加工食品的物种来源，其中就包括以分子技术为基础的 DNA 条形码技术。

3.6.2　DNA 条形码技术在渔业产品鉴定中的应用

DNA 条形码技术为渔业产品的分类鉴定开辟了新道路。截至 2014 年 3 月 30 日，FISH-BOL 数据库（www. fishbol. org）已收录了 10 267 种鱼类的 75 249 条 DNA 条形码，这使得绝大多数常见的鱼类可以用 DNA 条形码技术进行鉴定。在国外，Wong 等利用 DNA 条形码技术对北美市场上的 91 个海产品样品进行分析，推断出可能有 25% 的海产品的标签与实物不符，认为 DNA 条形码技术是一种经济的、有效的、可将海产品鉴定到种的分子鉴别技术。Maralita 等利用 DNA 条形码技术对菲律宾市场上的有标签的渔业产品（沙丁鱼、海鲂、罗非鱼、旗鱼、虾）进行鉴定，发现金枪鱼与标签不符合，还发现一种标签为银鳕鱼排（gindara steaks）的鱼类产品里含有一种有害人类身体健康的鱼类，强调了 DNA 条形码技术是一种能够对市场上鱼类产品进行有效的检测与鉴定的方法。Haye 等利用 DNA 条形码技术对智利市场上 7 种螃蟹制品进行鉴别发现一种螃蟹制品与其商品标签不符，表明标准的 DNA 条形码与系统发育分析一样可用于规范蟹肉加工产品。DNA 条形码技术还应用于南非、意大利的海产品市场，成功地检测与鉴定了市场上与商标不符合及假冒的海产品。除了在海产品鉴别中的应用外，DNA 条形码技术也能够有效地对淡水鱼尤其是小规模种群关系复杂的鱼群进行分类鉴定。

在国内，有研究者对市场上 20 种冷冻鱼、10 种冻鳕鱼片和 15 种烤鱼片样品进行鉴定，结果表明 DNA 条形码技术是一种简单的、有效的分子鉴别技术，可用于冷冻鱼、冻鱼片和烤鱼片中鱼肉成分的鉴定。邱德义等抽检的 16 份鱼肉、鱼丸等水产制品运用 DNA 条形码技术进行鉴定结果显示约有 31.25% 的样品与产品标签标示不符，其结果表明 DNA 条形码作为一种简单、快速、有效的分子鉴定技术可以直接应用于鱼肉等动物源性食品的种类鉴定。上述研究表明 DNA 条形码技术在渔业及渔业制品的检测与鉴定上具有可行性。

国内外的大量研究表明 DNA 条形码技术在对鱼、螃蟹、虾等渔业产品的检测与鉴别中的应用是比较成熟的。相较于其他物种（猪、牛、羊、马）来说，鱼类本身物种种类颇为丰富，且具有巨大的 DNA 条形码数据库作为支撑，为 DNA 条形码技术的应用提供了数据基础；其次相较于传统的检测方法，DNA 条形码技术从分子水平对水产品进行检测，检测范围更加广泛，鉴定结果更加精确；此外，鱼类的种类远远多于其他生物，分子水平更有利于对地方物种进行鉴定，确定产品的来源地。

DNA 条形码技术用于检测市场上标签与实物不符及掺假的渔业产品，这对于水产品市场的规范是一次革新。

3.6.3　DNA 条形码技术在禽畜肉类鉴定中的应用

市场上所出售的肉类产品主要是家禽和家畜。消费者在购买肉类产品时仅依靠销售标签以及肉类的外观形态、气味已无法对其真实成分进行准确鉴定。因此，一种较为可靠有效的食品鉴定系统的出现与应用，对于解决肉类掺假等食品问题维护消费者与生产者的利益是十分必要的。在家禽的研究上，线粒体 COI 已被证明对鉴定不同鸡品种具有有效性和可行性，能够对不同地方鸡种进行分类。其中高玉时等以我国 6 个地方鸡品种为研究对象，测定了 COI 基因的两段序列，研究发现线粒体 COI 基因中的 Bar1 序列（Bar1：712～1 359 位）更适合作为条形码鉴定地方鸡品种。徐向明测定 3 个地方品种鸭的线粒体 COI 基因，表明其种间的多态性高于种内多态性，利用 COI 基因序列可以进行品种鉴定。COI 基因作为 DNA 条形码对家禽类产品进行鉴定被证明是具有可行性的，但还缺乏实际应用。

尽管 COI 基因作为公认的 DNA 条形码，被认为能够很好地对动物进行分类鉴定。然而，DNA 条形码技术在肉类产品的鉴定中存在很大的局限与缺陷。首先，数据库中关于家禽家畜的 DNA 条形码序列很少，缺乏大量数据作为支撑；对于某些类群各线粒体基因片断依然存在种内与种间变异相重叠的问题，这些线粒体基因片断对种以上较高级分类阶元水平的解决能力有限。其次，DNA 条形码技术只能对单一的物种成分进行鉴别，市场上许多肉类产品都掺杂了两种或两种以上肉类成分，应用 DNA 条形码技术难以进行鉴定。尤其是，现今市场上所销售的家畜和家禽大都来自专业养殖场动物经过了大量的杂交育种筛选，发生基因渗入现象，使得一些不同物种和品种间具有相同的 DNA，DNA 条形码技术在该类产品的鉴别上受到限制。

虽然 DNA 条形码技术在禽畜肉类鉴定中存在局限性，但其作为一种可靠、有效的禽畜肉类鉴定方法依然具有广阔的应用前景。目前亟须进行的工作包括：首先构建主要禽畜类动物的标准 DNA 条形码数据库，为 DNA 条形码技术的应用提供数据基础；寻找有较强特异性和通用性的基因片段作为标准 DNA 条形码；对于一些含有多个物种基因的混合产品或者是基因杂交的种类，可以采用基于新一代测序技术的复合条形码（Metabarcoding）技术。

3.6.4　DNA 条形码技术在可食用植物鉴定中的应用

随着经济的全球化各国之间贸易的发展，市场上的植物产品种类越来越多，来源越来越广泛。PCR 技术和多重 DNA 微阵列或芯片技术等分子水平的鉴定方法，在种间鉴定中受到了限制。此外，转基因技术的发展使市场上出现了大量的转基因农作物产品，因此需要发展一种可靠通用的分子技术对可食用植物产品从基因水平进行检测与鉴定。

国际上，DNA 条形码技术在可食用植物的鉴定中已有初步的研究应用。意大利的 De Mattia 等对市场作为香料的唇形科植物 6 个属（包括 Mentha、Ocimum、Origanum、Salvia、Thymus 和 Rosmarinus）共 64 个样本，利用 rpoB、rbcL、matK 和 trnH-psbA 基因间隔序列 4 个基因片段作为 DNA 条形码对其进行分类鉴定。意大利的 Bruni 等应用 DNA 条形码技术对 3 个集合植物样本进行鉴别：含有不同有毒物质的被子植物、同一个属中含有不同程度毒性的物种、同一个属中的可食用植物和有毒植物，结果表明 DNA 条形码技术是一种强有力的有毒植物鉴别工具。此外，挪威的 Jaakola 等结合 DNA 条形码技术和高分辨率溶解（High Resolution Melt，HRM）分析技术，成功地对来自不同野生浆果品种且在市场上易混淆的欧洲越橘（Vacciniummyrtillus L.）样本进行鉴定，最后提出了 DNA 条形码技术与 HRM 分析技术结合能够很好地应用于市场上的野生浆果的分类鉴定。随着进一步的优化，该项技术还能够作为一种快速有效的高通量方法用于辨别其他食物原料的真伪。

在国内，DNA 条形码技术主要被用于药用植物资源的鉴定。已有相关研究应用 DNA 条形码对威灵仙的基原植物、党参、石斛兰属植物的 6 个物种，人参、羌活药材、药用蕨类植物的多个物种，以及豆科、菊科、忍冬科、五茄科等多种药用植物的基原成功进行鉴定。DNA 条形码技术在药用植物的鉴定中得到较多的应用，但对于日常可食用的植物的鉴定还需要进一步进行研究与利用。

目前 DNA 条形码技术在植物鉴定中的应用已经被证明是可行的，但也还存在一些问题。缺乏一段能够对所有植物物种进行鉴定的 DNA 条形码；而且单一片段植物 DNA 条形码具有局限性，制约了植物 DNA 条形码技术的发展。为克服这个限制，Kress 等提出了条形码片段组合的理念，即通过不同的 DNA 片段的组合，对植物进行分类鉴定。此外，Kane 等提出了超级条形码（Ultra Barcoding）方法，这种方法以质体基因组（Plastidial Genome）为基础，伴随着大部分核基因的参与。这样可以克服栽培品种遗传变异少、品种杂交过程的复杂性对采用通用条形码标记的限制。

通过 DNA 条形码技术在植物分类鉴定中的应用与研究，可看到其在可食用的植物食品鉴定中具有巨大潜力。市场上最主要的可食用植物是农作物产品包括谷类、蔬菜、水果、香料等，而一些普通的农作物一般不会存在掺假问题，因此，主要针对经济价值较高、较难区分的可食用植物，或者是一些易混于可食用植物中的有毒植物进行鉴定。应用 DNA 条形码的目的是在通过形态学无法进行鉴定的基础上，鉴定未知物种，区分近似种，而并不是用于区分所有的可食用植物种类。因此，从这个角度来看，目前筛选出的 DNA 条形码已能够基本满足可食用植物鉴定的要求。

3.6.5　DNA 条形码技术在加工食品鉴定中的应用

加工食品主要是指在食品工业链上对动物及其副产品、蔬菜、谷物、水果等可食用生物部分或整体用物理或化学方法进行加工，制作成的罐头、零食等。加工食品在制作过程中对原材料进行高温灭菌、煎、炸等处理，还加入一些食品添加剂以及食品防腐剂等。这不仅导致其形态、口感、味道等方面发生改变，还破坏了 DNA 的结构。爱尔兰的 Aslan 等研究证明，经过加工的肉类核基因已经大量降解，线粒体基因相对而言保存得更为完整。澳大利亚的 Smith 等从熏鱼产品中获得完整线粒体 COI 片段并成功对熏鱼产品进行鉴别，表明在鱼类及其产品的分类鉴定中，DNA 条码技术有望成为一个标准的鉴别工具。

在国外，DNA 条形码标记成功地应用于加工食品中某些植物成分的检测。主要是选用植物最普遍的 DNA 条形码——质体 rbcL 基因，运用 PCR 技术成功鉴定了市场上所出售的商品茶，检测许多加工食品中所含有的水果种类。此外还能够运用该种方法对牛奶中所含的植物进行鉴定从而获得奶牛的食物种类，以此来检测哺乳动物奶制品的质量。

上述研究表明动物 DNA 条形码 COI 基因和植物 DNA 条形码 rbcL 基因片段能够很好地应用于部分加工食品的鉴定。对于含有几种混合物质的产品使用限制性片段长度多态性或者电泳分析等 PCR 技术能够对混合物中各物种的 DNA 条形码片段进行分离。对于含有多种混合物的产品，454 焦磷酸测序法（454 Pyrosequencing Methodology）能够有效地对其原材料的 DNA 条形码片段进行分析。此外，美国的 Rasmussen 等提出使用更短的片段——微型条形码（Minibarcodes）能够对加工食品进行鉴定。微型条形码是指长度明显小于 COI 标准条形码（650 bp）的一段序列，这个概念是针对博物馆标本的研究而提出的。微型条形码的出现不仅在一定程度上弥补了焦磷酸测序技术的缺陷，还能够有效地对经深加工 DNA 已大量降解的食品进行鉴定。此外，较于标准 DNA 条形码序列微型条形码更为经济。程鹏等的研究表明，适当的 DNA 微型条码可用于鱼类的鉴定。与海产品的鉴定一样，微型条形码也能够为其他物种的分类鉴定提供足够的信息。然而，相较于完整的 COI 基因微型条形码基因片段明显减少，这对于区分近缘物种和基因相似度较高的物种来说还存在一定的争议。

DNA 条形码技术在加工食品鉴定中的应用其实质是对该技术在动植物分类鉴定研究的进一步扩展和应用。DNA 条形码片段能够有效地对加工食品或者加工食品中的某些成分进行分类鉴定。复合条形码技术、微型条形码的出现在一定程度上解决了加工食品 DNA 片段降解、混合有多个物种的问题，为 DNA 条形码技术在加工食品鉴定中的广泛应用奠定了理论和技术基础。同时也反映了要针对不同的鉴定内容和目的不断地对 DNA 条形码技术进行改进，使其能够更有效地应用不同食品的鉴定。总之，DNA 条形码技术快速、高效、经济等特点为相关部门实现对食品工业和食品市场监督管理走向高效、信息化开启了道路。

3.6.6 DNA 条形码技术展望

DNA 条形码技术旨在对现存生物类群和未知生物材料进行识别和鉴定，为人们了解和探索生物界提供了新的方式和新的理念。DNA 条形码技术有着检测范围较广、操作简单、准确度高、鉴别效率高、信息化等优点，使其在食品安全领域得到广泛应用。目前针对各种商业欺诈对人们利益和健康以及社会安定造成的威胁，DNA 条形码技术有必要作为一种标准的鉴定方法应用于食品安全领域。

　　尽管 DNA 条形码技术在食品鉴定中的应用还存在诸多困难与挑战，但随着研究的深入，DNA 条形码鉴别技术还可以与基因芯片技术、限制性片段长度多态性技术（Restriction Fragment Length Polymorphism，RFLP）、时间温度梯度电泳（Temporal Temperature Gradient Gel Electrophoresis，TTGE）等技术相结合达到对食品更准确、更快速地鉴别。在不久的将来通过对软硬件的改进以及技术的进一步完善，相信 DNA 条形码技术将更加广泛地应用于食品安全鉴定领域，成为食品物种来源鉴定的基本方法。

下篇 应用实践篇

第4章 食用农产品生产管理及信息化实践

4.1 农产品生产管理概述

4.1.1 农事生产的基本概念

农事生产指的是针对进行农业生产或发展农村经济所涉及的各种活动。对于农业自然经济来说，农事从狭义上理解为种植、管理、收割粮食作物和经济作物所涉及的各种活动。对于农业发展过程中的商品经济来说，农事从广义上理解为进行农业生产或发展农村经济以种植业、养殖业为主体的各产业活动过程中，具体从事的各种活动的简称。

我国享有得天独厚的地理条件和自然资源，农事生产历史悠久。先后经历了有目的地播种获取谷物的原始农业阶段、开始兴建农田水利工程的春秋战国时期（如历史上修建的芍陂、漳水渠、郑国渠、都江堰等）、水稻育秧技术形成的隋唐宋元时期、精耕细作的明清时期以及采用栽培新技术和农业机械化的现代农业等。

4.1.2 我国农业的发展概况

"国以民为本，民以食为天"，农业是国民经济的基础。新中国成立后，特别是改革开放以来，中国制定实施了一系列行之有效的强农惠农政策，全国农业生产持续快速发展，农业综合生产能力显著提高，农业经济结构不断优化。

2005年至2014年，农林牧渔业总产值中，种植业的主体地位得到进一步巩固和加强，其产值比重从49.7%增加到53.6%；林业产值比重从3.6%上升到4.2%；牧业产值比重从33.7%下降到28.3%；渔业产值比重基本稳定，在8.9%~10.2%小幅波动。

目前，随着农业结构加快优化升级，供给质量显著提升，布局结构调适。13个粮食主产区粮食产量占全国比重提高至 76.2%，南方水网密集区生猪存栏累计调减 2 300 万头，海洋捕捞产量同比减少 7.4%，生产力布局与资源禀赋匹配度进一步提高。此外，产品结构调优，粮食产量达到 61 791 万吨（12 358 亿斤），优质强筋弱筋小麦占比提高到 27.5%，籽粒玉米调减 1 984 万亩，大豆面积增加871 万亩；牛肉和羊肉产量分别增长 1.3% 和 1.8%，快于猪肉产量增速 0.5 个和1 个百分点；果菜茶等"菜篮子"农产品供应充足，绿色优质农产品供给显著增加。

我国农业生产总量持续增加，未来农业把关注农产品质量的安全放在"重中之重"的位置上，以充分实现"农业"为人们提供"健康、营养"食物的功能定位，将中国农业引入"健康农业"的新时期，为国民消费提供安全、放心、健康的食物和食品原料。

4.1.3 我国农产品生产安全监控体系发展现状

1. 农产品质量安全监控体系建设

党的十八大以来，在各级农业部门的共同努力下，我国主要农产品监测合格率稳定在 96% 以上。2017 年达到 97.8%，比 2016 年提高 0.3 个百分点，农产品质量安全形势保持稳中向好的态势。根据英国经济学人智库发布的《2017 全球食品安全指数报告》，中国在 113 个被评估国家中综合排名第 45 位，其中在食品质量与安全方面排名第 38 位，处于中上等水平。我国农产品质量安全监控体系建设包括以下内容。

（1）农产品质量安全的法律法规和管理制度机制日益完善。《食品安全法》《农药管理条例》《兽药管理条例》等修订完善，启动《农产品质量安全法》修订工作。最高人民法院、最高人民检察院出台食品安全刑事案件适用法律的司法解释，把生产销售使用禁用农兽药、收购贩卖病死猪、私设生猪屠宰场等行为纳入刑罚范围。农业部制（修）订《饲料质量安全管理规范》《农产品质量安全监测管理办法》等多个部门规章。浙江、江苏、安徽、辽宁等全国大部分省份都出台了农产品质量安全地方法规，所有省份都把农产品质量安全纳入政府年度绩效考核内容，建立问责机制。以国家法律法规为主体、地方法规为补充、部门规章相配套的法律法规体系不断完善。

（2）国家农产品质量安全监测计划得以实施。对 31 个省（区、市）155 个大中城市、110 种农产品，监测农兽药残留和非法添加物参数 94 项，基本覆盖主要农产品产销区、老百姓日常消费的大宗农产品和主要风险指标。通过监测，及时发现并督促整改一大批不合格问题。组织认定 105 家风险评估实验室和 148 家风险评估实验站，对蔬菜、粮油、畜禽、奶产品等重点食用农产品进行风险评估，初步摸清风险隐患及分布范围、产生原因。农业部集中力量实施农药、"瘦肉精"、生鲜乳、兽用抗菌药、水产品、生猪屠宰、农资打假等专项治理行动。2013 年至 2017 年，全国各级农业部门共查处各类问题 17 万余起，查处案件 6.8 万件，为农民挽回直接经济损失 43 亿元。不断完善农产品质量安全突发事件应急预案，建立起快速反应、协同应对的应急机制。

（3）监管队伍不断壮大。推动农产品质量安全监管、检测、执法三支队伍迅速壮大。在监管体系方面，截至目前，全国所有省（区、市）、88% 的地市、75% 的县（区、市）、97% 的乡镇建立了农产品质量安全监管机构，落实监管人员 11.7 万人。在质检体系方面，国家投资 130 亿元，建设了部、省、地、县质检机构 2 770 个，检测人员达 3.5 万人，基本实现了部、省、地、县全覆盖，检测能力迅速提升。强化农业质检机构证后监管，组织开展检测技术能力验证。在执法体系方面，30 个省（区、市）、276 个地市和 2 332 个县（区、市）开展了农业综合执法工作，把农产品质量安全作为农业综合执法重要任务。农业部组织开展检测技能大赛，获奖选手荣获"全国五一劳动奖章"或"全国技术能手"称号，"农产品质量安全检测员"正式纳入《国家职业分类大典》。

（4）农产品质量安全追溯体系建设进程加快。推行种子追溯编码标识、兽药二维码制度和农药质量追溯试点，制定《农产品质量安全追溯管理办法》和基础标准体系。国家农产品质量安全追溯信息平台于 2017 年 6 月 30 日上线试运行，确定四川、山东、广东 3 省为试运行省份，在 15 个试点县内具体实施。

（5）监管模式不断总结创新。谋划并全面启动国家农产品质量安全县创建活动，以县为单位整建制推进，进一步强化地方政府属地管理责任。安全县 100% 建立监管名录，100% 落实高毒农药定点经营、实名购买制度，100% 实施农业综合执法，100% 建立举报奖励制度，检测、监管、执法能力全面提升。创建县把增加绿色优质农产品供给摆在突出位置，以质量安全促品牌发展，标准化生产基地面积平均占比由创建前的 45% 提高到 65%。首批 107 个创建试点县（市）农产品质量安全监测合格率达到 99.1%、群众满意度达到 90%，比创建前分别提高 2 个和 20 个百分点。2017 年又启动第二批 215 个县市创建试点工作，进一步扩大了创建范围。加快农产品质量安全信用体系建设，与国家发改委、人民银行等部门建立失信行为联合惩戒机制。加强与国家食品药品监管总局等部门协调配合，建立产地准出和市场准入的衔接机制，试点开展食用农产品合格证制度。

2. 农产品安全现行相关标准和规范

农产品的生产源头涉及产地环境和生产过程两个方面。到目前为止，我国对农产品产地环境的控制主要依靠法律、法规和制订及修订相应的标准、规范以及政府部门的监管为手段。生产过程是保障农产品质量安全的重要环节，农产品生产信息采集是进行过程控制的基础，检测技术和方法的发展和提高为农产品生产过程信息采集提供保障。

1）农产品产地环境质量安全标准方面

我国在农产品产地环境质量安全控制方面，先后制定实施了《环境空气质量标准》（GB 3095—2012）、《土壤环境质量标准》（GB 15618—2008）、《农产品安全质量无公害蔬菜产地环境要求》（GB/T 18407.1—2001）、《农产品安全质量无公害水果产地环境要求》（GB/T 18407.2—2001）、《基本农田环境质量保护技术规范》（NY/T 1259—2007）、《绿色食品产地环境质量》（NY/T 391—2013）、《无公害食品产地认定规范》（NY/T 5343—2006）、《无公害食品海水养殖产地环境条件》（NY 5362—2010）、《无公害食品淡水养殖产地环境条件》（NY 5361—2016）、《标准化奶牛养殖小区项目建设规范》（NY/T 2079—2011）、《良好农业规范 第18部分：水产滩涂、吊养、底播养殖基础控制点与符合性规范》（GB/T 20014.18—2013）、《良好农业规范 第2部分：农场基础控制点与符合性规范》（GB/T 20014.2—2013）、《有机产品第1部分：生产》（GB/T 19630.1—2011）等国家强制性控制标准、推荐性标准、行业标准和地方标准，逐步建立了保障农产品产地环境安全的标准体系。近年来我国又相继推出《全国高标准农田建设总体规划》《全国现代灌溉发展规划》和《全国畜禽养殖污染防治"十二五"规划》等提高和改善农田环境、农业基础设施、节水灌溉、减少农业面源污染等农业发展长期规划，相信在近年内农产品产地环境会有所改善。

2）农产品生产过程质量安全控制方面

农产品生产过程质量控制方面，现有的研究和关注点主要集中在如何通过有效推行国际上关于安全生产质量控制的技术和规范体系来实现农产品的安全生产。例如，良好农业操作规范（GAP）、良好操作规范（GMP）、危害分析与关键控制点（HACCP）、良好兽医操作规范（GVP）、良好生产操作规范（CPP）、良好卫生操作规范（GHP）、ISO 9000 等。其中 GAP、GMP 和 HACCP 是目前控制农产品安全的重要体系，GMP 反映一般的管理指标，而 HACCP 是危害评价和预防危害发生的客观方法。

（1）良好农业操作规范（GAP）

从广义上讲，良好农业规范（Good Agricultural Practices，GAP）作为一种适用方法和体系，通过经济的、环境的和社会的可持续发展措施，来保障食品安全和食品质量。GAP 主要针对未加工和最简单加工（生的）出售给消费者和加工企业的大多数果蔬的种植、采收、清洗、摆放、包装和运输过程中常见的微生物的危害控制。其关注的是新鲜果蔬的生产和包装，但不限于农场，包含从农场到餐桌的整个食品链的所有步骤。其目的是解决农产品产量与质量之间的矛盾，是有效保障食品安全、增强消费者对产品的信心的一套体系规范。

（2）危害分析与关键控制点（HACCP）

HACCP 即危害分析和关键控制点。国家标准 GB/T 15091—1994《食品工业基本术语》对 HACCP 的定义为：生产安全食品的一种控制手段，是对原料、关键生产工序及影响产品安全的人为因素进行分析，确定加工过程中的关键环节，建立和完善监控程序和监控标准，采取规范的纠正措施。国际标准 CAC/RCP-1《食品卫生通则 1997 修订 3 版》对 HACCP 的定义为：鉴别、评价和控制对食品安全至关重要的危害的一种体系。

HACCP 科学地运用食品工艺学、微生物学、化学、物理学、质量控制和危害评估等方面的原理和方法，对整个食品链，即食品原料的生产、贮存、运输、加工、流通和消费过程中实际存在的和潜在的危害进行分析，找出对产品安全影响的关键控制点，并采取相应的监测控制措施，使食品达到较高的安全性。

3. 我国农产品"三品"认证体系建设

《全国农业标准 2003—2005 年发展计划》依据农产品质量特点和对生产过程控制要求的不同，将农产品分为一般农产品、认证农产品和标识管理农产品。其中，一般农产品是指为了符合市场准入制、满足百姓消费安全卫生需要，必须符合最基本的质量要求的农产品；认证农产品包括无公害农产品、绿色农产品和有机农产品；标识管理农产品是一种政府强制性行为，以明示方式告知消费者，使消费者的知情权得到保护，如转基因农产品。

目前，我国与食品安全和生态环境相关的农产品认证形式有三种，即有机农产品、绿色农产品和无公害农产品（图 4-1）。无公害农产品、绿色农产品、有机农产品统称为"三品"。"三品"是政府主导的安全优质农产品公共品牌，是当前和今后一个时期农产品生产消费的主导产品；是农业发展进入新阶段的战略选择；是传统农业向现代农业转变的重要标志。这三者从概念、生产标准、技术要求、认证形式和安全等级上具有明显的差异。三者的认证标识见图4-2。

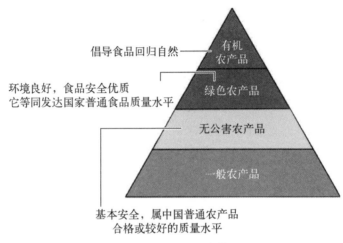

图4-1 农产品安全等级

图4-2 农产品"三品"标志

1）无公害农产品

无公害农产品是指产地环境符合无公害农产品的生态环境质量，生产过程必须符合规定的农产品质量标准和规范，有毒有害物质残留量控制在安全质量允许范围内，安全质量指标符合《无公害农产品（食品）标准》的农、牧、渔产品，或以此为主要原料并按无公害农产品生产技术操作规程加工的农产品，经专门机构认定、许可使用无公害农产品标识的产品。

广义的无公害农产品包括有机农产品、自然食品、生态食品、绿色食品、无污染食品等。除有机农产品外，这类产品生产过程中允许限量、限品种、限时间地使用人工合成的安全的化学农药、兽药、肥料、饲料添加剂等。无公害农产品符合国家食品卫生标准，但比绿色农产品和有机农产品标准要宽。无公害农产品是保证人们对食品质量安全最基本的需要，是最基本的市场准入条件，普通食品都应达到这一要求。

2001 年 4 月 26 日，农业部正式启动了"无公害食品行动计划"，并率先在北京、天津、上海和深圳 4 个城市进行试点。2016 年，各省、市认证的种植业农产品数量较多，而畜牧业和渔业的认证数量相较种植业要少很多，并呈现地区差异：如由于地处沿海天津市认证的畜牧业产品只有 1 个，渔业产品 66 个；内陆地区陕西省认证的畜牧业产品 143 个，渔业产品只有 18 个。截至 2017 年年底，国家认监委为食品农产品提供的无公害认证有效证书数量为 56 101 张。

无公害农产品认证的法律基础包括《中华人民共和国农业法》《中华人民共和国认证认可条例》和《中华人民共和国农产品质量安全法》。农业部与国家质检总局联合出台的《无公害农产品管理办法》（农业部与国家质检总局联合令第 12 号）是全面规范农产品认定认证、监督管理的法规。农业部与国家认监委联合出台的《无公害农产品标志管理办法》（农业部与国家认监委联合公告第 231 号）规范了无公害农产品标志印制、使用、管理等工作。农业部与国家认监委联出台的《无公害农产品产地认定程序》和《无公害农产品认证程序》（农业部与国家认监委联合公告第 264 号）规范了认证工作的行为。

2）绿色农产品

绿色农产品是指遵循可持续发展原则，按照特定生产方式生产，经专门机构认定，许可使用绿色食品标志，无污染的安全、优质、营养农产品。如绿色小麦、绿色水稻、绿色蔬菜、绿色水果、绿色畜禽肉、绿色水产品等。

我国绿色农产品分为 A 级和 AA 级，A 级为初级标准，即允许在生长过程中限时、限量、限品种使用安全性较高的化肥和农药。AA 级为高级绿色农产品。

目前，绿色农产品以其良好的生态效益和经济效益得到了越来越多的重视。但在发展过程中也有许多制约因素，如产品缺乏深加工、认证成本较高、技术人员匮乏、销售渠道不健全、品牌力量薄弱、消费意愿低等，影响了绿色农产品行业的进一步发展。

2013 年时，我国绿色食品共有认证企业 7 696 家，产品认证总数 19 076 个，产地监测面积达 25 642.7 万亩。主要检测种类有农作物种植（粮食、油料、糖料、蔬菜瓜果）、果园、草场、水产养殖。而生产原料方面，主要集中在肥料及饲料添加剂两方面。截至 2017 年年底，国家认监委为食品农产品提供的绿色农产品认证有效证书数量为 20 163 张。

绿色食品认证的法律基础有《中华人民共和国农产品质量安全法》《中华人民共和国认证认可条例》《认证违法行业处罚暂行规定》《认证机构及认证培训、咨询人员管理办法》《认证证书和认证标志管理办法》《绿色食品标志管理办法》《绿色食品标志许可审查程序》等。

3）有机农产品

有机农产品是纯天然、无污染、高品质、高质量、安全营养的高级食品，也可称为"AA 级绿色"。它是根据有机农业原则和有机农产品生产方式及标准生产、加工出来的，并通过有机食品认证机构认证的农产品。有机农产品与其他农产品的区别主要有以下三个方面。

（1）有机农产品在生产加工过程中禁止使用农药、化肥、激素等人工合成物质，并且不允许使用基因工程技术；其他农产品则允许有限使用这些物质，并且不禁止使用基因工程技术。

（2）有机农产品在土地生产转型方面有严格规定。考虑到某些物质在环境中会残留相当一段时间，土地从生产其他农产品到生产有机农产品需要 2~3 年的转换期，而生产绿色农产品和无公害农产品则没有土地转换期的要求。

（3）有机农产品在数量上须进行严格控制，要求定地块、定产量，其他农产品没有如此严格的要求。

有机农产品认证的法律基础有《有机产品认证实施规则》（国家认监委 2011 年第 34 号 CNCA－N－009：2011）、《有机产品认证目录》（国家认监委 2012 年第 2 号）、《有机产品国家标准》（GB／T 19630—2011）、《关于国家有机产品认证标志印制和发放有关问题的通知》（国认注〔2005〕34 号）、《关于进一步加强国家有机产品认证标志管理的通知》（国认注〔2011〕68 号）、《有机产品认证管理办法》（国家质量监督检验检疫总局令〔2004〕第 67 号）。

各地大力发展无公害、绿色、有机和地理标志农产品。截至 2017 年，"三品一标"农产品总数达 12.1 万个，跟踪抽检合格率达到 98% 以上。一大批优质安全的农产品摆上了超市货架和百姓餐桌，更好地适应了居民多元化的消费需求。我国农产品质量总体安全、逐步向好，但是隐患仍然存在，与消费者的期待还有较大差距，保障农产品质量安全需要付出极大的努力，监管体系建设仍然需要不断加强。

农业部针对"三品"管理着重提出提高准入门槛、加强证后监管、强化追溯管理三个重点。加强产地环境监控，推广农业清洁生产技术，推动生产规模化发展、产业化经营。强化现场检查、标志监察、抽检监测等监督检测管理方式，依法严厉打击假冒"三品"的不法行为。继续广泛而深入地探索"三品"可追溯管理和诚信分级管理，畅通退出渠道，淘汰失信企业。

4. 我国城市农产品质量控制与溯源体系建设

建设城市农产品质量控制与溯源体系，需要在生产环节、流通环节帮助生产企业进行环境质量管理、栽种养殖过程管理、加工销售管理等全程的质量控制；在零售环节给广大消费者提供农产品安全信息追溯手段；同时加大对农产品生产流通环节全程监管和信息统计分析。将农产品生产企业、加工企业、批发商、零售商、消费者和政府监管机构联系在一起，实现从生产源头到消费环节集成化的质量全程控制，建立农产品安全控制和预警机制，切实保障城市农产品的安全供应。

城市农产品质量与追溯体系的建设内容由业务系统群、中心数据库、认证与质量标准库、数据采集与信息传递系统、信息溯源与统计分析系统、终端查询与信息发布系统等部分组成，其体系结构见图 4-3。

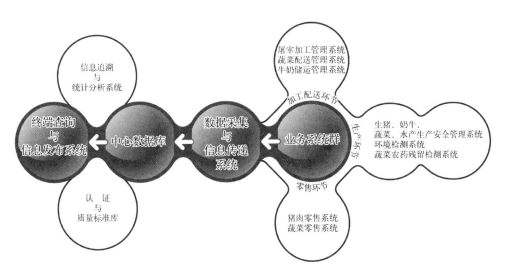

图 4-3　城市农产品质量与追溯体系结构

2017 年国家食品安全城市和农产品质量安全县创建工作现场会在北京召开，北京市作为 2017 年度"双安双创"现场会的具体承办地，以统筹推进全市整建制创"国家农产品质量安全市"为抓手，以生态绿色为引领，以适度规模为主体，以质量安全为准绳，不断加快农业供给侧结构性改革，不断推动农业瘦身健体、转型升级，努力打造农业的"高精尖"。据农业部例行监测结果显示，2016年北京市蔬菜、畜禽产品、水产品检测合格率分别为 97.1%、100%、97.5%，在全国处于领先地位。

4.1.4 农产品生产管理信息化应用的概况

1. 农业专家系统

农业专家系统是应用人工智能技术，总结和汇集各层次各方面的农业专家长期积累的经验，以及通过试验获得的各种资料和数据，总结和汇集农技推广人员和农民群众的长期实践经验，针对具体的自然条件和生态环境，用相应的计算机语言编制的各种能从理论和实践相结合上科学地指导农业生产，以实现高产、优质、低耗高效目标的计算机智能软件。运用农业专家系统，使用者可根据自己的要求和所提供的条件分析计算后，选择最佳方案，科学地进行生产，降低生产成本，提高经济效益。我国自 20 世纪 80 年代开始进行农业专家系统的研究开发，并先后推出了 5 个具有较高水平的农业专家系统平台，成功开发出了 150 多个农业专家系统，涉及大田作物、果树、蔬菜、园林、畜牧、兽医、水产等领域，取得了很好的社会效益和经济效益。

上海农业信息公司创建"四农合一"农业服务热线，包括设施建设、专家队伍建设、服务制度建设三部分。其中设施建设将主要包括呼叫中心、涉农信息数据库、专家系统、热线服务系统、短信平台五个组成部分。通过依托现代化信息手段对农民的生产、生活方方面面提出的各种要求，做到"有求必应、有问必答、有叫必到"，准确、及时、方便、快捷、安全、廉价。专家系统主要由人机接口、综合知识库、数据库、推理机、数据和解释机制等多个部分组成，其中心和重点是综合知识库的构建，知识库类型又包括框架库、知识类型库、多媒体库和数据库部分。

2. 作物生产模拟

作物生产模拟是采用信息技术对农作物、畜禽的生长全过程进行模拟，并在短时间内得出模拟结果，以制定出最佳的农业措施和喂养方案。我国已研制出小麦-玉米连作智能决策系统、棉花生产管理模拟与决策系统、水稻栽培计算机模拟优化决策系统、小麦管理实验系统等。这些系统可以模拟作物生长的全过程，并通过控制反馈机制，优化水、肥管理，按照产量目标选择适宜的栽培品种，确定合理的管理措施。

3. 农业生产实时控制系统及作物遥感估产

农业生产实时控制系统主要应用于温室栽培、畜禽生产和农产品加工等方面，如复合肥生产和配、混合饲料生产以及茶叶烘干、制麻加工等微机控制技术的应用。我国还利用遥感和地理信息系统技术，研制出农作物种植面积遥感调查系统、作物产量气候分析预报系统和作物短、中、长期预报模型及小麦、水稻遥感估产信息系统等。

4. 精准农业

精准农业是指在农作物的生产过程中充分利用现代高新技术对其进行精耕细作，以现代农业的生产形式取代传统农业的生产形式，更加注重对农业生产的管理。精准农业通过建立生态学、地学以及农学等模型，采用地理信息系统、全球定位系统以及遥感技术等对农业生产过程中各项活动进行精准地定位，并进行精细管理，以实现农业生产的集约化和信息化。通过这项技术可以对农作物的产量和投入进行细致分析，在实际生产过程中对农作物的生长、土壤以及机械设备等进行实时监测使各种农业资源得到优化配置发挥农业资源的优势以获得最大的产量，减少资源浪费从而不断提高农作物的质量，提高农业生产的效益，促进我国农业进一步发展。其主要内容是：土壤信息实时采集技术、农作物产量信息采集技术、空间定位的农业投入控制系统。目前已涉及施肥、植物保护、精量播种、耕作和水分管理等各有关领域。由于管理精度提高，可依据作物生长状况、土壤肥力、病虫害分布进行农事活动，达到减少施肥量、用种量、用药量、减轻环境污染、提高农作物产量和品质的目的。这将解决长期困扰农业专家的化肥、农药对环境的污染与作物高产、高收益之间的矛盾。

现阶段我国精准农业的发展已经取得一定的成效，农业生产发生了巨大的改变。科技含量大大提升，很多高新技术都尝试着逐渐应用到农业生产中，但是我国农业的总体科技水平还有待提高；传统农业在逐渐向现代化农业转变但仍处于初始阶段；由之前粗放经营的管理方式向精准农业的方向发展，但也仍处于初级阶段。在农业发展过程中，很多常规技术以及高新技术在不断推广，传统的粗放经营模式也已经得到一定的改变。但从整体上来说，我国农业总值的增长主要依靠投入生产要素，科学技术的贡献率还比较低。国外发达国家科学技术在农业生产总值增长中的贡献率达到 80% 以上，但我国只有 35% 左右。每年的农业科技成果推广率不到 30%，处于一个比较低的水平。

精准农业是农业发展的必然趋势，与传统农业的生产方式相比，精准农业借助于各种高新技术和现代化的管理手段对农业生产实施精细化管理，从而不断提高农业生产的产量和质量。例如，上海农业信息有限公司围绕精准农业已经开发了小型无线气象站、无线视频网络系统、土壤养分检测系统、菇房环境监控系统以及水稻精准农业系统等，对农业生产全过程的产前（种子、农资、机具）、产中（生长环境、水肥、病虫害防治）和产后（加工、仓储、运输、销售）管理，同时也具备智能分析决策功能。

5. 农产品质量追溯

运用互联网技术可以进行农产品质量追溯。农业生产环节存在污染，应切实进行监管，保障农产品安全。充分利用现有互联网资源，构建农产品质量安全追溯公共服务平台，整合互联网资源和数据资源，建立产地准出与市场准入衔接机制，不断扩大追溯体系覆盖面。为确保农产品安全及质量，实现农产品"从种子到舌尖"全过程可追溯，强化无线射频识别、移动互联网、物联网等信息技术在生产、加工、流通、销售等各个环节的推广应用，实现信息互通共享、确保上下游追溯体系无缝对接，让消费者放心。建立农产品质量追溯体系，采用标签记录每一个环节数据，消费者通过手机或电脑等扫描终端读取标签，便可以查看该农产品的品种信息、生长的地理位置、生产环境、病虫害防治、肥水投入、采集时间以及储藏环境、质检报告、运输、销售等从生产到销售全产业链的一系列数据。任何环节出问题，都能准确锁定，找出来源，以便迅速解决，防止风险。例如，厦门开展的农产品质量安全追溯平台建设，集主体备案、信息披露、检测预警、标识管理、巡查监管和安全评级六大核心功能为一体的综合性追溯信息管理系统，实现了主体追溯、批次追溯和过程追溯三种追溯类型，提供智能手机扫码查询和网站在线查询服务，此系统被农业部作为全国典型予以推广示范。

4.2 种植业生产管理及信息化实践

4.2.1 我国种植业的发展概述

种植业也称植物栽培业，包括各种粮食作物、果树、蔬菜、食用菌类、药用和观赏等植物的栽培。种植业是农业的主要组成部分，其特点是：以土地为基本生产资料，利用农作物的生物机能将太阳能转化为化学潜能和农产品。就其本质来说，种植业是以土地为重要生产资料，利用绿色植物，通过光合作用把自然界中的二氧化碳、水和矿物质合成有机物质，同时，把太阳能转化为化学能贮藏在有机物质中。它是一切以植物产品为食品的物质来源，也是人类生命活动的物质基础。

我国种植业历史悠久，其产值一般占农业总产值的 50% 以上。它的稳定发展，特别是其中粮食作物生产的发展对畜牧业、工业的发展和人民生活水平的提高，对中国国民经济的发展和人民生活的改善均有重要意义。

随着国民经济的发展和人均收入的增长，人们的生活水平正在逐年提高，我国居民对粮食作物、水果、蔬菜以及食用菌的需求量也在逐年增加。据国家统计局调查数据显示（表 4-1），中国粮食总产量由 2012 年的 58 957.97 万吨增至 2016 年的 61 625.05 万吨；同期内水果产量也从 24 056.84 万吨增至 28 351.1 万吨；蔬菜产量从 70 883.06 万吨增至 79 779.71 万吨；食用菌产量从 2 827.99 万吨增至 3 596.66 万吨。由此可见，蔬菜、粮食、水果产业在农业经济发展中占据举足轻重的地位，且与人民生活息息相关。

表 4-1　2012—2016 年我国粮食、水果、蔬菜、食用菌产量

单位：万吨

类别 \ 年份	2016	2015	2014	2013	2012
粮　食	61 625.05	62 143.92	60 702.61	60 193.84	58 957.97
水　果	28 351.10	27 375.03	26 142.24	25 093.04	24 056.84
蔬　菜	79 779.71	78 526.10	76 005.48	73 511.99	70 883.06
食用菌	3 596.66	3 476.27	3 270.00	3 230.41	2 827.99

4.2.2　种植业生产安全控制管理体系

4.2.2.1　GAP 在种植业生产过程中的应用

良好农业规范（GAP）的认证在国际上受到广泛的认可，通过 GAP 的农产品可以提高自身的国际竞争力。我国加入世贸组织之后，GAP 认证成为农产品进出口的基本要求。通过 GAP 认证，可以提高农产品质量安全水平，增强消费者信息，改善消费者生活；可以提升农产品的附加值，从而增加企业和农户的收入；可以从操作层面上落实农业标准化，从而提高我国常规农产品在国际市场上的竞争力；可以提高农产品生产者的安全意识，有利于保护底层劳动者的身心健康；有利于保护生态环境的平衡和可持续发展。

GAP 通过规范种植、采收、清洗、包装、贮藏和运输过程管理，鼓励减少农用化学品和药品的使用，从而实现保障初级种植业产品的质量安全、可持续发展、环境保护等目标。

我国良好农业规范的划分级别总共分为三级，划分标准见表 4-2。

表 4-2　控制点级别划分原则

等　级	级　别　内　容
1	基于危害分析与关键控制点（HACCP）的食品安全要求
2	基于 1 级控制点要求的环境保护、员工福利的基本要求
3	基于 1 级、2 级控制点要求的环境保护、员工福利的持续改善措施要求

果蔬基础控制点与符合性规范，是良好农业规范的第五部分（GB/T 20014.5—2013），适用于规范人类消费的水果和蔬菜。其主要控制点分布如表 4-3 所示。

表 4-3　果蔬基础控制点分布

环　节	1 级控制点	2 级控制点	3 级控制点
品种、繁殖材料	0	4	3
种植基地的历史和管理	2	1	0
土壤和基质的管理	1	2	4
肥料的使用	0	1	2
灌溉和施肥	0	0	11
植物保护	2	1	1
采收	6	1	2
农产品的处理	3	4	5
员工的健康、安全和福利	1	6	4
环境保护	0	1	0

（1）品种、繁殖材料：农场须知注册产品"亲本"有效管理的重要性；应有种子质量保证文件，应包含品种纯度、名称、批号和销售商等内容；购买的繁殖材料应有国家认可的植物检疫证明；所购买的繁殖材料外观上无感染病虫害的迹象；购买的繁殖材料应有质量保证书或生产合格保证书；应有植物健康质量控制系统用于室内鱼苗繁殖；繁殖期间，应对使用植保产品处理的室内种苗进行记录。

（2）种植基地的历史和管理：新的种植基地在使用前，应就水果和蔬菜生产适应性、食品安全、操作人员健康和环境进行风险评价；应有纠正措施以减小新种植基地所有确定的风险；应为每个地块、果园或温室建立记录系统。

（3）土壤和基质的管理：应有使用土壤熏蒸剂的书面证据；采用化学熏蒸方法前，应探讨采用其他方法。在使用基质时，农场应实施基质再循环计划；若使用化学品对再利用的基质消毒，应记录消毒地点；若使用化学品对再利用基质消毒，应记录消毒日期、所用化学品的类别、消毒方式和操作人员；当再次使用基质时，应使用蒸汽消毒；基质应可追溯，基质不允许来自指定的保护区域。

（4）肥料的使用：施肥机械应处于良好的状态；每年应校准施肥机械，以确保精确的施肥量；购买的化肥应有化学成分的书面证明。

（5）灌溉和施肥：应使用系统的预测方法计算农作物的需水量；在计算灌溉量时，应考虑预测的降雨量和蒸发量。应使用最有效和经济实用的供水系统，以确保最佳利用水资源；应有水管理计划以优化水的用量并减少浪费。

（6）植物保护：应通过培训或建设获得支持以实施有害生物综合防治（IPM）系统；农场应参加计量部门的校准或检定计划。

（7）采收：应对采收和离开农场前的运输过程进行卫生的风险分析；采收中的卫生规程应考虑在农田、果园或温室里直接包装、处理和收获的农产品；采收过程中卫生规程应考虑农产品的运输；采收作业的员工应能在工作地点就近找到洗手设施；采收作业的员工应可以在工作地点附近用到干净的厕所；存放农产品的容器应是专用的；如果在农产品采收点使用冰，这些冰应用饮用水制成且在卫生条件下处理，以免对农作物造成污染。

（8）农产品的处理：应在工作地点附近为员工提供干净的卫生间和洗手设施；员工应在处理农产品前，接受基础的卫生培训；员工应执行产品卫生处理规程；清洗最终农产品的水源应符合国家饮用水相关要求；如果清洗最终产品的水是循环使用的，水应被过滤，应例行监测其 pH 值、消毒剂的浓度和接触水平；

进行水质分析的实验室应被认可。地面设计应能确保排水畅通；应对农产品处理设施和设备进行清洁和保养，以避免污染；被拒收的农产品和废弃物应单独存放于例行清洁和消毒的区域；清洁剂、润滑剂等应存放在专设区，与农产品和农产品处理设施隔离；可能与农产品接触的清洁剂、润滑剂等应被批准在食品加工中使用时，按使用剂量正确使用；应有玻璃和透明硬塑料的书面处理程序。

（9）员工的健康、安全和福利：应保存每个员工的培训记录；农村生产时，至少应有一个接受过急救方面培训的人在场；所有员工应明确事故和紧急情况的处理方法；所有的分包方和参观者都应知道个人卫生方面的要求；所有处理和使用植保产品的员工应受过培训；所有接触植保产品的员工应每年按当地的规定自愿参加体检；所有的员工（包括分包方）应备有合身的防护服，并按说明书使用；所有分包方和参观者应知道个人安全方面的要求。

（10）环境保护：应制订野生动物保护管理计划（单独或区域性的）。重点从源头控制蔬菜质量安全，将其应用到蔬菜质量安全风险分析中来，主要从产地环境、农业投入品、质量检测以及政府保证四个方面来对蔬菜质量安全风险进行分析。

① 空气污染：空气污染不仅会对人体的身体机能造成破坏，对植物组织的破坏也很严重。空气会在一定程度上阻碍植物的代谢机能，造成植物组织脱水坏死；影响植物的光合作用，生长缓慢，果实产量降低等。对蔬菜质量安全来说，工业废气的排放是影响空气质量的重要原因。汽油等的燃烧产生的二氧化硫、硫化物等气体排放到空气中，工业造成氯气、氮气、氯化氢等的排放，这些有毒有害气体会直接对蔬菜的组织造成影响，最终对人体健康造成危害。

② 水质污染：水作为蔬菜的主要成分，是蔬菜重要的生存要素，若是蔬菜灌溉用水受到污染，最后经过食物链转移及人体消化道吸收，最终会对人体造成危害。较差的水质水平，酸碱物质超标，附着在蔬菜的器官组织上，造成蔬菜内部结构破坏，腐败、灼伤、营养不良、代谢失调、毒素累积等问题伴随而来，最后蔬菜品质下降，对蔬菜质量安全构成威胁，从而对人体健康造成危害。

③ 土壤污染：土壤的主要污染来源于农药化肥的大量使用以及人类生活垃圾、工业"三废"的随意排放，产生的金属残留、农业残留等很难在短时间内消除。大量的硫化物、氢氮化物污染空气的同时，沉淀在土壤中，引起蔬菜污染物中毒。各种金属含量超标的污水、垃圾、废渣等排污江河，通过灌溉用水流入蔬菜生产基地，造成蔬菜污染。各种垃圾中含有不同的病菌，蔬菜不一定能够全

部分解。土壤受到污染后，治理困难，而蔬菜种植期短，很容易影响蔬菜的正常发育，有害物质在蔬菜体内积累，进入人体后，危害人体健康。

④ 化肥和农药：化肥和农药的使用范围广、隐蔽性强、人为因素大等各种特性造成其控制难度大、监测难度大，使得目前化肥农药已经成为蔬菜质量的重要污染来源，蔬菜质量水平下降，蔬菜生产地土壤污染情况日趋严重，许多潜在的污染物可能对以后人类生存都带来隐患，长此以往，不但使蔬菜质量安全得不到保障，人类健康也得不到保障。

⑤ 有机肥和农膜：有机肥污染主要是指农户在蔬菜种植环节中，为了平衡蔬菜养分供给，增加蔬菜产量，而过量使用有机肥。有机肥对蔬菜的污染主要分为两种：一种是氮元素污染，一般使用的有机肥含氮量超标，而这些有机氮大部分需要微生物分解才能转化成蔬菜可以吸收的无机氮，因此大量的有机肥使用，会造成蔬菜硝酸盐含量的积累；另一种是人畜粪便等未加工处理的有机肥，存在着各种因食品添加剂而残留的抗生素、激素等有害物质以及大肠杆菌、蛔虫等各种病原体，造成蔬菜携带致病源。蔬菜一旦受到有机肥污染，人类食用后，身体健康直接受到影响。

农膜污染主要是农户为了迎合市场的需求，生产"反季节菜"、增加产量、培养特殊品种等采用的手段。虽然目前我国农业发展迅速，但是换取来的代价则是农膜的大量使用、农业塑料的大量消耗，造成蔬菜产地环境的农膜残留剧增，成为"白色污染"。农膜具有稳定并且不易降解的特点，这样农膜残留不仅会破坏土壤的物理形状，还会对土壤造成永久性的污染。农膜残留破坏土壤结构，阻碍蔬菜根系的正常生长，不利于蔬菜根系对营养物质的吸收，影响蔬菜的质量安全，危害人类身体健康。

⑥ 产地检测机构：我国农业部实施的《无公害农产品产地环境标准要求》在土壤、灌溉用水、空气质量等各方面都进行了规定，无公害农产品的产地环境必须要经过具有检测资质的检测机构进行检测检验。由此，无公害农产品产地环境监测机构的数量越多，蔬菜质量安全风险越小。

⑦ 无公害产品认证：若一个区域所获得的无公害蔬菜产品认证数量越多，则表示这个区域的无公害蔬菜的宣传推广情况越好，人们对无公害蔬菜的重视度就高，蔬菜质量安全风险就越低。目前我国已经将各种蔬菜在《无公害农产品管理办法》中列出了具体规定，可以有效规范无公害蔬菜的质量安全认证工作。

⑧ 农药残留检测：随着我国经济的发展，居民生活水平逐渐提高，我国农药

的使用量又居世界首位，人们对蔬菜农药残留的问题越来越重视。农药残留目前是我国蔬菜污染的重要因素之一，农药残留直接影响蔬菜质量安全，对人体有直接的伤害，残留量越大，蔬菜质量安全风险越高。采用农药残留抽检合格的数量与样品总数的比值来表示农药残留合格率，合格率越低，蔬菜的质量安全风险越大。

⑨ 扶持引导力度：对于农产品质量的保障，政府扮演着重要的角色。农户是目前农产品种植的主力军，只有把农户的生活保障提上去了，农户才会在保障自己生活水平的基础上提供质量安全的农产品。对于蔬菜质量安全来说更是这样，农户可能会考虑到自身利益而滥用农药，追求高产量而忽略质量，导致蔬菜质量安全的事件发生。由此可以看出政府对农业产业的发展扶持引导力度对蔬菜质量安全有重要的意义，政府可以针对农户种植质量安全蔬菜进行等级评优并给予鼓励，提高农户种植安全的蔬菜的积极性；另外，政府应该加强农业产业发展、农户种植蔬菜安全方面的培训，提高农户整体的农业知识水平，具有专业的种植素质，从源头上保障蔬菜质量安全。

⑩ 环境资源保护：蔬菜质量安全与其种植地的生态环境有着十分密切的关系，目前我国农业生态环境存在诸多问题，当下优化蔬菜产地生态环境及蔬菜产品结构的任务显得尤为重要。随着经济建设的发展，各级各类开发区等占用耕地非常突出，重耕地数量管理轻耕地质量管理、重用地轻养地的状况严重，造成土壤内在质量平衡性较大，且养分失调，理化性差，这对农业增产以及农产品质量安全带来很大的威胁。另外，河、湖、塘等泥肥资源大量浪费，水体富营养化严重，田间土壤颗粒逐年减少，有机质量的下降，加快了土壤理化性状恶化进程，导致氮化肥利用率下降等严重的生态环境问题，对提高农产品质量安全极为不利。由此可以看出，政府对资源保护及农业生态资源的保护力度大大地影响着农产品的质量安全。

⑪ 标识和溯源管理：当前，农产品质量安全问题日益突出，农产品质量标识与溯源是农产品质量体系建设的一个重要内容。政府现有的溯源信息内容不规范、信息流程不一致、溯源技术落后，都可能会造成溯源信息的不能共享，这些问题都意味着我国迫切需求标准化的多网络的农产品质量安全溯源管理系统。由此可以看出政府对农产品、标识和溯源管理方面的投入力度，以及已经具有的溯源系统的管理与效率都对农产品质量安全有着重要影响。

4.2.2.2　HACCP 在种植业生产过程中的应用

以蔬菜种植为例分析 HACCP 在种植业生产过程中的应用如下。

1. 蔬菜种植过程中的危害分析

（1）生产操作流程

蔬菜生产操作流程为：基地选择—农资采购—整地、施基肥—播种、育苗—定植—田间管理—采收、整理、包装—贮运—销售。

（2）各操作流程的危害分析

影响蔬菜产品质量安全的因素主要有物理性、化学性和生物性。生产过程中的 HACCP 危害分析见表 4－4。

表 4－4　蔬菜生产过程中的 HACCP 危害分析

操作流程	危　害　因　素	危险程度	管理措施	报告/记录	纠正措施
基地选择	土壤、灌溉水污染，包括重金属、非金属、有机化合物、无机化合物	+++	产地环境监测	环境检测报告	不合格产地退出种植
农资采购	种子、农药、肥料等登记证明	++	登记相关证明	农资采购档案记录	不合格农资不得使用
整地、施基肥	肥料使用不当	++	平衡施肥，施腐熟有机肥	土壤档案记录	检测土壤肥力，配方施肥
育苗	种子处理，育苗不当	+	制定生产操作规程	田间档案记录	按生产操作规程操作
田间管理	农药、肥料使用不当	+++	制定生产操作规程	田间档案记录	按生产操作规程操作
定植			定植密度与方法	田间档案记录	按生产操作规程操作
采收、整理、包装	采收标准，有害微生物污染，包装材料	++	产品标准、安全间隔期、合适包装材料	田间档案记录	按生产操作规程操作
贮运	搬运，温湿度控制，有害微生物污染	++	低温预冷，冷藏运输	温湿度检测记录	小心搬运，0～4℃预冷，2～10℃运输

2. 蔬菜生产过程中关键控制点的确定

根据实际情况，结合蔬菜生产过程中的危害进行分析，确定 4 个关键控制点，分别为产地环境（CCP1）、农药使用（CCP2）、肥料使用（CCP3）和贮运（CCP4）。

（1）产地环境

产地环境是蔬菜安全生产的基础，只有在"洁净"的土地上，用"洁净"的生产方式，才能生产出"洁净"的蔬菜。而产地环境（土壤和灌溉水）若被工业"三废"污染，表现为汞、砷、铅、铬、镉等重金属和氟化物、超氧化物等非金属有害物超标，是产生危害的重要环节之一。

（2）农药使用

农药使用是蔬菜生产过程中的重要环节，如在生产过程中使用禁用农药，或农药的使用浓度、次数和安全间隔期等不规范，就会产生农药残留量超标。

（3）肥料使用

肥料使用也是蔬菜生产过程中的重要环节。有机肥必须充分腐熟后使用，有机肥应与化肥配合使用，有机肥只能用于基肥，不能用于追肥。有机肥作追肥会造成有害微生物污染，化肥使用过量或安全间隔期不当，会造成蔬菜产品硝酸盐含量超标。

（4）贮运

贮运是蔬菜生产到销售的最后重要环节。由于蔬菜的易损易腐性，搬运易产生机械损伤，造成物理危害；温湿度控制不当会造成产品腐烂变质，产生严重的微生物污染，直接影响蔬菜的安全卫生。

4.2.2.3 "三品"农产品种植过程管理

1. 有机农产品种植管理

有机农业是遵循自然规律和生态学原理，协调种植业和养殖业平衡，采用一系列可持续发展的农业技术，促进生物多样性，强调"与自然秩序相和谐"。有机农业是解决食品安全问题的良好途径之一。我国 1994 年成立"国家环保总局有机食品发展中心"，十多年来有机农业发展迅速。

其中，在有机果蔬的生产过程中，严格按照有机生产规程，禁止使用任何化学合成的农药、化肥、生长调节剂等化学物质，以及基因工程生物及其产物，同时遵循自然规律和生态学原理，采取一系列可持续发展的农业技术，协调种植平衡，维持农业生态系统稳定，且经过有机食品认证机构鉴定认证，并颁发有机食品证书的果蔬产品。下面以有机蔬菜生产过程为例，说明有机农产品种植过程的管理。

1）生产基地要求

（1）基地的完整性

基地的土地应是完整的地块，其间不能夹有进行常规生产的地块，但允许存在有机转换地块；有机蔬菜生产基地与常规地块交界处必须有明显标记，如河流、山丘、人为设置的隔离带等。

（2）必须有转换期

由常规生产系统向有机生产转换通常需要 2 年时间，其后播种的蔬菜收获后，才可作为有机产品；多年生蔬菜在收获之前需要经过 3 年转换时间才能成为有机作物。转换期的开始时间从向认证机构申请认证之日起计算，生产者在转换期间必须完全按有机生产要求操作。经 1 年有机转换后的田块中生长的蔬菜，可以作为有机转换作物销售。

转换原则：在常规农业生产向有机农业生产转换过程中，不存在任何普遍的概念和固定的模式，关键是要遵守有机农业的基本原则。有机农业的转换不仅仅是放弃使用化肥、合成农药和停止从外界购买饲料，重要的是要把整个生态系统调理成一个尽可能封闭的、系统内各个部分平衡发展的、稳定的循环运动系统。

转换内容：制订增加土壤肥力的轮作制度；制订持续供应系统的肥料计划；制订合理的肥料管理办法及有机食品生产配套的技术措施和管理措施；创造良好的生产环境，以减少病虫害的发生，并制订开展农业、生物和物理防治的计划和措施。

（3）建立缓冲带

如果有机蔬菜生产基地中有的地块有可能受到邻近常规地块污染的影响，则必须在有机和常规地块之间设置缓冲带或物理障碍物，保证有机地块不受污染。不同认证机构对隔离带长度的要求不同，如我国 OFDC 认证机构要求 8 米，德国 BCS 认证机构要求 10 米。

2）栽培管理

（1）品种选择应使用有机蔬菜种子和种苗

在得不到已获认证的有机蔬菜种子和种苗的情况下（如在有机种植的初始阶段），可使用未经禁用物质处理的常规种子。应选择适应当地的土壤和气候特点，且对病虫害有抗性的蔬菜种类及品种，在品种的选择中要充分考虑保护作物遗传多样性。禁止使用任何转基因种子。

（2）轮作换茬和清洁田园

有机基地应采用包括豆科作物或绿肥在内的至少3种作物进行轮作；在1年只能生长1茬蔬菜的地区，允许采用包括豆科作物在内的两种作物轮作。前茬蔬菜收获后，彻底打扫清洁基地，将病残体全部运出基地外销毁或深埋，以减少病害基数。

（3）配套栽培技术

通过培育壮苗、嫁接换根、起垄栽培、地膜覆盖、合理密植、植株调整等技术，充分利用光、热、气等条件，创造一个有利于蔬菜生长的环境，以达到高产高效的目的。

3）肥料使用管理

（1）施肥技术

只允许采用有机肥和种植绿肥。一般采用自制的腐熟有机肥或采用通过认证、允许在有机蔬菜生产上使用的一些肥料厂家生产的纯有机肥料，如以鸡粪、猪粪为原料的有机肥。在使用自己沤制或堆制的有机肥料时，必须充分腐熟。如果有机肥养分含量低，则用量要充足，以保证有足够养分供给；否则，有机蔬菜会出现缺肥症状，生长迟缓，影响产量。针对有机肥料前期有效养分释放缓慢的缺点，可以利用允许使用的某些微生物，如具有固氮、解磷、解钾作用的根瘤菌、芽孢杆菌、光合细菌和溶磷菌等，经过这些有益菌的活动来加速养分释放养分积累，促进有机蔬菜对养分的有效利用。

（2）培肥技术

绿肥具有固氮作用，种植绿肥可获得较丰富的氮素来源，并可提高土壤有机质含量。一般每亩绿肥的产量为2 000 kg，按含氮0.3%～0.4%，固定的氮素为68 kg。常种的绿肥有紫云英、苕子、苜蓿、蒿枝、兰花籽、箭苦豌豆、白花草木樨等50多个绿品种。

（3）允许使用的肥料种类

有机肥料，包括动物的粪便及残体、植物沤制肥、绿肥、草木灰、饼肥等；矿物质，包括钾矿粉、磷矿粉、氯化钙等物质；另外还包括有机认证机构认证的有机专用肥和部分微生物肥料。

（4）肥料的无害化处理

有机肥在施前2个月需进行无害化处理，将肥料泼水拌湿、堆积、覆盖塑料膜，使其充分发酵腐熟。发酵期堆内温度高达 60℃ 以上，可有效地杀灭农家肥中带有的病虫草害，且处理后的肥料易被蔬菜吸收利用。

（5）肥料的使用方法

① 施肥量：有机蔬菜种植的土地在使用肥料时，应做到种菜与培肥地力同步进行。使用动物和植物肥的比例应掌握在 1：1 为好。一般每亩施有机肥 3 000~4 000 kg，追施有机专用肥 100 kg。

② 施足底肥：将施肥总量 80% 用作底肥，结合耕地将肥料均匀地混入耕作层内，以利于根系吸收。

③ 巧施追肥：对于种植密度大、根系浅的蔬菜可采用铺肥追肥方式，当蔬菜长至 3~4 片叶时，将经过晾干制细的肥料均匀撒到菜地内，并及时浇水。对于种植行距较大、根系较集中的蔬菜，可开沟条施追肥，开沟时不要伤断根系，用土盖好后及时浇水。对于种植株行距较大的蔬菜，可采用开穴追肥方式。

4）病虫草害管理

（1）农业措施

① 选择适合的蔬菜种类和品种：在众多蔬菜中，具有特殊气味的蔬菜，害虫发生少，如韭菜、大蒜、洋葱、莴笋、芹菜、胡萝卜等。在蔬菜种类确定后，选抗病虫的品种十分重要。

② 合理轮作：蔬菜地连作多会产生障碍，加剧病虫害发生。有机蔬菜生产中可推行水旱轮作，这样会在生态环境上改变和打乱病虫发生的小气候规律，减少病虫害的发生和危害。

③ 科学管理：在地下水位高、雨水较多的地区，推行深沟高畦，利于排灌，保持适当的土壤和空气湿度。一般病害孢子萌芽首先取决于水分条件，在设施栽培时结合适时的通风换气，控制设施内的湿温度，营造不利于病虫害发生的湿温度环境，对防止和减轻病害具有较好的作用。此外，及时清除落蕾、落花、落果、残株及杂草，清洁田园，消除病虫害的中间寄主和侵染源等，也是重要方面。

（2）生物、物理防治

有机蔬菜栽培时可利用害虫天敌进行害虫捕食和防治。还可利用害虫固有的趋光、趋味性来捕杀害虫。其中较为广泛使用的有费洛蒙性引诱剂、黑光灯捕杀蛾类害虫、利用黄板诱杀蚜虫等方法，达到杀灭害虫、保护有益昆虫的作用。

（3）使用矿物质和植物药剂进行防治

可使用硫黄、石灰、石硫合剂波尔多液等防治病虫。可用于有机蔬菜生产的植物有除虫菊、鱼腥草、大蒜、薄荷、苦楝等。如用苦楝油 2 000 ~ 3 000 倍液防治潜叶蝇，使用艾菊 30 g/L（鲜重）防治蚜虫和螨虫等。

（4）杂草控制

一般采用人工除草及时清除，还可利用黑色地膜覆盖，抑制杂草生长。在使用含有杂草的有机肥时，需要使其完全腐熟，从而杀灭杂草种子，减少带入菜田杂草种子数量。通过采用限制杂草生长发育的栽培技术（如轮作、种绿肥、休耕等）控制杂草；提倡使用秸秆覆盖除草；允许采用机械和电热除草；禁止使用基因工程产品和化学除草剂除草。

2. 绿色农产品

按照绿色食品的概念，绿色果蔬是指遵循可持续发展的原则，在产地生态环境良好的前提下，按照特定的质量标准体系生产，并经专门机构认定，允许使用绿色食品标志的无污染的安全、优质、营养类水果和蔬菜的总称。

绿色果蔬需要符合以下 4 个标准。

标准一：产品或产品原料必须符合绿色食品生态环境质量标准。

标准二：农作物种植及食品加工必须符合绿色食品生产操作规程。

标准三：产品必须符合绿色食品的质量和卫生标准。

标准四：产品的标签必须符合中国农业部制定的《绿色食品标志设计标准手册》中的有关规定。

绿色食品生产实施"从土地到餐桌"全程质量控制。通过产前环节的环境监测和原料检测，产中环节具体生产、加工操作规程的落实，以及产后环节产品质量、卫生指标、包装、保鲜、运输、贮藏及销售控制，确保绿色食品的整体产品质量，并提高整个生产过程的标准化水平和技术含量。下面介绍绿色农产品生产过程管理。

1）环境选择

绿色农产品生产基地的首要条件是环境条件，只有在产地、产品的生产环境符合绿色农产品的生产标准，即农产品产地是无污染的；土壤有害元素含量、当地水质、大气质量必须符合产地环境标准；2 km 以内没有排污的工厂、医院、矿山等污染源，才具有生产绿色农产品的条件和资格。其次应是该种作（动）物的主产区、高产区或独特的生态区。

2）施肥技术

根据作物种类、品种、地块、产量、肥料品种及肥料利用率进行测土配方施肥，保证养分平衡。以底肥为主，增施腐熟好的无害、优质有机肥，配合施用磷肥、钾肥，适当控制氮肥。无论采用任何品种肥料追肥或叶面喷肥，最迟应在作物收获前 20 天进行施肥，防止对农产品产生污染。

3）除草技术

（1）人工除草是在农田发生草荒时，利用传统人工方式除草，这样既防止了草害又防止了农田污染、提高地温等作用。缺点是：投入人工量大，容易伤害作物根系。

（2）化学除草这一方法是当前推广的也是应用较广泛的除草技术。选用除草药物时应根据田块的主要杂草种类进行灭除，不但除草效果好，还要低毒、无残留或少残留，且残效短。只要达到田块没有杂草或有少量杂草但不影响作物生长即可，防止农药残留污染。

4）病虫害防治

（1）农业防治

要选用抗病虫品种；合理轮作、深耕；及时清除田间病虫残株、残体和杂草控制病虫侵染源。

（2）物理防治

利用黑光灯诱杀害虫，用黄油板诱杀蚜虫和白粉虱、高温闷棚、人工捉虫、清除病源植株、药剂封闭柴草垛等。

（3）生物防治

病虫害防治的重点是生物防治，即利用病虫的天敌消除病虫危害，例如利用赤眼蜂、白僵菌类防治玉米螟、水稻螟虫等。

（4）化学防治

要在预测和预报的基础上掌握病虫害发生的程度范围和发育进度，及时采取措施达到治准、治早、治好的目的。有限度地使用有机化学农药，在必要时可以使用高效低毒农药，但要严格执行农药安全使用标准。优化施药方法，实行秧田用药，减少大田用药，早治、挑治、一药多治、病虫兼治，尽量减少污染。

3. 无公害农产品

从狭义上讲，所谓无公害农产品是指没有受有害物质污染的农产品。也就是说在售卖的农产品中不含有某些规定不准含有的有毒物质，而对有些不可避免的有害物质则要控制在允许的标准之内。从广义上讲，无公害农产品应该是集安全、优质、营养为一体的农产品的总称。下面以无公害蔬菜的生产为例，来阐述无公害农产品生产过程的管理。

（1）优良品种的选择

优良品种的优势主要体现在对病虫灾害的抵抗能力方面，可以保证蔬菜的质量和产量。作为无公害蔬菜栽培技术的首要环节，在进行品种选择的过程中要根据环境的特点，结合其他外部因素，选择适应性较强的高产品种。一般情况下，普通蔬菜施用大量的农药为了防治病虫害，提高蔬菜的产量。因此，选择品种时，要首选具备较强的病虫害抵抗能力的品种。

（2）无公害蔬菜种植基地的建立

无公害蔬菜对种植环境的要求十分高，因此在实践过程中要建立无公害蔬菜种植基地。基地建设要求如下：一是地势平坦，土层深厚肥沃且富集多种有机物；二是周围环境较好，无污染源；三是基地灌溉用水需要达到一定的清洁指数，或采用无污染的上流河水。

（3）栽培方式的选择

为了保证土壤的肥沃程度，在选择栽培方式时，要避免品种单一，保证多样化，创建合理的栽培方式，实现合理轮作。单一品种的连续耕种不利于土地养分的维持，因此可以选择多种优良品种进行套种或者交替耕种。在种植过程中，为了保证土壤的质量能够满足蔬菜的成长需求，可以通过翻耕晒土等方式，减少土地中的细菌和病虫，增加土壤的养分。此外，由于不同品种的蔬菜对养分需求不同，因此在选择栽培方式时，要充分结合品种特点。

（4）施肥与灌溉

施肥要结合蔬菜品种的特点，进行有针对性的配置与筛选，最好采用无公害的有机肥或者农家肥等。此外，由于蔬菜在成长过程中需要大量的微量元素，因此要结合蔬菜品种，配置钙肥、镁肥和锌肥等。灌溉过程中，要注意灌溉用水质量和灌溉频率，灌溉水的质量要达到一定的清洁度，灌溉频率要根据品种喜水和厌水特点而定。

（5）病虫防治措施

为了避免出现农药高残留现象，可以结合实际需求，合理地进行化学防治、生物防治和物理防治等。此外，要利用好农业防治条件，即选择抵制病虫灾害能力较强的优良品种，建立土壤环境质量较高的种植基地，选择田间轮作和交替种植等栽培方式，从根本上加强对病虫灾害的防治。生物防治主要是结合无污染的生物药剂或者生物链规律等方法，化学防治需要注入低残留、无污染且符合国家要求标准的化学药品等。不管是采用什么方法，均要遵循无污染的使用标准。

4.2.3　农产品种植生产过程管理信息化实践案例

1. 案例 Ⅰ　果蔬生产管理信息化实践

1）系统概要

由于果蔬生产企业在传统生产管理模式下难以有效完成果蔬生产流程中的关键点控制，为此开发果蔬安全生产管理系统，应用先进的信息技术帮助果蔬生产企业推行标准化生产、加大无公害农产品生产技术标准和规范的实施力度，指导农产品生产者、经营者严格按照标准组织生产和加工，科学合理使用肥料、农药等农业投入品和灌溉生产用水。

本系统是依托互联网为企业、政府及第三方机构提供的一个信息共享平台，真正实现源头控制，辅助果蔬企业实现标准化生产管理，是一款方便实用的系统软件。

2）系统结构

果蔬生产管理系统的总体框架如图 4-4 所示。

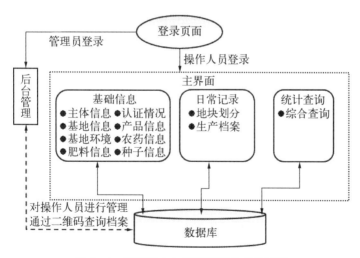

图 4-4　果蔬安全生产管理系统总体框架

此系统设计有"操作人员登录"和"管理员登录"两个登录口。管理员负责给操作人员授权，而操作人员主要进行"基础信息""日常记录"和"统计查询"三大模块的信息完善以及记录等工作。所有信息录入服务器进行数据保存，并由管理员进行日常维护。

3）系统功能

果蔬生产管理系统以田间档案为中心，实现农资管理、农户管理、基地管理、生产管理四个方面的控制，见图4-5。

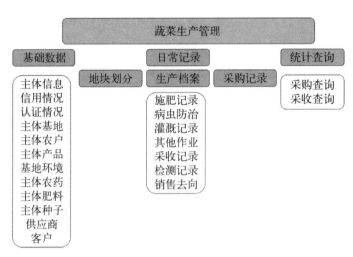

图4-5 果蔬生产管理各功能模块

（1）基础数据

为用户提供公司情况、基地检测、基地环境、作物品种、种子、化肥、农药、供应商和参数设置的添加、修改、删除、预览和导出。

（2）日常记录

① 农事操作记录

用户可以对翻耕、除草、灌溉、种植、移栽、基肥、追肥、用药采收农事进行详细记录。通过对时间、基地、地块、作物、品种、农户和农事类型等信息进行设置后，点击"查询"按钮显示相应农事记录。

② 采购记录

用户可以详细记录种子、化肥和农药的采购情况。先选择采购类型（如种子、化肥、农药等），就可查询出现该类型产品的所有采购单。

（3）统计查询

① 采收查询：用户可以通过对时间、基地、地块、作物、品种和农户等条件查询到所需的采收信息。

② 采购查询：用户可以通过对购买类型、供应商和时间等条件查询到所需的采购信息。

4）系统特点

系统使用 CS（客户端/服务器）和 BS（浏览器/服务器）混合结构，采用面向对象的编程方法和先进的编程工具 Delphi 7 和 MS. net 2003，可以满足用户千变万化的需求。对其他系统可以方便地进行接入，具有非常好的维护性和灵活性。后台数据库采用 SQLServer 2000，可满足一般公司企业的数据要求，并与其他系统进行数据传输，而 XML、DTS、全文检索等也能为客户的日常工作带来诸多便利，节省大量时间和精力。

5）果蔬生产管理系统信息录入

登录果蔬生产管理信息系统后，如图 4－6 所示，包含三大信息模块：日常记录、基础数据、统计查询，涵盖了果蔬从生产到认证、数据采集到统计分析的各方面。

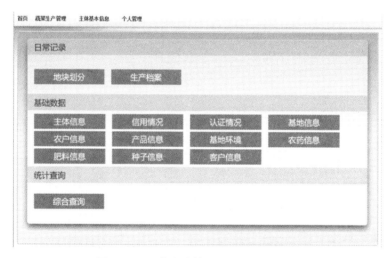

图 4－6　果蔬生产管理信息系统主界面

（1）基础数据

该模块与生产有关的内容主要有主体信息、认证情况、基地信息、产品信息、基地环境、农药信息、肥料信息、种子信息等。

①"主体信息"需录入的信息包含主体负责人信息、品牌信息、主营产品、占地面积、经营面积及主体图片。

②"认证情况"需录入的信息包含产品名称、认证名称、认证机构、认证日期、证书编号、有效期及相关备注信息。

③"基地信息"需录入的信息包含基地名称、基地代码、基地类型、基地面

积、所属地区、负责人及相关备注信息。

④"产品信息"需录入的信息包含产品分类、产品名称、认证类型、产品特点。

⑤"基地环境"需录入的信息包含需要对产地周围环境录入,包括产地周围的污染源等方面,见图4-7。

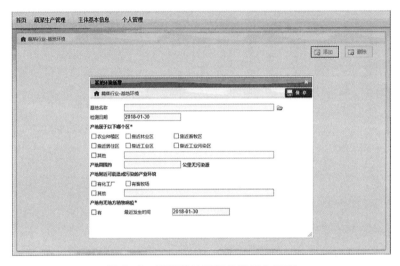

图4-7 果蔬基地环境信息录入界面

⑥"农药信息"需录入的信息包含:药物名称、标准分类、主要成分、防治对象、安全间隔天数、配比系数及相关备注信息。

⑦"肥料信息"需录入的信息包含:肥料名称、标准分类、主要成分、用途及相关备注信息。

⑧"种子信息"需录入的信息包含:种子名称、播种期及相关备注信息。

(2)日常记录

该部分记录地块划分和生产档案:地块划分需要将不同种植区域进行信息录入,以便快速查找所需种植区域;生产档案(图4-8),将相应信息填入表内,对生产档案进行完善。

(3)统计查询

该部分是综合查询,可以查询采收选定的日期范围、品种名称、基地/地块、农户等信息,见图4-9。

图 4-8　果蔬生产档案信息录入界面

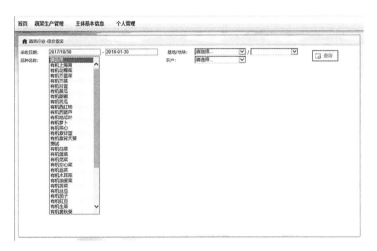

图 4-9　果蔬生产信息查询界面

6）果蔬生产信息追溯查询

图 4-10 即为该系统信息录入完毕后生成的二维追溯码，其追溯的部分结果如图 4-11 所示。

西蓝花　　　大团蜜桃

图 4-10　果蔬生产信息追溯二维码

产品信息   生产基地   产品认证

图 4-11 根据上述二维追溯码扫描后的大团蜜桃生产过程追溯信息界面

2. 案例Ⅱ 食用菌生产管理信息化实践

1) 系统概要

由于食用菌生产环节较多,各个环节相互依赖、相互影响。传统的管理系统往往需要手动记录各种信息,时间较长且耗费人力,已远不能满足食用菌工厂化生产的需要,而采用信息化的管理系统就可以对复杂的生产数据进行统计处理。食用菌生产的各个环节都可能对最终的产品质量造成影响,而将生产过程的所有环节进行精确地记录和追溯往往不切实际。因此实际生产中需要利用 HACCP(危害分析与关键控制点),综合分析生产流程。由于生产的各环节对产品质量会造成不同的影响,所以需要根据生产情况确定产品质量安全生产的关键控制点。根据生产过程总结出基本的控制点信息有培养基信息、菌种信息、消毒信息、环境信息、病害信息、投入品信息、流程信息、出场信息。在信息管理和可溯化查询中重点对这八个关键控制点进行记录和追溯。

2) 系统构架

该系统由上海理工大学与上海农业信息有限公司联合开发,主要包括菇房环境监控系统和蘑菇生产过程信息跟踪管理系统两大部分。

图 4-12 所示为菇房环境自动化监控系统示意。该系统主要由两部分组成:菇房信息集中管理控制模块以及菇房管理监控中心硬件平台。集中管理控制模块包括了至少一个现场监控的菇房 A、一个网络核心中心管理部门 D、多个与菇房养殖相关的部门 E、GPRS 网络 B 和 Internet 网络 C。该模块运作主要是由网络核心中心管理部门 D 利用 GPRS 网络通过 Internet 网络传输数据,并将数据存储于数据库中,

利用 Labview 虚拟仪器进行实时显示控制，且每个菇房中安置有一组无线传感器节点，可以通过节点来采集菇房的温度、湿度、CO_2 浓度等蘑菇生长环境信息参数。菇房管理监控中心的硬件平台是由接有 Internet 网络并且安装有 Windows 系统的主流计算机来实现的；菇房管理监控中心的软件采用模块化设计，使用 G 语言开发 Labview 虚拟仪器作为显示控制界面，利用 Labview 虚拟仪器通过 Internet 网络和 GPRS 网络下传监控参数允许范围，并且配合 SQLServer 数据库技术和 TCP 协议实现数据库和通信操作，监控中心的软件设计保证了系统功能的完整性和可兼容性，操作简便。软件系统上主要有通信模块、数据库模块和主界面模块等。

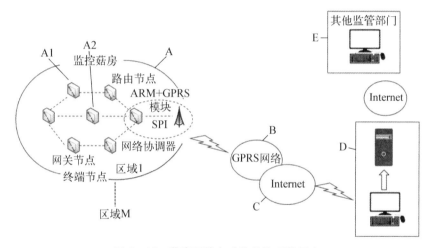

图 4-12　菇房环境自动化监控系统示意

图 4-13 所示为蘑菇安全生产管理系统总体框架。此系统设计有"操作人员登录"和"管理员登录"两个登录口。管理员负责给操作人员授权，而操作人员主要进行"基础信息""日常记录"以及"统计查询"三大模块的信息完善以及记录等工作。所有信息录入服务器进行数据保存，并由管理员进行日常维护。

3）系统功能

食用菌生产管理系统以田间档案为中心，实现农资管理、农户管理、基地管理、生产管理四个方面的控制。该系统包含日常记录、基础数据、统计查询三大模块，如图 4-14 所示。

（1）基础数据

为用户提供公司情况、菇房环境、作物品种、菌种、包装材料、原料维护、供应商和参数设置的添加、修改、删除、预览和导出。

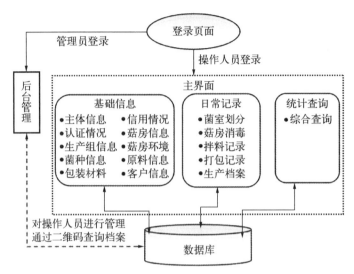

图 4 - 13 蘑菇安全生产管理系统总体框架

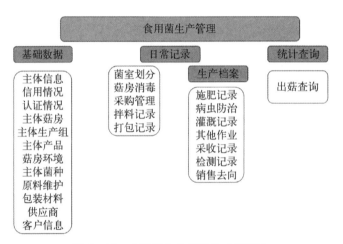

图 4 - 14 食用菌生产管理各功能模块

（2）日常记录

① 菇房操作记录

用户可以对菌室划分、菇房环境维护、拌料记录、施肥、灌溉、病虫害、检测、采收、销售去向等进行详细的记录。通过对时间、基地、地块、作物、品种、农户和农事类型等信息进行设置后，点击"查询"按钮显示相应农事记录。

② 采购记录

用户可以详细记录菌种、拌料等的采购情况。先选择采购类型（如菌种、拌料等)，就可查询出现该类型产品的所有采购单。

（3）统计查询

① 采收查询：用户可以通过对时间、基地、地块、作物、品种和农户等条件查询到所需的采收信息。

② 采购查询：用户可以通过对购买类型、供应商和时间等条件查询到所需的采购信息。

4）系统特点

该系统采用 Zigbee 网络协调模块近程组网和 GPRS 远程传输相结合模式，实现了各监控终端通过网络与监控中心服务器连接，数个菇房生产研究部门通过监控终端远程查看监控中心服务器中的信息，且可对菇房生产中出现的问题进行溯源跟踪。

生产管理系统 CS（客户端/服务器）和 BS（浏览器/服务器）混合结构，采用面向对象的编程方法和先进的编程工具 Delphi 7 和 MS. net 2003，可以满足用户千变万化的需求。对其他系统可以方便地进行接入，具有非常好的可维护性和灵活性。

5）食用菌生产管理系统信息录入

登录食用菌生产管理信息系统后，如图 4 - 15 所示，包含三大信息模块：日常记录、基础数据、统计查询，涵盖了食用菌从生产到认证、数据采集到统计分析的各方面。

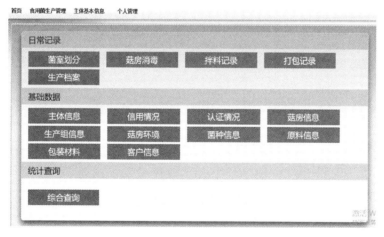

图 4 - 15　食用菌生产管理信息系统主界面

（1）基础数据

该模块与生产有关的内容主要有主体信息、认证情况、菇房信息、生产组信息、菇房环境、菌种信息、原料信息等。

①"主体信息"需录入的信息包含主体负责人信息、品牌信息、主营产品、占地面积、菇房面积及主体图片。

②"认证情况"需录入的信息包含产品名称、认证名称、认证机构、认证日期、证书编号、有效期及相关备注信息。

③"菇房信息"需录入的信息包含菇房名称、类型、菇房面积、所属地区、负责人及相关备注信息。

④"生产组信息"需录入的信息包含生产组名称、组长及其联系方式、养殖责任者信息、生产组成员信息。

⑤"菇房环境"需录入的信息包含需要对产地周围环境录入，包括产地周围的污染源等方面。

⑥"菌种信息"需录入的信息包含菌种分类、菌种名称、认证类型、菌种特点。

⑦"原料信息"需录入的信息包含原料名称、原料说明。

（2）日常记录

该模块内与生产有关的部分有菌室划分、菇房消毒、搅拌记录和生产档案：菌室划分需要将不同种植区域进行信息录入，以便快速查找所需种植区域；菇房消毒（图4-16）主要记录消毒情况；搅拌记录主要将搅拌日期以及搅料情况记录下来；生产档案主要将相应信息填入表内，对生产档案进行完善。

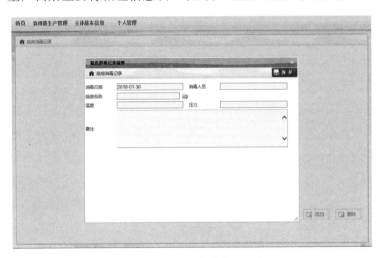

图4-16　菇房消毒信息记录界面

（3）统计查询

该部分是综合查询（图 4 - 17），可以查询采收选定的日期范围、菌种名称、菇房/菌室、出菇生产组等信息。

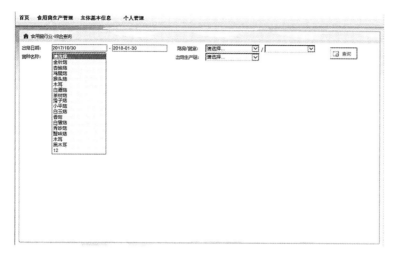

图 4 - 17　食用菌生产信息查询界面

4.3　畜牧产品生产管理及信息化实践

4.3.1　畜牧业的发展概况

畜牧业是指将已经被人类驯化的畜禽等，通过人工饲养、繁殖使其将牧草和饲料等植物能转变为动物能，以取得肉、蛋、奶、动物毛皮等畜产品的生产部门。区别于自给自足的家畜饲养，畜牧业的主要特点是集中化、规模化，并以营利为生产目的。畜牧业是人类与自然界进行物质交换的极重要环节，是农业的组成部分之一，与种植业并列为农业生产的两大支柱。

世界上许多发达国家，无论国土面积大小和人口密度如何，畜牧业都很发达，除日本外，畜牧业产值均占农业总产值的50%以上，如美国为60%，英国为70%，北欧一些国家达80%~90%。中国自20世纪80年代以来，畜牧生产增长速度远远超过世界平均水平，但畜牧业的人均产量或产值仍低于世界平均水平。

自新中国成立以来，中国畜牧业迅速发展，畜牧业产值不断提高。至 2010 年，畜牧业产值已经超过 20 000 亿元，占全国农业总产值的比重达到 30.04%，可见随着中国畜牧业产值的不断增加，其在农业中的地位也有所提升，2010年畜牧业已经成为中国农业及农村经济的支柱产业，其规模化生产、产业化经营特色突出，区域化布局、市场化特征鲜明。

"十二五"期间畜牧业综合生产能力显著增强，规模化、标准化、产业化程度进一步提高。到2015年，肉、蛋、奶产量分别达到8500万吨、2900万吨和5000万吨，羊毛产量达到43万吨，畜牧业产值占农林牧渔业总产值的比重达到36%。畜牧业良好的发展前景将继续带动兽药行业稳步向前发展。

"十三五"进入全面建成小康社会的决胜阶段，保障肉蛋奶有效供给和质量安全、推动种养结合循环发展、促进养殖增收和草原增绿，任务繁重而艰巨。实现畜牧业持续稳定发展，面临着一系列亟待解决的问题：畜产品消费增速放缓使增产和增收之间矛盾突出，资源环境约束趋紧对传统养殖方式形成巨大挑战，廉价畜产品进口冲击对提升国内畜产品竞争力提出迫切要求，食品安全关注度提高使饲料和生鲜乳质量安全监管面临更大的压力。新阶段新形势要求我们必须积极进取，勇于创新，妥善解决发展中积聚的问题和矛盾，推动畜牧业在农业现代化进程中率先取得突破。

4.3.2 畜牧业生产的特点

（1）需求大

据测算，今后一段时期我国每天至少要消耗2.3亿公斤肉、8000万公斤禽蛋、1亿公斤牛奶，我国畜牧业保供给压力较大。要满足如此大的消费量，最根本的是要维持基础母畜的存栏量，保护农牧民养殖母畜的积极性。更重要的是，畜牧业要立足各地资源禀赋，优化区域布局。我国北方人均土地面积大，发展家庭牧场有条件；南方人多地少，要依靠龙头企业，发展养殖大户。家禽生猪产业化程度高，要推进工厂化集约养殖。牛羊生产周期长，则可通过分户繁育、集中育肥模式，让加工企业发挥更大的带动作用。

（2）污染大

随着畜牧业快速发展，一些地区呈现污染加重、生态恶化的趋势。有的农区粪污随意排放，造成水源污染；有的牧区超载过牧，带来草原退化、沙化、碱化。据统计，全国每年产生30亿吨畜禽粪便，有效处理率却不到50%；退化、沙化、碱化草原面积近20亿亩。要大力推行种养结合的循环农业，一方面要统筹考虑环境承载力及畜禽养殖污染防治要求，推广有机肥还田利用，促进农牧循环发展，研究采取扶持政策，鼓励企业投资有机肥生产；另一方面要大力推行标准化规模养殖，支持规模化养殖场（区）配套建设畜禽粪污处理设施，搞好畜禽粪污综合利用，在种养密度较高的地区建设集中处理中心，探索规模养殖粪污的第三方治理与综合利用机制。

（3）风险大

畜牧业是广大农牧民就业增收的主渠道，但受生产成本上升、比较效益下降和疫病风险、市场风险的影响，畜禽养殖波动加大。数据显示，2009 年以来，畜牧业养殖成本增加近 40%，许多养殖户增产不增收。2013 年的 H7N9 疫情使家禽业遭受重创，损失过千亿元。生猪价格连续 3 年低迷，2014 年每头肥猪亏损110 元。

4.3.3 畜牧业生产的分类

1. 农区畜牧业

家畜种类主要是消耗粮食较多的猪、家禽、役畜和山羊等，饲料来源是棉籽饼、豆粕、谷壳、麦麸、山芋等农业副产品、饲料陈年粮、秸秆和野草、野菜等。除了在农作物收获后进行短期茬地放牧外，其余时间均在畜舍内进行人工饲养。饲料费用占的比重较高，一般占畜牧费的 65% 以上。目前农区畜牧业基本能充分实现农牧结合，经营管理较为细致，生产水平较高。经营方式主要是农家副业，还有国有牧场和畜牧专业户。农区畜牧业仍是中国畜牧业的主要部分。

2. 牧区畜牧业

在草原和荒漠地区，主要是以放牧为主的畜牧业。中国的牧区位于北部和西部边疆，包括内蒙古、新疆、西藏、青海、四川、甘肃、宁夏、黑龙江、吉林、辽宁、河北、山西等省、自治区，共有 266 个牧区、半农半牧区县（旗），面积占全国土地总面积的 50% 以上，牧畜头数占全国牲畜总头数的 22%。牧区畜牧业的经营管理粗放，农牧结合不密切，饲草供应季节性波动大，易受灾害性天气的威胁。发展的基本原则是：合理利用和保护现有天然草场；重点进行草原建设和其他建设，如开发水源、贮草备料、改善牧业生产条件；调整畜群结构，发展季节性生产，如羔羊当年屠宰、肉牛早期育肥屠宰、扬夏饱秋肥之长、避冬瘦春乏之短；农、林、牧结合发展；采取适用技术，加速技术改造等。

3. 半农畜牧业

半农畜牧业主要沿长城南北呈狭长的带状分布，是农区役畜和肉食牲畜主要供应基地之一。本区历史上曾是农牧业交替发展变化较大的地区，以具有汉族经营纯农业与蒙古族经营纯牧业的生产方式为特色。区内旱作农业与放牧畜牧业交错分布，畜牧业兼有纯牧区放牧与农区舍饲的特点。区内科尔沁草原和坝上高原等天然草场以放牧牛、马、羊为主，是肉、乳、细毛的重要生产基地。

4. 城郊畜牧业

城郊畜牧业主要分布于城市和大型工矿区周围，以饲养猪、鸡、奶牛等畜禽为主，为城市、工矿区直接提供肉、蛋、乳等畜产品。除郊区农村集体与个人舍养畜禽外，还有奶牛饲养场、大型机械化养猪、养鸡场，形成技术水平和商品率均较高的城市、工矿区副食品基地。

4.3.4 畜牧业生产安全控制管理体系

1. GAP 管理体系在畜产品安全生产中的应用

与畜牧生产有关的良好农业规范包括以下几方面。

(1) 养殖场的选址要适当，以避免对地貌、环境和家畜福利造成不利影响。

(2) 避免对牧草、饲料、水以及大气的生物、化学和物理污染；经常监测畜禽的健康状况并调整放养率，及时调整饲料和供水。

(3) 为避免对畜禽的伤害，在设计、建造、挑选、使用饲养设备时充分考虑畜禽所处的生产阶段和生活习性。

(4) 防止兽药和饲料中添加的化学物质及其残留物进入食物链。

(5) 尽量减少抗生素的非治疗使用。

(6) 实现畜牧业和农业有机结合，通过养分的有效循环减少废弃物的清除、养分流失和温室气体释放等问题。

(7) 按照制定的安全操作标准，严格遵守安全生产条例。

(8) 保持牲畜购买、育种、淘汰、销售、饲养计划和饲料采购等记录。

畜牧生产过程中 GAP 所覆盖主要步骤见图 4-18。

2. HACCP 管理体系在畜产品安全生产中的应用

(1) 组建 HACCP 工作小组

工作小组应由具备不同专业知识和生产实践经验的人员组成，包括企业管理专家、畜牧专家、兽医专家、饲料质量监测专家、畜禽产品质量监测专家等。其职责是制订 HACCP 计划、培训内部 HACCP 机构执行人员、落实组织计划的实施。

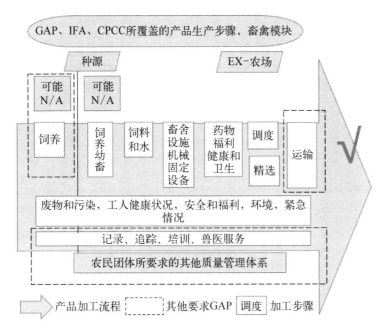

图 4-18　在畜牧业生产过程中 GAP 覆盖的主要步骤

（2）绘制安全畜产品描述表

安全畜产品描述包括产品名称、养殖条件、屠宰加工条件、预期用途和终端消费者。具体如表 4-5 所示。

表 4-5　安全畜产品描述

项　　目	内　　　容
产品名称	安全肉、蛋、奶
养殖条件	符合安全畜禽产品生产要求
屠宰加工条件	符合安全畜禽产品屠宰加工要求
预期用途	提供安全肉、蛋、奶
终端消费者	一般消费者

（3）绘制安全畜产品生产流程图

流程图由 HACCP 小组制作。流程图中每个步骤的描述要简明扼要并按顺序标明，防止含糊不清，必要时 HACCP 小组成员应进入生产现场进行调研，对流程图遗漏的步骤或过程进行补充和修改。畜产品安全生产流程如图 4-19 所示。

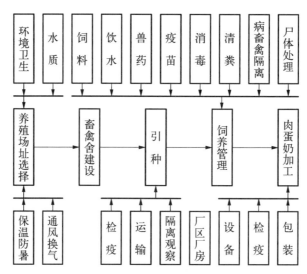

图 4-19 畜产品安全生产流程

（4）危害分析

危害分析是确定 HACCP 管理体系的基础，是对畜产品安全生产流程中每个主要环节潜在的危害进行分析和评估。具体如表 4-6 所示。

表 4-6 潜在危害分析

主 要 环 节	潜 在 危 害
环境控制	畜禽粪尿露天堆放、直接排入河流，易传播人畜共患疾病
畜禽舍建设	标准低、保温差、通风换气不好、冬冷夏热，易引发畜禽疾病
饲 料	原料含天然毒素、饲料霉变、病原微生物污染、农药残留、过量添加微量元素、超量添加抗生素、滥用违禁和淘汰药物，易引发畜禽疾病和畜产品药物残留
兽 药	药品杂乱、随意滥用、不遵守停药期，易造成畜禽病原菌的抗药性和畜产品药物残留
疫 苗	保存不当、使用不合理，易引发畜禽疫病
畜禽疫病	病多难控，易发生人畜共患疾病及带病畜禽产品流入市场
产品加工过程	加工条件不达标、运输条件不合格、产品掺杂使假，易污染畜产品、危害人体健康

（5）明确畜产品安全生产流程中的各关键控制点

通过对安全畜产品生产流程中每个主要环节潜在危害的分析，明确各环节潜在危害的关键控制点及与各关键控制点相适应的临界值，并确立监控措施。具体如表 4 - 7 所示。

表 4 - 7　畜禽产品安全生产的关键控制点

主要环节	关键控制点	临　界　值	监　控　措　施
环境控制	畜禽粪尿控制	符合《粪便无害化卫生要求》（GB 7958—2012）	参照与关键控制点相适应的临界值，对畜禽粪尿实施无害化处理
饲　料	原料质量和成品质量的监测	符合《食品中污染物限量》（GB 2762—2005）、《食品中农药最大残留限量》（GB 2763—2005）、《饲料卫生标准》（GB 13078—2001）、农业部〔2003〕318 号《饲料添加剂品种目录》、农业部《允许作饲料药物添加剂的兽药品种及使用规定》	参照与关键控制点相适应的临界值，严把原料质量和成品饲料质量监测关，杜绝生产不合格饲料产品
兽　药	兽医质量监管、兽药使用技术、停药期	符合《无公害食品畜禽饲养兽药使用准则》（NY 5030—2006）、农业部〔2002〕235 号《动物性食品中兽药最高残留量》《疫苗出厂合格证》	参照与关键控制点相适应的临界值，合理使用兽药，严格遵守使用对象、途径、剂量及停药期的规定
畜禽疫病	接种疫苗	符合《疫苗流通和预防接种管理条例》《兽用生物制品质量标准》《疫苗出厂合格证》	参照与关键控制点相适应的临界值，制定畜禽疫病科学免疫程序并保证疫苗质量和使用方法
畜产品加工过程	加工条件、保鲜条件、运输条件、产品检验	符合《食品安全国家标准畜禽屠宰加工卫生规范》（GB 12694—2016）、《食品中污染物限量》（GB 2762—2005）、《食品中农药最大残留限量》（GB 2763—2005）、《鲜（冻）畜肉卫生标准》（GB 2707—2005）	参照与关键控制点相适应的临界值，加强屠宰、加工、包装、贮存、运输各环节的监测力度，杜绝不安全畜产品上市销售

（6）HACCP 管理体系执行与保持

HACCP 工作小组根据已确定的安全畜产品生产流程中的各关键控制点与各关键控制点相适应的临界值，制定各关键控制点的监控程序、HACCP 体系正常有效运行的验证程序及各种原始档案记录程序。当通过上述 3 个程序发现运行结果与关键限值发生偏离时应及时纠正，以确保安全畜产品生产流程在 HACCP 管理体系内有序、有效运行。

3. 其他有关畜产品养殖生产安全控制体系

所谓优质、安全，就必须要求在养殖各个环节都要按照国家规定的技术标准规范饲养。首先是养殖场应建在远离人的活动区和交通要道，建设布局应有防疫隔离设施、生产区、生活区和缓冲区。空气质量和水质量应符合养殖业环境质量要求，即符合《畜禽场环境质量标准》《中华人民共和国畜牧法》等规定。

其次，养殖过程中要执行一系列的国家畜禽养殖标准，如养猪场，就要采用先进的技术和科学的管理实施健康养殖，并符合农业部《无公害食品生猪饲养管理准则》。在养殖生产中所用的饲料及原料也必须执行国家《无公害食品生猪饲养饲料使用准则》。所使用的添加剂产品必须是农业部公布的《允许使用的添加剂品种目录》。药物添加剂的使用还要符合《饲料药物添加剂使用规范》，药物的使用必须符合《中华人民共和国兽药典》《饲料药物饲料添加剂使用规范》和《无公害食品生猪饲养兽药使用标准》等。畜禽养殖中的品种改良、动物防疫、产地检疫和重大疫病的防控有一系列的技术规程，都必须严格执行。

目前，现行有效的畜牧业国家标准和行业标准共 680 项，基本覆盖了畜牧业生产的各个环节，主要涉及品种、营养需要、饲养管理、畜产品质量与安全、畜产品加工等方面。

4.3.5 畜牧产品生产安全管理信息化实践案例

案例 生猪的养殖过程管理信息化

1）系统概要

上海农业信息有限公司采用先进的设计理念，合理地规划猪场业务流程，将电子芯片（RFID）应用于生猪的全程生产管理之中，系统符合养猪生产的实际，采用人性化设计，能进行及时准确的安全预警，并提供强大的数据分析功能。

系统主要包含生猪生产过程中的繁育、饲喂、防疫、消毒出栏等生产档案的建立，并能根据实际生产的数据产生生产报表，方便生猪生产的管理，提高生产效率。软件主要包括基础数据的管理、业务数据的管理、统计分析、系统管理四个大的部分，是集数据存储、智能安全生产提示、统计分析、数据汇总、个性化定制于一身的务实应用软件。

2）系统构架

图 4－20 所示为生猪安全生产管理系统总体框架。此系统设计有"操作人员登录"和"管理员登录"两个登录口。管理员负责给操作人员授权，而操作人员主要进行"基础信息""日常记录"以及"统计查询"三大模块的信息完善以及记录等工作。所有信息录入进入服务器数据保存，并由管理员进行日常维护。

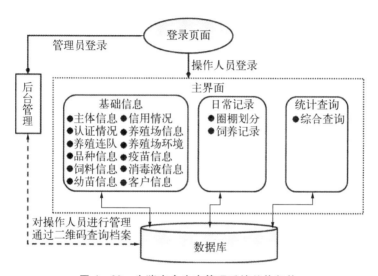

图 4－20　生猪安全生产管理系统总体架构

3）系统功能

该生产管理系统包括种猪管理、商品猪管理、群体管理、采购管理、系统管理以及数据分析六大功能。

（1）种猪管理

为用户提供种猪从入场开始到转群、免疫、治疗、生长性能测定、用药记录、资料维护以及采精、配种、妊娠、分娩直至最后离场为止所有记录信息的添加、修改、删除、查询、预览和导出操作。种猪管理内容包括种猪入场、种猪免疫、种猪疾病治疗、种猪用药记录、种猪生长性能测定、种猪转场、公猪采精、配种管理、妊娠管理、分娩管理和种猪离场。

（2）商品猪管理

为用户提供商品猪从资料维护开始到入场、免疫、用药记录、治疗、饲喂、盘点直至最后离场为止所有记录信息的添加、修改、删除、查询、预览和导出操作。商品猪管理内容包括商品猪资料维护、商品猪入场、商品猪免疫、商品猪疾病治疗、商品猪用药记录、商品猪饲料、商品猪盘点和商品猪离场。

（3）群体管理

为用户提供按猪舍饲喂、按舍栏饲喂、按舍栏性能测定等概况信息的添加、修改、删除、预览和导出，包括按猪舍饲喂、按舍栏饲喂和按舍栏性能测定。

（4）采购管理

为用户提供兽药和饲料的采购信息，以及添加、修改、删除、预览和导出的功能，包括兽药采购和饲料采购。

（5）系统管理

为用户提供猪场、猪舍、猪栏、职员、客户、饲料、药物、权限、信用等所有相关信息以及系统参数的添加、修改、删除、预览和导出。并且提供系统数据的导入导出功能和系统用户的设置和管理。

系统管理内容包括猪场管理、猪舍管理、舍栏管理、职员管理、客户管理、饲料管理、兽药管理、药物休药期、药物添加剂休药期、违禁药物、代码管理、参数管理、猪生长阶段、数据上传、备份与恢复、日志查询、角色管理、用户管理、权限设定、手持设备、产品认证情况和企业信用情况。

（6）数据分析

为用户提供猪场猪只资料卡、今日关注、种猪群品种公母分布、种猪群胎次分布以及对猪场各类猪的生产分析和报表的查询帮助用户更好地管理猪场。数据分析内容包括猪只管理卡、今日关注、种猪生产分析、商品猪生产分析、猪群品种公母分布、猪群胎次分布、报表查询和各类指数比较。

4）系统特点

采用先进的电子标签技术对生猪进行全程管理，每头猪（或棚舍）都挂有电子标签做成的耳标，记录其生产全过程，可以逐个获取生猪所吃饲料、病历、喂药、转群等信息。

该系统合理地规划了猪场的业务流程，贴近养猪生产实际，运行稳定、功能强大，提供灵活的打印输出等功能，既支持严格的"全进全出"饲养模式又适用不规范混合饲养模式，并且能够对生产过程中有可能产生危害的关键控制点的数据如违禁药物、饲料添加剂、休药期等进行报警提示。

系统在设计上具有极大的弹性，通过数据层、中间层、表现层三大部分提高了系统的可扩展性。

5）生猪生产管理系统信息录入

农产品安全追溯监管系统平台中关于生猪的生产管理主要包含三大信息模块：基础数据、日常记录和统计查询，涵盖了生猪从生产到认证、数据采集到统计分析的方方面面，系统界面如图 4 - 21 所示。

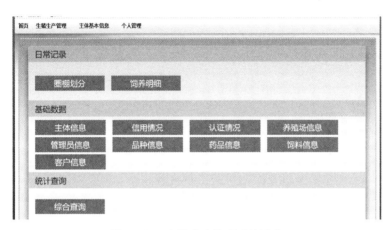

图 4 - 21　生猪生产管理系统平台

（1）基础数据

基础数据包括主体信息、信用信息、认证情况、养殖场信息、管理员信息、品种信息、药品信息、饲料信息和客户信息 9 部分。

① 主体信息中设置主体负责人、品牌、主营产品、占地面积和经营面积。

② 信用信息中设置奖惩单位、奖罚时间和奖罚内容。

③ 认证情况中设置产品名称、认证名称、认证机构、认证日期、证书编号和有效期。

④ 养殖场信息设置养殖场名称、养殖场代码、养殖场类型、养殖场面积、所属地区和负责人。

⑤ 管理员信息设置管理员名称和编码。

⑥ 品种信息中设置添加信息，系统界面如图 4 - 22 所示。

⑦ 药品信息的界面包括商品名称、标准分类和主要功能，系统界面如图 4 - 23 所示。

⑧ 饲料信息界面展示了饲料名称、主要成分、用途和备注，如图 4 - 24 所示。

首页 生猪生产管理 主体基本信息 个人管理

生猪行业-品种信息

	操作	品种分类	品种名称	认证类型	品种特点
☐	编辑		哺乳仔猪		
☐	编辑		种猪		
☐	编辑		商品猪		
☐	编辑		后备种猪		
☐	编辑		公猪		
☐	编辑		后备公猪		
☐	编辑		后备母猪		
☐	编辑		哺乳期种猪		
☐	编辑		哺乳期商品猪		
☐	编辑		保育仔猪		
☐	编辑		商品仔猪		
☐	编辑		断奶仔猪		
☐	编辑		断奶商品仔猪		
☐	编辑		断奶种猪		
☐	编辑	生长猪	12	绿色食品	12

共1页共15条第1页 |[首页] | [上一页] 1 | [下一页] | [末页] 1 GO

添加 删除

图 4 – 22 品种信息中设置信息界面

生猪行业-药品信息

	操作	药品名称	标准分类	主要功能	备注信息
☐	编辑	热毒链血康	疫苗	清热解毒，疏风解表。	批准文号：兽药字（2013）200456120 证书编号：（2011）兽药GMP证字329号生产许可证号：（2011）兽药生产证字20045 生产厂：广西睿大动物保健品有限公司
☐	编辑	热毒风暴	疫苗	提神.诱食.清热.凉血.平喘.止痢.驱瘟泻火.攻毒排毒.增强抗病力和免疫力	批准文号:兽药字（2012）020166120兽药GMP认证企业（2010）兽药GMP证字156号准产证号（2010）兽药生产证字02016号生产厂:天津市保灵动物保健品有限公司
☐	编辑	独病雷清	疫苗	清瘟热.清热.泻火.解毒.燥湿.止泻	批准文号：兽药字（2013）070115122证书编号：（2011）兽药GMP证字323号生产许可证号：（2011）兽药生产证字07011生产厂：吉林省康达动物药业有限责任公司
☐	编辑	胃消邦	疫苗	抗炎排毒.调理胃肠.提神增食.厌食症.便秘症.温热症.孕畜使用安全	批准文号:兽药字（2013）200455122兽药GMP验收通过企业证书编号:（2011）兽药GMP证字329号生产许可证号:（2011）兽药生产证字20045号生产厂:广西睿大动物保健品有限公司
☐	编辑	缩宫素	疫苗	能选择性兴奋子宫.加强子宫平滑肌的收缩	批准文号:（2013）110201571证书编号:（2010）兽药GMP证字128号生产许可证号:（2010）兽药生产证字11020号生产厂:杭州动物药品厂
☐	编辑	仔猪保命液	疫苗	仔猪水样腹泻.或排有腥臭味的灰白色.黄色或红色稀便.精神不振.不爱吃奶.消瘦.脱水.呕吐.走路摇晃.肠炎等	兽药GMP证号:（2011）兽药GMP证字208号批准文号:兽药字（2011）190622128生产厂:深圳市华泰动物药业有限公司
☐	编辑	咳喘奇星	疫苗	广谱抗菌药、主要用于呼吸系统及全身感染疾病的治疗	批准文号:兽药字（2011）140262192证书编号:（2011）兽药GMP证字257号生产许可证号（2011）兽药生产证字14026号生产厂:江西金康佳生化药业有限公司
☐	编辑	咳喘无敌	疫苗	传染性胸膜炎、气喘病、萎缩性鼻炎、支原体肺炎、呼吸道感染综合征、肺症	批准文号:兽药字（2011）030492546生产证号:（2011）兽药生产证字03049GMP证号:（2011）兽药GMP证字135号
☐	编辑	开胃增免肽	疫苗	促进胃肠消化液分泌、治疗各种厌食症状、激活免疫器官、增强抗病能力	兽药GMP验收通过企业（2012）兽药GMP证字29号生产许可证:（2012）兽药生产证书10015号批准文号:兽药字（2009）100152711生产厂:江苏华东贝尔生物药业有限公司
☐	编辑	牲血素	疫苗	主要用于仔猪缺铁性贫血	兽药GMP验证通过企业:（2009）兽药GMP证字96号许可证号:（2009）兽药生产证字20002号批准文号:兽药字（2012）200022651生产厂:广西化工研究院兽药厂出品
☐	编辑	长效治菌痢	疫苗	用于治疗猪由敏感菌引起的呼吸道、消化道、泌尿道感染、也可用于治疗猪弓形虫病	农业部兽药GMP验证通过企业（2013）兽药GMP证字17号生产许可证:（2013）兽药生产证字19036号批准文号:兽药字（2012）190366027生产厂:广州天王动物保健品有限公司
☐	编辑	热毒镇败宁	疫苗	如弓形体病、链球菌病、李氏杆菌病、脑炎、附红细胞体病、`球虫病、口炎、蹄叶炎、圆环病毒病、链球菌病等	批准文号:兽药字（2011）230032153生产许可证:（2009）兽药生产 证字23003生产厂:重庆方通动物药业有限公司
☐	编辑	蓝盾	疫苗	温和型猪瘟、圆环病毒病、免疫抑制综合症	农业部兽药GMP验收通过企业GMP证号:（2012）兽药GMP证字29号许可证号:（2012）兽药证书10015号批准文号:兽药字（2012）100152278生产厂:江苏华贝尔生物药业有限公司

图 4 – 23 药品信息界面

生猪行业-饲料信息

	操作	饲料名称	主要成分	用途	备注信息
☐	编辑	青贮玉米秆	玉米	喂羊	每只成年山羊0.5kg
☐	编辑	大麦壳	麦壳	喂羊	每只成年羊1.5kg/天
☐	编辑	黑麦草	黑麦草	喂羊	自由采食
☐	编辑	杂交狼尾草	狼尾草	喂羊	自由采食
☐	编辑	甜玉米秆	玉米秆	喂羊	每只成年羊3kg/天
☐	编辑	玉米	玉米	喂羊	成年公羊0.4kg/天、成年母羊0.3kg/天、育肥羊0.35kg/天、羔羊0.15/天
☐	编辑	野青草	野青草	喂羊	自由采食
☐	编辑	地瓜藤	地瓜藤	喂羊	每只山羊1.5kg/天
☐	编辑	花生藤	花生藤	喂羊	每只山羊1.5kg/天
☐	编辑	紫花苜蓿	紫花苜蓿	用于喂产后母羊	自由采食
☐	编辑	酒糟	大麦下脚料	用于饲喂育肥羊	每只成年山羊0.5kg/天
☐	编辑	麦皮	大麦	喂产后母羊	每只成年山羊0.15kg/天
☐	编辑	豆粕	大豆下脚料	喂产后母羊	每只成年羊0.2kg/天

共1页共13条第1页 |[首页] | [上一页] 1 | [下一页] | [末页] 1 GO

添加 删除

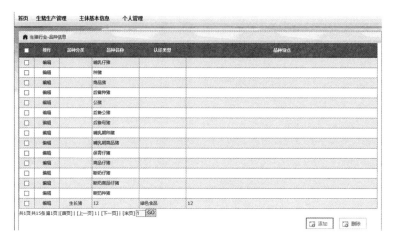

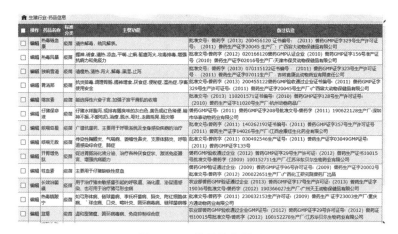

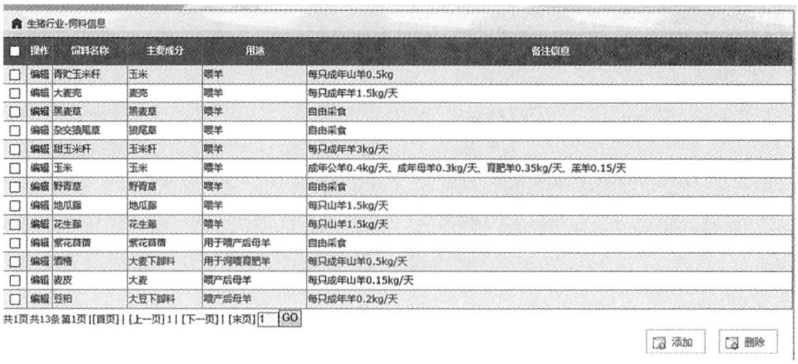

图 4 – 24 饲料管理信息界面

⑨ 客户信息中设置添加项，包括名称、电话、传真、地址和联系人等信息，系统界面如图 4 - 25 所示。

客户信息新增	✕
🏠 生猪行业-客户信息	💾 保存

名称
电话
传真
地址
联系人
联系人信息

备注

图 4 - 25　客户信息管理界面

（2）日常记录

日常记录包括圈棚划分和饲养明细。圈棚划分部分，在查询时需要选择基地，饲养明细中需要对基地位置、地块位置和起始时间进行选择和输入，同时设有添加饲养、批量喂料、批量防疫、批量消毒和批量治疗等。

（3）统计查询

统计查询中设置综合查询专项，界面中包括出栏日期、品种名称、养殖场/圈棚和管理员等选项。

6）生猪生产管理信息追溯查询

通过以上生产信息的录入，可以生成二维码（见图 4 - 26）。根据生猪二维追溯码扫描后的追溯信息如图 4 - 27 所示。

图 4 - 26　生猪生产信息追溯二维码

饲养记录信息　　　　防疫记录信息　　　　消毒记录信息

图 4 - 27　生猪生产过程追溯信息界面

4.4　水产品生产管理及信息化实践

4.4.1　水产养殖业的发展状况

水产养殖是人为控制下繁殖、培育和收获水生动植物的生产活动。一般包括在人工饲养管理下从苗种养成水产品的全过程。

2014 年全世界水产养殖总产量达到 7 380 万吨，估计首次销售价值为 1 602 亿美元，其中包括 4 980 万吨有鱼类（992 亿美元）、1 610 万吨贝类（190 亿美元）、690 万吨甲壳类（362 亿美元）和 730 万吨包括两栖类在内的其他水产品（37 亿美元）。

我国是水产养殖和水产品消费大国。2013 年中国近海海水养殖 1 551 万吨，中国 2014 年的水产养殖产量为 4 550 万吨，占全球水产养殖总产量的 60% 以上，是世界主要渔业生产国中，海水养殖产量超过海洋捕捞的唯一国家。其中，海水养殖占全国海水产品总产量的 53.35%，占世界海水养殖总量的 80%。

"十二五"期间，我国渔业发展取得显著成绩。到"十二五"末，水产品总产量达到 6 700 万吨，全国渔业产值达到 11 329 亿元，养殖捕捞比例达到 74∶26。

由于过度捕捞以及生态环境的恶化，海洋渔业资源不断衰退，海洋捕捞产量逐年下降。"十三五"期间，农业部将大力推进海洋捕捞渔民减船转产，严格执行海洋伏季休渔制度，压减近海捕捞强度，有效疏导近海过剩产能，同时积极推进内陆捕捞渔民退捕上岸，实现捕捞产量负增长。水产捕捞产量将大幅度下降，减少量应在 300 万吨以上。

通过控制近海养殖规模，拓展外海养殖空间，合理确定湖泊、水库养殖规模，稳定池塘养殖，发展工厂化循环水养殖和深水网箱养殖，保持水产养殖总体稳定，并通过优化水产品供给结构，保障水产品的有效供给。

全球多种重要海洋捕捞经济物种被过度开发，海产品消费量的一半以上来自水产养殖。当前，我国水产养殖业发展正处于一个新的历史阶段，特别是深化水产养殖业结构调整、稳定增加农民收入、提高水产品市场竞争力，对推进水产养殖业信息化的要求比以往任何时候都显得更为紧迫。水产养殖作为大农业的一部分，与农林牧副一样，同样是多学科相互渗透、行业领域相互交叉的领域，是我国农业的主要支柱产业。但是，传统养殖模式以单体式、分散式养殖为主，可复制性差，环境污染大，不确定性大，导致规模无法扩大，所生产的水产品难以满足市场需求，无法保证高质量水产品的持续供应，主要表现在自动水质监测难、水质参数处理难、信息化管理难。

随着科学技术的发展，应运而生的工厂化养殖方式打破了传统养殖受季节、温度的限制，是一种不受气候环境和生产场所影响、节能环保、节水省地、单位养殖产量和效益高的养殖模式。"粗放式"的传统养殖方式向"精准化"工厂养殖方式转变并被逐步取代已是必然趋势。加强水产品质量安全管理是保障水产养殖业可持续发展的关键，而实现水产品质量安全监控全程信息化是保障水产品质量安全的重要措施。

4.4.2　水产养殖的分类和特点

人们运用不同的水产养殖方法，在海水、咸淡水及淡水环境进行各类水生生物的养殖。这些不同的模式可分为以陆地和水面为基础的两大类。

以陆地为主的系统主要包括池塘、稻田，以及在旱地建造的其他设施。池塘是水产养殖系统中最常见的方式，其中有小型的、基本的、自流给排水设施，也有大型的规格化池塘，它们靠机器建造，且配有先进的给排水控制系统。广泛养殖的鱼类是鲤科鱼类和鲡科鱼类（罗非鱼），它们通常放养在淡水池塘中，而比较适应咸水的虾类及鱼类则在咸淡水池塘中放养。

以水面为基础的养殖系统包括拦湾、围栏、网箱及筏式养殖，通常位于设有屏障的沿海或内陆水域。围场即将天然海湾隔断，利用海岸线作为边堤，而将外海的一面用土石工程或网类屏障阻断。围栏及网箱是封闭式结构，由栏杆、网眼和结绳构建而成。围栏位于水体底部，而网箱则挂在栏杆或浮在水面的木排上。

在我国主要养殖方式有淡水池塘养殖、淡水大水面养殖、浅海养殖、海洋滩涂养殖和工厂化养殖五种。前四种面积占我国养殖总面积的 92.7%，产量占 91.1%。

（1）淡水池塘养殖：池塘养殖产量占淡水养殖的 70.3%，面积占淡水养殖的 42.9%。淡水池塘养殖大多数采用半精养技术，进行适当地密养混养，较充分地发挥了饵料、肥料和水体的生产潜力，资源利用程度较好。但部分池塘现在仍进行低产量、低效益的粗放式养殖。部分养殖池塘由于长期缺乏改造，日渐老化，池底淤积严重，影响了养殖生产。池塘养殖换水次数少，与外界水交换有限，对外界环境影响较小。池塘养殖的主要品种为青、草、鲢、鳙等，饵料来源广，养殖成本较低，虽产品价格偏低，但由于养殖规模大、产量高，市场范围广，可以形成规模化的经济效益。池塘养殖作为传统养殖方式，技术比较成熟，养殖管理较方便，环境调控较容易，对养殖者的技术和管理要求不高。

（2）淡水大水面养殖：包括湖泊、水库、河沟养殖，面积总计 301 万公顷，占淡水养殖的 53.2%，产量 397 万吨，占淡水养殖的 21%，是传统淡水养殖方式之一。除早期采取粗放式的增养殖，还包括"网箱、网栏、网围"等集约化养殖。粗放式大水面增养殖，主要以保持、恢复水域渔业资源为目的，依靠水体中营养物质增殖，产量不稳定。网箱、网栏、网围等集约化养殖，应用人工投饵、施肥等技术，产量得到较大提高，但受到水体养殖容量限制必须严格控制。大水面养殖总体上对水域生态环境保护有一定作用。但目前部分水域集约化养殖密度过大，对水域环境造成不良影响；部分水域放养鱼种与土著种类产生生存竞争，造成鱼类种质资源遭破坏。依靠提高产量来提高经济效益较困难，目前大水面养殖的整体经济效益偏低。但部分地区发展绿色、有机水产品养殖，取得较好的经济效益。由于其养殖品种、密度和搭配等应进行科学论证，对从业者有较高的技术要求。但养殖环境相对稳定，水质好，病害较少，易于管理。

（3）浅海养殖：包括浅海筏式养殖、浅海底播增养殖、海水网箱养殖。面积 65 万公顷，占海水养殖的 40.1%，养殖产量 676 万吨，占海水养殖的 51.3%。浅海筏式养殖和底播增养殖种类以贝、藻类为主。网箱养殖分深水网箱和普通网箱，养殖品种为大黄鱼、军曹鱼、石斑鱼等高经济价值鱼类。由于网箱养殖鱼类配合饵料仍未得到很好解决，投喂小杂鱼仍普遍存在，容易残留造成资源破坏和浪费。科学品种搭配的养殖生产可以降低自身对海洋生态环境的影响。如研究表明，贝藻养殖 100 kg 干重的海带能够吸收 10 万粒扇贝所排泄的氨氮。近岸普通网箱分布普遍过密，养殖废物对环境产生的不良影响较为突出。应该注意在未进行安全性评价的情况下，增речь殖杂交种和外来种可能影响海洋生态安全。筏式养殖和底播增养殖都利用水域的天然饵料，生产成本较低，其中筏式养殖一次性投入较大，但生长速度快，周期较短，经济效益相对较高；网箱特别是深水网箱一次性投入大，但产品经济价值高、产量大，可以获得较高利润。养殖技术要求普遍较高，管理要求较严格，特别是深水网箱需要先进的养殖技术和管理手段。养殖的技术和管理要求相对较低。

（4）海洋滩涂养殖：养殖种类主要为滩涂贝类，养殖面积占海水养殖面积的 41.4%，产量占海水养殖的 39.5%，是我国贝类主要的养殖方式。滩涂贝类食物链短，能够较有效利用水体中的养殖资源，利用程度较高。环境影响：贝类可以吸收一定量水体中的杂质，有利于潮间带和近岸自然生态系统改善。成本低、产量高，有广阔国内市场需求，多为大众消费性品种。但价格不高，经济效益一般。作为较粗放式养殖，技术和管理要求较低。

（5）工厂化养殖：分为淡水和海水两类。海水工厂化养殖 1 197 万立方米，产量 5.1 万吨；淡水工厂化养殖 1 417 万立方米，产量 9.3 万吨，养殖单产平均为 5.52 千克/立方米，与丹麦、挪威等工厂化养殖技术水平较高国家 50 千克/立方米以上的单产差距明显。工厂化养殖占地少、产量高，养殖周期短，在有些地区可以全年生产，资源利用率比传统养殖方式高。多数养殖场未能达到养殖循环用水，仍采取流水方式，水资源消耗大，同时废水排放对环境影响较大。投入较高，一般养殖户难承受，但其单产和产品价格高，可以实现较高的经济效益。工厂化养殖作为技术密集型产业，技术和管理要求明显比其他养殖方式要高。

以上几种养殖方式各有优缺点，具体对比如表 4-8 所示。

表 4-8 我国水产养殖的主要方式及其对比

养殖方式	资源利用	环境影响	经济效益	技术和管理要求
淡水池塘养殖	资源利用率高	影响小	规模大，产量高	技术成熟管理要求不高
淡水大水面养殖	保持渔业资源	影响不良，破坏鱼类资源	效益偏低	易于管理，从业者技术要求高

养殖方式	资源利用	环境影响	经济效益	技术和管理要求
浅海养殖	资源破坏严重	影响不良，影响生态安全	经济价值高，产量大，利润高	技术管理要求低
海洋滩涂养殖	资源利用率高	改善生态系统	成本低，产量高，利润不高	技术管理要求低
工厂化养殖	资源利用率高	影响较大	经济效益高	技术管理要求高

　　此外，根据水产养殖按集约化程度不同，可以分为粗放型养殖和集约型养殖两种方式。粗放型养殖通常采用的是传统的技术，依赖天然饵料，因而投入/产出率较低。通常，生产周期中仅有一部分得到控制，例如，采取粗放型方式经营的鱼塘，常常依靠由天然界纳入的鱼苗，而生产投入（如饵料及肥料）即使有，也是偶尔为之。

　　而集约型养殖是人们有意识地添加有机和无机化肥以及诸如豆饼、米糠和其他农业副产品等低成本饲料喂鱼，以补充天然饵料不足。最常见的系统是池塘养鱼，但也包括稻田养鱼或在自然或拦蓄水体中放养。集约化系统可增加产出，其效益是通过更为先进的技术和更高的管理水平达到的。鱼类及其他水生生物从产卵到成鱼，通常都是在养殖设施中喂养，其密度更高，而精心设计的设施则更小。随着放养密度的增加，人们更须经常使用化学预防剂，以防止疾病发生。此外，还须定期提喂人工合成的颗粒饲料。集约化养殖通过过滤器、净化器、水泵和曝气器等严密地控制水质。

4.4.3　水产养殖安全控制管理

1. HACCP 管理体系在水产品安全生产中的应用

HACCP（Hazard Analysis and Critical Control Point）体系是一种预防性的食品生产安全控制体系，已被世界上许多国家和地区应用和认可。20 世纪 90 年代开始，许多国家在水产养殖中已经建立起自己的 HACCP 体系，并且在保证水产养殖安全方面发挥了巨大作用。我国目前主要在出口食品企业中实施 HACCP 体系，在水产养殖业中的应用还处于起步阶段，主要是受我国的水产养殖规模、技术能力以及成本等因素制约。近年来我国在渔业水质、苗种、饲料、水产药物和管理等方面陆续发布了许多相关标准。形成了以国家标准、行业标准为主体，地方标准、企业标准相衔接、相配套的水产标准体系，这些标准为制订水产养殖中的 HACCP 体系提供了重要的理论依据。同时，水产养殖示范区的推行，使水产养殖管理走上规范化、有序化的发展道路，也使 HACCP 体系在水产养殖中的应用更具有可操作性和实践指导性。

水产养殖示范区 HACCP 模式构建流程介绍如下。

（1）水产养殖示范区规范化养殖流程

水产养殖示范区的规范化养殖流程包括：养殖基地选址→苗种来源→苗种放养→养殖生产→捕捞上市。其中，水质监控→饲料供应→疾病防治等日常管理贯穿其中，形成一个统一的整体。根据 HACCP 体系的 7 个基本原理，通过对水产养殖示范区规范流程中每个步骤的技术要求进行研究分析，识别出可能影响安全生产的显著危害加以评估和控制，为关键控制点的设定提供可靠的依据，确定关键限制标准，同时确定预防、监控及纠正措施，将可能发生的水产品安全危害消除在养殖过程中。当具体到为某一特定的养殖场制定 HACCP 计划时，必须考虑各个养殖场的具体情况。

（2）养殖过程危害分析

危害分析是对水产养殖过程中各个环节存在和潜在的所有生物、化学、物理方面的危害因素作分析判断，对影响水产品安全的任何危害，都要采取相应预防控制措施，将其消除或降低到可接受水平。对其中存在显著危害的环节必须设定一个或多个控制点进行控制，并确立关键控制点。对未被列为关键控制点的显著危害，应有相应的其他措施如良好农业操作规范（GAP）、卫生操作规范（SSOP）等进行危害控制。

（3）养殖示范区的选址和设计

养殖示范区的选址、设计必须严格进行，否则会带来化学污染。一是土壤中可能存在的危害，如在池塘养殖中，酸性土壤会降低水体 pH，使土壤中的金属析出并在水体中富集。如果池塘与农田或工矿区相连，杀虫剂或农药等化学物质、石油或石油产品、重金属、有机物及放射性物质等都可能会污染池塘底泥，影响养殖水质，降低水产品的食用安全性。二是养殖水源和水质潜在的危害，如城市污水、工业废水、农田污水未经处理任意排放，加之农药、化肥的大量使用，都可能带来过量的重金属、农药、病毒细菌等化学和生物污染。养殖过程中的残饵和水产动物排泄物积累容易造成养殖水质恶化。水鸟携带有霍乱弧菌和沙门氏菌的致病菌株，是养殖场中致病菌的一个可能的来源。因此养殖环境和水源水质应作为关键控制点。

（4）苗种来源

鱼种来源不正规或鱼种本身药物残留、重金属超标则会直接影响鱼的品质，使鱼体免疫力低下，无法正常抵御疾病，生长缓慢，环境适应能力降低。同时鱼体内可能带有致病微生物，其潜伏期可能很长。因此，苗种来源也应作为关键控制点。

（5）饲料供应

饲料的安全性直接影响到水产品的安全性。饲料主要有配合饲料、鲜活饵料等。配合饲料原料可能被有毒有害物质、农药等污染。在养殖生产中使用这类饲料会导致养殖的水产动物生长缓慢或致病，也会引起水产品体内有毒有害物质含量过高从而影响消费者的食用安全。配合饲料的另一危害主要是各种添加剂，如药物、诱食剂和黏合剂等，都会在饲料供应环节引入危害。鲜活饵料容易腐败变质，投喂不新鲜的饵料易引起水产动物肠胃性疾病。另外，贮存饲料的场地潮湿，不通风透气，鼠害、虫害都可能会污染饲料。基于此，饲料供应应作为关键控制点。

（6）渔药的采购和使用

渔药的危害主要为药物的滥用、超标使用和非法使用，还有禁用药的使用。目前市场上的渔药种类繁多，有许多种类没有标明药物的主要成分和含量，导致出现个别使用违禁药物的行为。另外，在养殖区域使用杀虫剂、除草剂、杀菌剂、防腐剂和抗氧化剂等也会污染养殖水体，可能在水产动物中富集，存在化学危害。该项应作为关键控制点。

确定养殖生产过程中的关键控制点（CCP）后，应建立关键限值（CL）和有效的监控程序，建立纠偏措施、验证程序和记录保持程序。经危害分析，水产养殖中可确定五个关键控制点：养殖环境、水源水质、苗种来源、饲料供应、渔药使用。水产养殖管理中，可根据相关法律法规及其标准，确定关键控制点的关键限值。不同养殖场，其关键控制点可因具体情况有所不同。

2. GAP 管理体系在水产品安全生产中的应用

在水产养殖场实施良好水产养殖规范（Good-Aquaculture Practices，GAP）管理，可使水产品质量从产生、形成到实现都受到连续、稳定、有效的控制。推动有条件的养殖场在其现有的水产养殖生产系统的基础上开展 GAP 管理的研究与示范，对我国水产养殖企业生产规范化和标准化、保证食品安全和促进农业的可持续发展具有重要意义。

建立 GAP 管理体系，需要充分的策划。养殖场的最高管理者，应亲自负责主持此项工作的开展，并应对遵守相关法律法规和标准要求作出承诺，对持续改进和预防食品安全危害作出承诺。

良好水产养殖规范（GAP）管理体系建立和实施的过程包括：制定养殖产品质量安全方针；识别影响水产品质量安全风险因素并评价其风险级别；识别适用法律法规和标准，以及养殖场应遵守的其他环保和劳工法规要求，确定养殖产品质量安全的目标和指标；建立组织机构制定管理方案，以实施养殖质量安全方针、实现目标和指标；开展策划、控制、监测、预防及纠正措施和评审活动，以确保对养殖产品质量安全方针的遵行和 GAP 体系的适宜性；根据客观条件的变化对体系进行完善和修正。

如能应用目前电子计算机管理和网络技术，既可提高管理效率，又能与国家渔业质量安全监督机构和病害防疫中心的网络链接，从而构建出一个方便快捷的可追溯体系和水产养殖生产的电子管理系统。

3. 我国水产品养殖安全生产管理追溯体系标准化建设

自 2012 年以来，农业部和山东、辽宁、江苏、福建、湖北、广东、北京和天津等多个省市开展了水产品追溯体系的试点研究和示范工作。目前我国已经制定和颁布了多项水产品追溯标准，对追溯体系设计、编码一致性、信息记录规范、实施应用等作出规定，推动全供应链更大范围追溯链条的实现。截至 2015 年年底建设国家级监管平台 1 个，省级监管平台 19 个，市县级监管平台 268 个，大中小水产养殖企业约入驻 5 400 家，累积上传基础信息 50 多万条，全年打印二维码追溯标签 130 多万张，接受网站手机和触摸屏查询 30 余万次。

（1）水产品追溯标准相关机构

全国食品质量控制与管理标准化技术委员会食品追溯技术分技术委员会（SAC/TC313/SC1）是承担全国追溯领域唯一的标准化技术机构，全面负责食品追溯领域国家标准的制度修订、技术归口、标准化政策理论研究、标准宣贯培训、咨询服务、国际对口、交流与合作等。全国水产标准化技术委员会（SAC/TC156）负责全国水产标准化工作。全国食品工业标准化技术委员会水产品加工分技术委员会（SAC/TC64/SC1）负责全国水产品加工及其相关产品等的专业领域标准化工作。

（2）水产品追溯相关现行标准

有关水产品生产养殖的现行标准主要包括国家标准、行业标准、地方标准、团体标准以及企业标准等六大类，累计300余项。其中有关水产品追溯主要相关现行标准见表4-9。

表4-9 我国水产品生产追溯体系的主要标准

类别	标 准 名 称	内 容 简 介
水产品追溯国家标准	GB/T 19838—2005 水产品危害分析与关键控制点（HACCP）体系及其应用指南	第4.2.5可追溯性和回收程序计划，对批次、代码、标识等可追溯和记录保存期限做了规定
	GB/T 20941—2007 水产食品加工企业良好操作规范	第13投诉处理与产品召回，对追溯范围、工序记录做了规定
	GB/Z 21702—2008 出口水产品质量安全控制规范	本指导性技术文件规定了出口水产品的质量安全控制总则、原辅料、加工企业、生产管理人员、生产加工过程、包装、贮存、运输、产品的追溯和召回。附录A给出了出口水产品追溯规程
	GB/T 27304—2008 食品安全管理体系 水产品加工企业要求	第8产品追溯和撤回，对追溯范围、记录要求做了规定
	GB/T 23871—2009 水产品加工企业卫生管理规范	第12.8记录保持，对追溯记录做了规定
	GB/T 29568—2013 农产品追溯要求 水产品	专门、全面介绍了水产品追溯要求
	GB/T 31080—2014 水产品冷链物流服务规范	第4.4.3信息追溯，引用GB/T 29568—2013中5.3，并对记录期限提出要求
水产品追溯行业标准	SC/T 3043—2014 养殖水产品可追溯标签规程	水产品追溯标签的应用
	SC/T 3044—2014 养殖水产品可追溯编码规程	水产品追溯编码技术
	SC/T 3045—2014 养殖水产品可追溯信息采集规程	水产品追溯信息标准
	SB/T 10523—2009 水产品批发交易规程	第3.2.6信息管理要求，对可追溯系统、信息记录期限作出说明

类别	标　准　名　称	内　容　简　介
水产品追溯行业标准	SB/T 11022—2013 鲜活水产品专卖店设置要求和管理规范	第 4 基本要求、12 产品追溯和召回，对追溯管理制度、可追溯程序、记录等作出说明
	SB/T 11032—2013 冷冻水产品购销技术规范	第 6 产地采购要求，对追溯相关方作出说明
水产品追溯地方标准	DB44/T 737—2010 罗非鱼产品可追溯规范 DB44/T 910—2011 养殖对虾产品可追溯规范 DB44/T 1267—2013 捕捞对虾产品可追溯技术规范	广东地方标准
	DB37/T 2115—2012 水产品冷链物流服务规范	山东地方标准
	DB22/T 1651—2012 产地水产品质量追溯操作规程	吉林地方标准
	DB34/T 1898—2013 池塘养殖水产品质量安全可追溯管理规范 DB34/T 1810—2012 农产品追溯要求通则	安徽地方标准
	DB46/T 269—2013 农产品流通信息追溯系统建设与管理	海南地方标准
	DB15/T 641—2013 食品安全追溯体系设计与实施通用规范 DB15/T 701—2014 产品质量信息追溯体系通用技术要求	内蒙古地方标准
	DB65/T 3324—2014 农产品质量安全信息追溯编码及标识规范 DB65/T 3673—2014 农产品质量安全信息追溯通用要求 DB65/T 3674—2014 农产品质量安全信息追溯追溯系统通用技术要求 DB65/T 3676—2014 农产品质量安全信息追溯标签设计要求	新疆地方标准

类别	标　准　名　称	内　容　简　介
水产品追溯地方标准	DB12/T 565—2015 低温食品冷链物流履历追溯管理规范	天津地方标准
	SZDB/Z 219—2016 食品安全追溯信息记录要求	深圳地方标准

水产品追溯相关标准覆盖全面、层次分明，但多集中在国家标准、行业标准和地方标准上，团体标准和企业标准较少。虽然在国家层面标准化已经提高到战略层面，在水产品追溯体系建设中的标准化工作认知度和普及率也有明显提升，但大多数标准化研究工作还停留在"重制定、轻实施"阶段，即重视标准的制定，轻视标准的有效采用和实施，缺乏对标准实施效果的有效监督和评估。

4.4.4　水产品养殖生产管理信息化及实践案例

1. 系统概要

该系统是山东省射频识别应用工程技术研究中心针对黑龙江水产品所设计的一套追溯信息系统。系统将水产品水产养殖、生产加工、流通销售等各项业务融合于一体，实现了企业档案电子化、数据分析自动化、商品可追溯化。由于各区县水产养殖企业操作人员的计算机水平参差不齐，这就要求软件的界面设计做到简单直观且易操作。根据此特点，系统界面分成三部分：菜单栏、自定义工具栏和数据操作窗口。在菜单栏里可以实现对软件所有模块的操作，采用下拉菜单的形式实现对各个基础模块下子模块的应用。使用自定义工具栏，可以把日常信息录入常用的功能放在系统界面的显眼位置，方便操作。

2. 系统结构

图 4-28 所示为水产品安全生产管理系统总体架构。此系统设计有"企业管理员登录"和"系统管理员登录"两个登录口。系统管理员负责用户管理、数据库备份、查询等，而企业管理员主要进行"基础信息""日常生产管理""其他日常管理"三大模块的信息完善以及记录等工作。所有信息录入进入服务器数据保存，并由管理员进行日常维护。

系统管理员可以查看系统所有企业管理的信息，进行企业管理信息的维护，进行数据的统计分析，另外控制不同的角色的功能问题，但对于基本信息只可查看，不可新增、修改和删除。企业管理员只可以查看系统的部分功能，但负责具体的基本信息录入修改和数据采集。

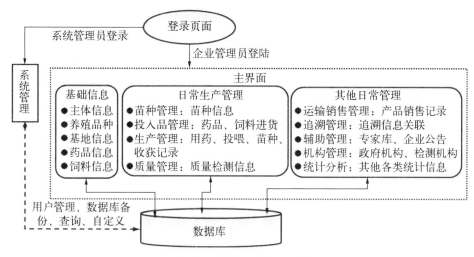

图 4－28　水产品安全生产管理系统总体框架

3. 系统功能

该系统以水产品养殖为中心，主要实现以下几大功能。

（1）基本信息管理

对企业的基本信息（如企业名称、养殖品种、池塘数量、药品名称、使用饲料）进行添加、修改、删除等操作。

（2）苗种信息管理

包括苗种名称、进苗时间以及苗种的来源、数量和规格等数据。

（3）投入品信息管理

分为饲料投喂和药物投入两类。饲料投喂主要包括投喂日期、饲料名称、投喂数量等；药物投入主要包括药品名称、药品用量、药品用途等数据。

（4）生产信息管理

主要包括用药记录、投喂记录、苗种记录以及收获。

（5）销售信息管理

对产品名称、销售日期、销售数量、单价、销售方式、购买人信息、车辆运输等进行记录。

（6）质量检测信息管理

通过对提取样品的来源、名称，样品的检测时间、检测项目，检测结果进行汇总记录。

（7）数据管理模块

本模块主要对养殖企业全部信息进行管理，以及更改用户、设置用户权限和对数据进行备份、恢复等操作。此部分包含用户管理、自定义工具栏、数据备份、数据恢复等内容。

4. 水产品养殖生产信息录入

企业管理员登录系统后界面见图4-29，包含三大信息模块：基础信息、日常生产管理信息、其他日常管理信息，涵盖了水产品生产、认证、追溯、数据采集、数据统计分析等各方面。

图4-29　企业管理员登录系统界面

1）基本信息录入

该模块主要包括企业概况、品种类别、产品名称、生产部门、员工、使用药物、饲料、辅料、资质认证、种苗、车辆、客户、养殖场、车间、养殖池等信息录入。

（1）企业概况信息，包括企业名称、企业注册码、组织机构代码、厂商识别代码、企业规模、地址经纬度、办公地址、网址等。

（2）品种类别信息，包括品种类别ID、品种名称、类别、等级等。

（3）产品名称信息，包括产品ID、产品名称、所属品种类别、商品代码等。

（4）生产部门信息，包括部门ID、部门名称等。

（5）员工信息，包括员工 ID、员工姓名、性别、部门、出生年月、学历等信息。

（6）药物信息，包括药物 ID、药物名称、生产厂商及代码、生产批号、作用、生产日期等。

（7）饲料信息，包括饲料 ID、饲料名称、生产厂商及代码、联系方式、成分、生产日期等。

（8）辅料信息，包括辅料 ID、辅料名称、类别、生产厂商及联系方式等。

（9）资质认证信息，包括资质 ID、资质认证类别、获得日期、有效期、颁发单位等。

（10）种苗信息，包括种苗 ID、种苗名称、品种、来源公司及联系方式、生产日期等。

（11）车辆信息，包括车辆名称、车牌号、所属公司、司机、车辆类型等。

（12）客户信息，包括客户名称、地址、概述等。

（13）养殖场信息，包括养殖场 ID、养殖场名称、养殖场编号、养殖证书编号、负责人、养殖种类、规模、养殖场地理经纬度等。

（14）车间信息，包括车间 ID、车间名称、车间负责人、所属养殖场以及车间位置等。

（15）养殖池信息，包括养殖池 ID、养殖池名称、养殖池编号、所属养殖场、所在车间、规模、品种等。

2）日常生产管理信息记录

该模块主要包括种苗管理、养殖过程管理和检测检验管理三部分的信息。

（1）种苗管理：点击种苗管理即可查看、新增、修改、删除种苗管理列表中的相关信息，包括种苗名称、品种、来源公司、数量、规格、检测情况、购置时间等。

（2）养殖过程管理：点击养殖过程即可查看和新增查看、新增、修改、删除养殖过程列表中的相关信息，包括批次管理过程名称、病虫防治、倒池及分选时间、池塘编号、品种、生产员工等。其中，点击具体企业批次过程名称的病虫防治即可查看、新增、修改、删除病虫防治列表中的相关信息，包括批次、病害防治标题、时间、病害情况描述、药物、用药方式、员工等。

（3）检测检验管理：点击检测检验即可查看、新增、修改、删除检测检验列表中的相关信息，包括检测项目、检测时间、产品、检测结论、员工等。

3）其他日常管理

该模块主要包括运输管理、市场销售管理和追溯管理三部分的信息。

（1）运输管理：点击运输管理即可查看、新增、修改、删除运输管理列表中的相关信息，包括运输名称、运输时间、车辆编号、员工、数量、产品状态等。

（2）市场销售管理：点击市场销售即可查看、新增、修改、删除市场销售列表中的相关信息，包括销售名称、销售时间、客户、操作员工、数量、产品状态（活、冰鲜）等。

（3）追溯管理：点击追溯关联即可查看、新增、修改、删除追溯关联列表中的相关信息，包括关联、种苗、过程、检测、运输、销售、名称、产品代码、产品名称、追溯起始日期、查询次数、添加日期等。

5. 水产品生产信息追溯查询

点击"追溯关联"即可查看、新增和删除追溯关联列表中的所有信息（图4-30），点击右侧详细中的"查看追溯"即可进入具体企业页面查看企业相关信息并扫描追溯码进行追溯，见图4-31和图4-32。企业的认证信息、产品信息、种苗信息、日常管理信息、检测信息、运输管理信息以及市场销售信息等追溯结果见图4-33至图4-39。

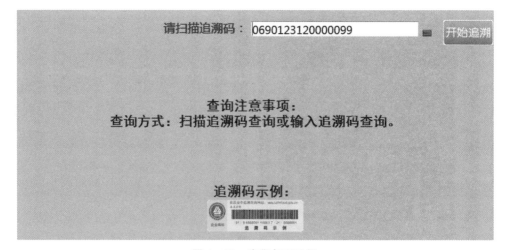

图4-30　水产品追溯关联查询表

图4-31　追溯条码示例

图 4-32　追溯结果界面

id	企业	资质id	资质认证	类别	获得日期	有效期	颁发单位
QN9CRZXN1	黑龙江水产总基地	1	已认证	2	2012-12-23	12月	黑龙江省办公厅
Q6K2FGRS4	烟台大菱鲆公司	4	1111	2	1	1	1
Q6K2FGRS3	烟台大菱鲆公司	3	bbb	1	20101010	14	411
Q6K2FGRS2	烟台大菱鲆公司	2	test	3	2010-02-02	5	
Q6K2FGRS1	烟台大菱鲆公司	1	生产许可证	2	2001-01-02	3	山东省质监局
Q5S5RHY81	黑龙江农信食品安全服务有限公司	1	1111				
Q3AFT94M1	哈尔滨企业	1	黑龙江省名优企业	1	2014-6-4	2014-12-31	黑龙江省政府
Q2Q367TD2	哈尔滨松北区	1	质监局认证12015	1	2014-5-27	12	哈尔滨市质监局
Q2Q367TD1	哈尔滨松北区	1	质监认证12012	1	2014-5-27	12	哈尔滨市质监局
admin0012	测试公司	2	test	1	test	test	test

首页→基本信息→资质认证列表

第1/2页, 第1-10/11条　　　【首页】【前页】1 2【后页】

图 4-33　企业资质认证信息查询结果

id	企业	产品id	产品名称	所属品种类别	商品代码	介绍
QN9CRZXN1	黑龙江水产总基地	1	鲆鱼特级	特装制鱼	690432111111	个大鲜美
Q6K2FGRS8	烟台大菱鲆公司	8	1212	比目鱼类	690123421212	1212a
Q6K2FGRS7	烟台大菱鲆公司	7	3	比目鱼类	690123411211	12122
Q6K2FGRS6	烟台大菱鲆公司	6	2	比目鱼类	690123455551	
Q6K2FGRS5	烟台大菱鲆公司	5	4	比目鱼类	690123455552	
Q6K2FGRS4	烟台大菱鲆公司	4			55555	2
Q6K2FGRS3	烟台大菱鲆公司	3	大虾	鱼类啊	690123455555	
Q6K2FGRS2	烟台大菱鲆公司	2	海参	比目鱼类	690123412345	啊
Q6K2FGRS1	烟台大菱鲆公司	1	特优大菱鲆	比目鱼类	693000051231	
Q5S5RHY81	黑龙江农信食品专业服务有限公司	1	海参	海参	6905486234512	

首页→基本信息→产品名称列表

第1/2页, 第1-10/15条　　　【首页】【东页】1 2【后页】

图 4-34　产品信息查询结果

id	企业	种苗id	种苗名称	品种	来源公司	联系方式	图片	生产日期
QN9CRZXN1	黑龙江水产总基地	1	小鱼苗	特装鲈鱼	哈尔养鲜鱼厂	1387678898		2014-12-23
Q6K2FGRS1	烟台大麦种公司	1	小鱼苗啊		外部			
Q5S5RHY81	黑龙江农业务有限公司	1	海参优种	海参				
Q3AFT94M1	食品企业	1	甲鱼种	卵生爬行动物	义乌市宏富农业开发有限公司	18457970396		2014-6-4
Q2Q367TD1	哈尔滨松北	1	蒭鱼苗1	蒭鱼	蒭鱼生产企业	13		
admin0012	测试公司	2	test	鱼类	test		test	test
admin0011	新试公司	1	苗苗1号	啊				

图 4-35　种苗信息查询结果

id	企业	批次管理过程名称	病虫防治	倒池及分选时间	池塘	品种	方式	员工
QN9CRZXN1	黑龙江水产总基地	鲈鱼管理	病虫防治	2014-05-23	补鱼池	特装鲈鱼	鳌排	王二
Q6K2FGRS4	烟台大麦种公司	111	病虫防治	2014-06-05	2号池	比目鱼类	111	李三
Q6K2FGRS3	烟台大麦种公司	1122	病虫防治	2010-05-07	a	虾类	2	郝迁
Q6K2FGRS2	烟台大麦种公司	2323	病虫防治	22	a	比目鱼类	2323	啊
Q6K2FGRS1	烟台大麦种公司	aaa	病虫防治	2010-01-04	一号池	比目鱼类	sdcsdc	郝迁
Q5S5RHY82	黑龙江农业食品安全服务有限公司	2014-01	病虫防治	2014-05-30	海参养殖	海参品种		苑慧颖
Q5S5RHY81	黑龙江农业食品安全服务有限公司	20140523	病虫防治	2014-05-24	海参养殖	海参品种	如网仁宝	苑慧颖
Q3AFT94M2	哈尔滨企业	捆拘	病虫防治	2014-06-04	哈尔滨东北北养道一池	卵生爬行动物	扫网鳟拘	王五
Q3AFT94M1	哈尔滨企业	捆地	病虫防治	2014-06-04	哈尔滨东北北养道一池	卵生爬行动物	被罐	李四
Q2Q367TD3	哈尔滨松北区	杀生	病虫防治	2014-05-28	松北区养鱼池	大马哈鱼	11	员工3

图 4-36　日常管理信息查询结果

id	企业	检测项目	检测时间	产品	检测结论	员工
QN9CRZXN1	黑龙江水产总基地	鲈鱼检测	2014-05-23	鲈鱼特级	良好	王二
Q6K2FGRS5	烟台大麦种公司	12	2014-06-05	特优大麦种	12	郝迁
Q6K2FGRS4	烟台大麦种公司	aa	2014-06-04	=选择产品=	aa	=选择员工=
Q6K2FGRS3	烟台大麦种公司	aa	2014-06-04	=选择产品=	aa	=选择员工=
Q6K2FGRS2	烟台大麦种公司	1	2010-05-07	海参	ok	郝迁
Q6K2FGRS1	烟台大麦种公司	asdscsc	2010-03-01	特优大麦种	ok	啊
Q5S5RHY81	黑龙江农业食品安全服务有限公司	残留	2014-05-24	海参		苑慧颖
Q3AFT94M1	哈尔滨企业	甲鱼球	2014-06-04	鳌	眼球上无白膜	李四
Q2Q367TD2	哈尔滨松北区	鱼品质	2014-05-20	鲤鱼成品1-1	良好	员工2
Q2Q367TD1	哈尔滨松北区	鱼病	2014-05-20	蒭鱼成品-1	良好	员工3

图 4-37　检测信息查询结果

id	企业	运输名称	运输时间	车辆	员工	批次	数量	数量单位	产品状态
QN9CRZXN1	黑龙江水产总基地	鲈鱼运输	2014-05-26	卡车	王二	0011222	100	条	优秀
Q6K2FGRS7	烟台大麦种公司	24234	2014-06-04	冷运车1号	郝迁	2		kg	43
Q6K2FGRS6	烟台大麦种公司	24234	2014-06-04	冷运车1号	郝迁			kg	
Q6K2FGRS4	烟台大麦种公司	aaa	a	冷运车1号	郝迁			kg	
Q6K2FGRS3	烟台大麦种公司	test	a	=选择车辆=	郝迁			=选择数量单位=	
Q6K2FGRS2	烟台大麦种公司	啊啊	2010-03-30	冷运车2号	郝迁	1212	0	kg	112
Q6K2FGRS1	烟台大麦种公司	12232	2010-04-30	冷运车2号1	啊	1212	2	kg	112
Q3AFT94M1	哈尔滨企业	运输号001	2014-06-05	运输队001号运输车	王五	201406041002	100	只	冰冻
Q2Q367TD1	哈尔滨松北区	运输1	2014-05-28	卡车001	员工2	101010	1000	尾	冰冻

图 4-38　运输管理信息查询结果

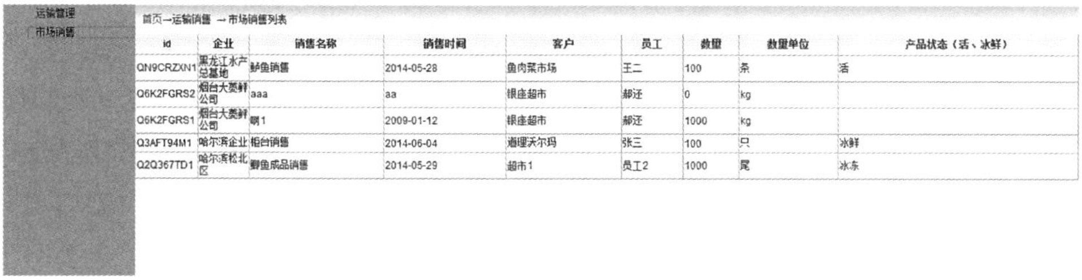

id	企业	销售名称	销售时间	客户	员工	数量	数量单位	产品状态（活、冰鲜）
QN9CRZXN1	黑龙江水产总基地	鲶鱼销售	2014-05-28	鱼向菜市场	王二	100	条	活
Q6K2FGRS2	烟台大恩鲜公司	aaa	aa	银座超市	郏迁	0	kg	
Q6K2FGRS1	烟台大恩鲜公司	朝1	2009-01-12	银座超市	郏迁	1000	kg	
Q3AFT94M1	哈尔滨企业	桷台销售	2014-06-04	港楼天尔码	张三	100	只	冰鲜
Q2Q367TD1	哈尔滨松北	鳜鱼成品销售	2014-05-29	超市1	员工2	1000	尾	冰冻

图 4-39　销售信息查询结果

4.5　农产品"三品"质量监管可追溯平台建立
——以上海为例

4.5.1　我国"三品"质量监管发展概况

"三品"即无公害农产品、绿色食品和有机食品的统称，是近年来适应我国农产品质量安全形势要求，为确保农产品质量安全，促进农业增效和农民增收而发展起来的政府主导的安全优质农产品公共品牌。随着"三品"认证工作的开展，截至 2014 年，上海市"三品"总量占地产农产品的 70% 以上，有效期内的产品数量共 7 000 多个，提前达到了"十二五"规划要求。产品数量的增加对加强"三品"质量监管工作增加了难度，责任也越来越艰巨。而目前，相关的认证监管计划均由文件下达，抽检检测报告均为纸质查询归档，认证监管反馈不及时，统计汇总实时性差，评估预警工作开展缓慢，使得质量安全追溯过程艰辛。为了做好对"三品"的认证和监管工作，必须采用信息化手段，改进原有的管理方式，构建出"三品"质量监管可追溯平台，提高工作效率，保障"三品"质量安全。

由于农产品是典型的经验商品，具有质量隐匿性、效用滞后性等特点，在生产、流通、销售各个环节容易存在信息不对称问题，发生农产品质量安全事件后责任不易追溯。十多年来，建立农产品质量可追溯制度是世界农业领域一个重要的发展趋势。目前，发达国家通过制定法规、完善标准、开发信息系统、建立国家级或地区级数据中心等措施，基本上完成了农产品质量追溯体系的建设及应用。

自 2004 年以来，我国农业部作为农产品生产的主管部门，一直在采取各种方式、各种途径推进农产品质量追溯制度建设。组织开展追溯专题研究，总结经验与模式，积极探索思路与对策，大力推进动物标识及疫病可追溯体系建设；将全国无公害农产品（种植业）生产示范基地创建活动评审与追溯试点工作挂钩；在农垦系统全面启动农垦农产品质量追溯项目建设工作。目前已有56家产业化龙头企业、规模企业建立可追溯系统，项目涉及北京鸭、肉猪、肉牛、大米、茶叶和水果等产品。在水科院开展水产品追溯试点工作，目前已推广到10余家水产养殖企业，组织各地农业部门重点在产地准出、市场准入等方面推动农产品身份标识管理。但总体来看，我国农产品质量追溯工作整体上还处于发展初级阶段。

推行农产品质量安全可追溯管理是加强农产品质量安全监管的重要抓手，也是构建农产品质量安全管理长效机制的重要内容，更是落实责任追究的重要保障。就我国目前的总体状况而言，农产品质量追溯制度建设向下尚未在企业、专业合作组织的管理中形成工作常态，向上尚未在部门之间贯通形成工作合力，主要表现在：生产企业建立的信息系统呈现出重生产流通环节、轻追溯管理环节的态势，而管理部门建立的信息系统呈现出各自为政、信息系统不共享的现象。同时，就不同种类的农产品而言，其可追溯制度建设的发展也不平衡。相对而言，畜牧业（如牛、猪）产品的可追溯制度建设开展时间较长、工作基础较好；渔业产品次之；种植业产品（尤其是蔬菜产品）又次之，仅见山东寿光和深圳分别选择几家蔬菜企业作为蔬菜可追溯试点的报道。

当今社会是信息社会，是网络信息大爆炸时代，农产品质量安全问题的不断曝光，造成了不良社会影响，使得政府对农产品质量安全监管工作提出了更高的要求。与此同时，互联网、物联网等信息技术也快速地渗透到政府部门、社会生活的方方面面。结合上述两个方面来看，农产品质量安全管理只有紧跟时代的脚步，才能满足信息社会对政府管理的要求和服务模式，及时在制度管理系统中运用信息化手段，才能提高政府监管和公共服务能力。只有在农产品质量安全信息实时掌握、评估预警、质量追溯等方面做到实时和准确，才能让社会满意。

HACCP、GMP、GAP等食品安全管理控制模式主要用于生产环节，其实施主体主要为生产企业，但仅仅靠这些管理技术不能保证对在生产流通的全过程中出现的问题和风险进行有效监控和根源查找。因此，"从田头到餐桌"全过程监控的管理理念逐渐得到重视，其参与主体不仅包括食品生产企业，而且应该包括食品原料生产者、食品销售者、政府管理部门和食品消费者等。从欧盟、美国等发达国家和地区推行的追溯体系建设的经验来看，他们都非常注重通过制定法律要求来推动生产主体主动参与制度系统的追溯管理。在这一管理过程中，政府部门无疑是起主导和宏观调控作用的最重要环节，通过对农产品质量安全进行实时监控和风险预警，来增强国家食品安全综合能力，提高政府公信力。

因此，构建一个"三品"质量监管可追溯系统，建立一套信息可传递、质量可追踪、责任可追溯的管理体系，最终形成一个面向以管理机构为主要用户，能够实现上下联控、信息共享、实时监测、评估预警的质量追溯系统，能够进一步提高农产品质量安全管理效率、保障消费者权益。

4.5.2 上海市"三品"监管工作现状

2001 年，农业部就在上海试点开展了"无公害食品计划"，随着"三品"认证工作在本市的全面开展，加之世博会后蔬菜园艺场整体认证工作在本市的大力度推广，"三品"数量不断上升，质量安全保障工作量增强，加强对"三品"的质量监管越来越重要，任务也越来越艰巨。

2014 年，上海市"三品"共有 1 350 家企业的 7 004 个产品获得无公害农产品证书，177 家企业的 256 个产品获得绿色食品证书，7 家企业的 25 个产品获得有机食品证书。有效期内的"三品"认证总量达到 416.1 万吨，占地产农产品上市总量的 73.67%，提前一年超额完成了"十二五"规划认证率达到 60% 的工作目标。"三品"质量监管方面，全市 1 053 家获证企业自查率 100%，实地检查覆盖率 100%，工作机构现场监管检查合格率 100%，市级监督抽查合格率 97.8%，由各检测机构抽检的 115 个产品，合格率 100%。对 722 个获证农产品的质量监督抽检，以及对 10 家产地环境的监测，合格率均为 100%。全市 45 家超市和 5 个农贸市场的获证产品标志使用市场监察结果显示，市场绿色食品标志使用合格率 96.43%，比 2013 年有较大幅度提高。全市 9 个区县级工作机构，对 18 家获证企业开展交叉检查，也未发现严重不符合标准和规范的情况。

从市级层面来看，监管示范镇建设试点工作成效显著，各涉农区县都配备了专门的"三品"工作机构或工作人员，各乡、镇都有农产品质量安全监管员，村级有协管员。为了做到监管的有效性和可追溯性，同时也为了避免因计划不周导致的不同部门多头多次的重复监管，2012 年起，浦东、金山、崇明三区（县）试点开展《上海市"三品一标"农产品企业质量安全监管档案》的使用，三个试点区县实施效果良好，认证信息完善，监管档案内容齐全，纸质记录简单明了、规范实用。现此项工作已在全市范围内铺开，并进展良好。

在市场流通领域，本市食品流通安全信息追溯系统已基本建成，覆盖全市绝大部分标准化菜市场、部分大卖场及配送中心，基本涵盖蔬菜、水果、粮食、畜禽和水产品。在农产品的生产过程，借2010年世博会的契机，市蔬菜办、市畜牧办及市水产办都相继出台了更严格的保障农产品质量安全的相关制度及可追溯管理平台。

从区镇级层面来看，本市部分区级管理机构建立了农业管理系统，用于辖区内农业企业的生产销售管理和农业档案管理工作。随着农产品质量安全监管示范镇建设的开展，镇级的质量安全可追溯工作亦有效开展，镇级监管员和村级协管员逐步配备到位，对辖区内的农业生产企业、合作社及农户进行统一管理，生产档案记录在册，便于农产品质量安全监管和产品档案的追查。目前，监管示范镇、示范农场生产档案追溯覆盖率高，"三品"的认证率达到60%以上，抽检合格率也稳定在99%以上。

从企业层面来看，对于规模较大的农业企业，农产品品牌化意识强，信息化管理要求高，星辉蔬菜、光明渔业、松林工贸等企业都有一套从生产到销售的"一条龙"可追溯系统，不仅便于自查，也便于管理部门的调研和汇总。而对于规模较小的合作社或个人，信息化管理难度稍大，主要依托镇、村等管理机构开展生产档案的记录工作，它们大多仅限于纸质记录，追溯工作稍显繁复。

4.5.3 上海市"三品"监管系统建立的功能与目标分析

1. 功能

推行农产品质量安全可追溯管理是加强农产品质量安全的重要抓手，也是构建农产品质量安全管理长效机制的重要内容，更是落实责任追究的重要保障。针对上海市"三品"质量安全管理工作的现状，构建一个"三品"质量安全监管可追溯系统，其所需的主要功能应该包含以下几方面。

（1）便捷化"三品"管理机构的管理：主要表现为认证监管过程的信息化、检测结果及档案的信息化、统计分析的实时化、评估预警及时性、"三品"管理过程的可追溯性。

（2）联通管理机构、生产主体、检测机构、公众的信息交互：主要表现为不同用户通过系统进行"三品"认证监管信息的实时录入、实时查询及实时统计，实现信息的实时交互。

（3）共享可追溯管理信息，实现大数据共享：主要表现为通过与其他管理系统的数据接口，进行数据共享，确认基础数据的准确性，追溯同一主体或产品不同管理条线的信息，更保障追溯成效，提高评估预警的全面性。

2. 目标

"三品"质量监管可追溯平台的主要目标有以下几方面。

（1）建立"三品"生产企业基础数据库和"三品"认证流程信息数据库，实现对"三品"认证产品及企业关键数据及资料的信息化管理，便于认证过程中的资格审核及材料审查。

（2）建立"三品"监管对象基础数据库、"三品"监管流程信息数据库和"三品"检测信息数据库，实现对"三品"监管工作及检测结果的信息化管理，便于及时评估本市认证产品的质量安全情况，及时发现潜在问题并启动预警机制。

（3）建立"三品"管理全过程的档案数据库，实现对"三品"认证、监管、检测资料的档案电子化、数据信息化，实现数据的分类、筛选、汇总、统计、分析及发布。

（4）建立"三品"质量安全监管可追溯系统数据库与其他管理系统的数据共享平台，实现各条线管理系统对农产品的统一管理和产品数据溯源。

4.5.4　上海市"三品"监管系统的架构设计

上海"三品"质量监管可追溯平台的建立主要适用三项关键技术：Web2.0技术、Web Service 技术和 SOAP 技术，以及决策支持技术。Web2.0 技术主要包括 Web Service、XML。Web Service 技术作为一种轻量级、独立的通信技术，用以使网络上的所有相关系统可以进行交互；XML 和当前采用的 SOAP 的 Web Service 技术实现无缝结合，构造实现安全电子数据系统的三层架构；采用智能决策支持系统 IDSS（Intelligent Decision Support Systems），将人工智能技术用于管理决策。普通用户和企业可通过互联网访问该平台系统。平台系统主要由一台应用服务器、一台数据库服务器和备份服务器组成。通过数据接口与第三方数据和"三品"数据中心数据进行交换，基本网络拓扑如图 4-40 所示。

1. 系统的工作数据流程

通过采用信息处理技术，对"三品"生产企业的生产过程实现实时监控，对"三品"生产企业的监管工作实现信息化，设立专门的检测数据存储，建立

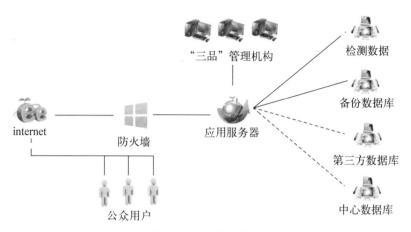

图 4-40 网络拓扑图

检测信息管理平台，从而规范"三品"的检测管理，强化监测监督机制，便于管理机构纠正原有体系中存在的问题。规范检测流程和检测数据，极大地避免了重复性劳动，提高了信息的一致性、规范性和完整性。从检测结果数据录入—检测结果数据分析—数据统计—面向公众发布信息中间过程可以实现无纸化。中间环节全部为计算机操作和处理。大幅提高了检测结果的精确性和准确性。该平台将预留数据交互接口，可与第三方管理机构实现数据共享，便于追溯，也为将来通过信息系统将区（县）相关部门、相关工作和相关系统有机地结合起来，最大限度地为实现信息的及时共享和交换处理奠定技术和数据基础。

使用"三品"质量监管可追溯平台后，"三品"管理机构及其相关业务部门、企业、人员的工作及数据流程如图 4-41 所示。

2. 系统建立的组件架构

根据系统所需实现的功能及目标，按照认证及监管的工作流程及数据流程，建立系统的总体架构模型，整合可追溯系统和用户级架构的设计思路、主要组件及其相互间的关系，以及组件、用户和外部系统之间的关系。

系统架构采用组件层级化设计，自上而下包括表现层、服务外观层、业务服务层、业务逻辑层和数据访问层。总体架构模型可以描述每个组件层负责独立的业务功能，组件的组合完成更高级的业务功能，多个完成复杂业务功能的组件将组织成包。组件之间的调用采用接口调用方式。组件架构如图 4-42 所示，各组件层表现形式主要包括以下几个方面。

表现层采用 Dot Net 框架，面向 XML Web 服务的平台，扩展通过计算机随

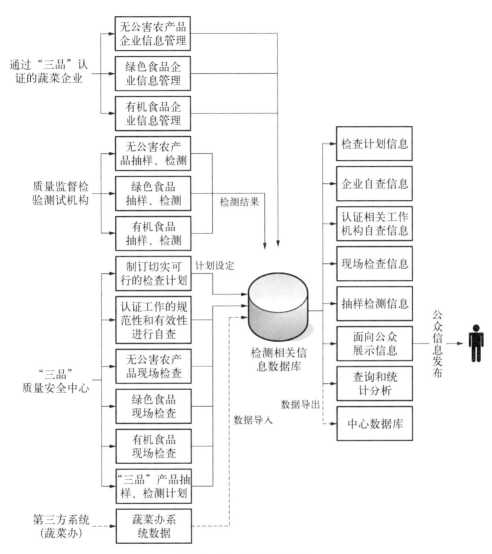

图 4-41　工作数据流程

时随地操作数据和进行通信的能力，使用分布式计算模型并基于开放标准将计算机与其他应用数据库连接在一起。

服务外观层组件基本上采用外观（FACADE）模式设计，主要将系统所需的管理目标转化为服务功能，并将服务层提供的功能根据不同的目标特征包装成不同的外观（即不同的报表信息）。服务外观层还承担系统对外部系统的主动访问。实现主动访问的组件采用 Adapter 模式设计。

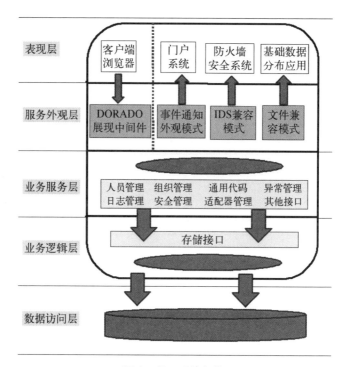

图 4-42 系统架构

业务服务层组件采用模型驱动方式设计，主要实现系统具体管理统计分析功能（即报表的实现），包括创建事务、执行事务、事务异常处理。

业务逻辑层组件包括以下类型：业务实体、值对象、业务操作、业务流程、业务规则等。其中，业务规则的表现形式主要是：实体约束、操作约束、关联约束等。在设计业务逻辑组件时采用聚合根模式。

数据访问层采用资源库（Repository）模式设计，主要提供以聚合根为操作入口的数据访问操作。

3. 系统建立的主要内容

上海"三品"质量监管可追溯平台主要包含以下 9 大信息模块。

（1）"三品"生产企业的生产管理信息模块。该模块主要是由"三品"蔬菜生产企业录入相关生产过程信息，用以可追溯及数据监管。具体功能包括：

① 企业生产基本情况；

② 种子、种苗的来源；

③ 播种的处理；

④ 农药等农业投入品的使用；

⑤ 产品的采收、包装、运输等。

（2）"三品"检查计划信息模块。该模块是进行"三品"检查之前制定计划，过程中对计划进行管理，同时提供实时查询。具体功能包括：

① 计划制订；

② 计划管理；

③ 计划查询。

（3）企业自查信息模块。该模块是"三品"认证企业进行自查后的信息录入，之后可以进行信息的管理，同时提供实时查询。具体功能包括：

① 自查信息录入；

② 自查信息管理；

③ 自查信息查询。

（4）认证相关工作机构自查信息模块。该模块是认证相关工作机构进行自查后的信息录入，之后可以进行信息的管理，同时提供实时查询。具体功能包括：

① 自查信息录入；

② 自查信息管理；

③ 自查信息查询。

（5）现场检查信息模块。该模块是在"三品"现场进行检查后的信息录入，之后可以进行信息的管理，同时提供实时查询。具体功能包括：

① 现场检查信息录入；

② 现场检查信息管理；

③ 现场检查信息查询。

（6）抽样检测信息模块。该模块是质检部门对抽样检测后的信息录入，之后可以进行信息的管理，同时提供实时查询。具体功能包括：

① 抽样检测信息录入；

② 抽样检测信息管理；

③ 抽样检测信息查询。

（7）面向公众展示信息模块。该模块首先进行展示相关信息的发布级别设定，控制公众可以查看到的内容，之后可以对信息进行管理，同时提供实时查询。具体功能包括：

① 信息发布级别设定；

② 信息发布管理；

③ 信息发布查询。

（8）查询和统计分析模块。该模块对整个系统的各个方面（检查计划、自查信息、现场检查、抽样检测等）的信息进行必要的查询和统计分析。具体功能包括：

① "三品"企业信息查询；

② 检查内容查询统计；

③ 计划任务查询统计；

④ 信息发布查询统计。

（9）人员管理模块。该模块实现与检测相关业务有联系的人员的权限角色设定、信息管理，同时提供查询功能。具体功能包括：

① 人员权限角色设定；

② 人员信息管理；

③ 人员信息查询。

4.5.5　上海"三品"质量安全监管可追溯平台的运行情况

"三品"质量监管可追溯平台的开发和实施，涵盖了从企业生产到认证、抽检监测到统计汇总、数据采集到统计分析的方方面面内容，真正实现了"三品"认证产品及企业关键数据及资料、监管工作及检查结果的信息化管理。

运行系统包括基础数据、数据录入、查询统计、系统管理、对外接口和个人管理等功能，系统登录界面如图 4-43 所示。

图 4-43　登录界面

1. 基础数据

基础数据包括申请人信息维护、产品信息维护、市场信息维护、抽检机构维护、计量单位维护和抽检项目维护，分别见图 4-44 至图 4-47。

图 4-44　申请人信息维护 　　　　　　图 4-45　产品信息维护

图 4-46　市场信息维护　　　　　　图 4-47　抽检机构维护

2. 数据录入

数据录入包括产品认证信息、全市信息概况表、现场检查计划、标志监察计划、现场检查结果、产品抽检计划、产品抽检结果、执行产品抽检计划和标志监察结果等功能。图 4-48 为认证信息，图 4-49 为认证产品分类信息，表 4-10 为全市信息概况。

3. 查询统计

查询统计包括"三品"认证信息统计查询、农产品地理标志统计查询、产品类别统计、单位性质统计、龙头企业级别统计、"三园两场"统计、无公害农

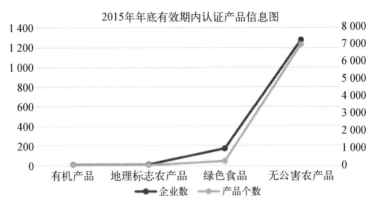

图 4 - 48　认证产品信息

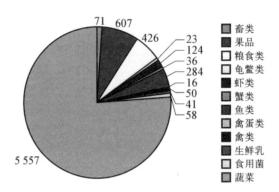

图 4 - 49　认证产品分类信息

表 4 - 10　2015 年全市信息概况

行 业 分 类	产 品 种 类	年上市量（吨）
种植业	粮食作物	1 129 947
种植业	蔬菜类	3 736 051
种植业	食用菌	152 299
种植业	果品类	460 742
种植业	西甜瓜	367 434
畜牧业	畜　类	183 238
畜牧业	鲜禽蛋	52 348
畜牧业	生鲜乳	270 485
畜牧业	禽　类	46 773
渔　业	淡水鱼类	125 705

产品认证信息登记表、产品抽检汇总结果（项目）、产品抽检汇总结果（产品）、产品抽检汇总结果（种类）、产品抽检汇总结果（计划）和认证续报率统计报表等功能。

（1）"三品"认证信息统计查询：根据年份和认证类型统计上海各个区农产品的产量、规模、认证企业数等信息（图 4 - 50）。

（2）农产品地理标志统计查询：根据农产品地理标志统计上海各个区农产品的产量、规模、认证企业数等信息。

（3）产品类别统计：根据产品类别统计上海各个区农产品的产量、规模，以及认证企业在农产品地理标志、有机产品、绿色产品、无公害产品等方面的规模及比例等信息（图 4 - 51）。

图 4 - 50　三品认证信息统计

图 4 - 51　产品类别统计

（4）单位性质统计：根据单位性质统计上海各个区农产品的产量、规模，以及认证企业在有机产品、绿色产品、无公害产品等方面的规模及比例等信息。

（5）龙头企业级别统计：根据龙头企业级别统计上海各个区农产品的产量、规模，以及认证企业在有机产品、绿色产品、无公害产品等方面的规模及比例等信息。

（6）"三园两场"统计：根据"三园两场"统计上海各个区农产品的产量、规模，以及认证企业在有机产品、绿色产品、无公害产品等方面的规模及比例等信息（图 4 - 52）。

（7）无公害农产品认证信息登记表：根据无公害农产品认证信息登记表统计上海各个区农产品的产量、规模，以及认证企业在有机产品、绿色产品、无公害产品等方面的规模及比例等信息（图 4 - 53）。

图 4-52　三园两场统计　　　　　　　图 4-53　无公害认证登记表

（8）产品抽检汇总结果（项目）：根据检查项目来统计产品抽检汇总结果中检测数量、合格数量、不合格数量。

（9）产品抽检汇总结果（品种）：根据检查产品种类来统计产品抽检汇总结果中检测数量、合格数量、不合格数量。

（10）认证续报率统计报表：统计各个区认证产品中正常申报、续报、保持认证的数量和比例。

4. 对外接口

平台对外接口包括菜办接口和浦东接口两部分功能。

（1）菜办接口：查询菜办系统中相关企业的生产信息（图 4-54）。

共享市农委蔬菜办公室数据库信息，包含全市蔬菜生产企业、合作社的生产管理信息，便于"三品"蔬菜的数据统计及质量安全追溯。

（2）浦东接口：查询浦东生产管理系统中相关企业的生产信息（图 4-55）。

图 4-54　菜办接口　　　　　　　　　图 4-55　浦东接口

共享浦东新区农业生产管理系统信息库，包含区内农业生产企业种植生产销售信息，便于"三品"蔬菜的数据统计及质量安全追溯。

尽管该平台实现了对"三品"认证产品及企业关键数据及资料、监管工作、检测监测、检查结果的信息化管理，达到了"三品"质量安全可追溯管理的目的，但同时也应当看到，目前在全国范围内进行"三品"质量监管追溯管理还存在如下不足。

（1）建设标准不统一。目前，农业部、食药监、农产品质量安全监管局都明确鼓励和支持农副产品质量安全可追溯体系的建设。但就现有的情况来看，对应的指导性条款及规范性操作手册等相关准则并没有相应的出台，这直接导致可追溯平台建设的不规范性，严重影响了信息的共享和交互。

（2）资金投入分散。可追溯管理体系的建设是一项长期性的工作，从产品生产过程和管理流程来看，田间档案信息收集、检测设备投入、人员配备、系统维护、人员培训等均需要持续性的资金维持。而目前存在的问题在于对投入资金的分散管理，导致部分环节资金的缺失，使得整个追溯体系运转缓慢。

（3）配套建设参差不齐。可以看到，目前可追溯管理依靠标识码来进行数据的采集和管理，这对操作人员和操作设备有较高的信息化要求，就现有的配套技术及设备来看，仅试点区域配套齐全，其余地区配套及使用情况参差不齐。

第 5 章 现代加工食品安全控制及信息化实践

5.1 现代加工食品概述

5.1.1 现代加工食品的基本内涵

现代加工食品属于第二产业范畴，是指经过工业化的加工过程所产生的食物产品，如利用现代技术将天然的生鲜农产品经过烹煮、冷冻、调味、混合以及腌渍等各种方法处理后所制成的食品，现在泛指经添加、合成、包装、膨化等处理的食品，如饮料、方便面、薯片、香肠等。加工食品具有典型的工业品特征，包括生产周期短、批量生产、包装精致，保质期得到极大延长，运输、贮藏、销售过程中损耗浪费少等情况。随着社会经济及轻工业的发展，加工食品在人们食物消费中的地位逐步得到提升。

食品加工业的共性就是将原材料转变为高价值的产品，是一个确保食品安全和延长货架期的转化过程。一般来说，食品加工包括增加热能或升高温度、去除热能或降低温度、去除水分或降低水分含量、利用包装以维持由于加工操作带来的产品特征等改变。在食品加工的过程中，或多或少都含有满足消费者要求、延长食品的保存期、增加多样性、提高附加值这些目的。食品工业的发展，不仅可以提供营养丰富、品种繁多、经久耐藏的食品以满足人民群众的需要，改善和丰富人民群众的生活，而且还将为国家贮备物资、调剂货源、调节市场、保证供应、防荒救灾以及开辟食品新资源、创造新的食品等做出贡献。

5.1.2 我国现代加工食品行业发展特点

改革开放以来，我国食品工业持续、快速发展，产业规模迅速扩大，主要食品产量均有较大幅度增长，食品工业成为我国国民经济最重要的支柱性产业之一，有效保障了食品供应的数量安全。

我国食品工业无论在国际还是国内均是第一大产业。从国际上看，我国食品工业是世界食品工业第一大产业。目前，我国大米、小麦粉、方便面、食用植物油、成品糖、肉类、啤酒等产品产量继续保持世界第一。从国内看，在国民经济工业各门类中，食品工业列第一位。"十二五"期间，食品工业企业不断发展壮大，生产集中度进一步提升。2015 年食品工业资产占全国工业总资产的比重为 7.1%，增加值占 12.2%，利润占 12.6%，上缴税金占 19.3%。2015 年中国食品安全状况报告显示，全国粮食产量达到 60 710 万吨，实现"十一连增"。蔬菜、水果产量分别超过 7 亿吨、1.8 亿吨。肉类总产量 8 707 万吨，水产品产量 6 461.52 万吨。说明我国的食品市场丰富，供应充足，较好地满足了人民群众日益增长的食品消费需求，有效地保障了食品供应的数量安全。

我国食品工业结构进一步调整。从"十二五"期间食品工业发展状况来看，食品工业规模效益稳定增长，企业组织结构不断优化，固定资产投资保持快速增长，区域食品工业协调发展，对外贸易总体水平发展较快。食品行业结构逐渐向精深加工方向发展，其中食品制造业和饮料制造业比重明显增加，产品结构向新门类和创名牌方向发展。国家统计局数据显示，2016 年 1—12 月，农副食品加工业、食品制造业及酒、饮料和精制茶制造业完成工业增加值（现价）占全国工业增加值的比重分别为 4.8%、2.3% 和 2.2%，同比分别增长 6.1%、8.8% 和 8.0%。食品工业在国民经济中的支柱产业地位进一步提升，不仅对工业经济发展起到重要的推动作用，而且有效带动农业、食品包装和机械制造业、服务业等关联产业的发展。

5.1.3　现代加工食品的质量安全

1. 现代加工食品质量安全的内涵

加工食品质量安全是食物质量安全的重要组成部分，是指防范加工食品中有毒有害物质对人体健康可能产生的危害，加工食品的内在品质和外观满足贮运、加工、消费、出口等方面的能力。加工食品质量安全水平指食品符合有关规定标准或要求的程度。

加工食品质量安全问题既来自工业化的加工过程，也与食品原料和包装材料的安全性密切相关，但加工过程中所用设备、食品添加剂等造成的污染是主要的。与农产品不同，加工食品在生产过程中追求质量和保证数量是不矛盾的，影响质量的因素和影响安全的因素是可以分开的。因此，既能把加工食品的质量安全控制在一定水平，又能通过批量生产来扩大加工食品供给量。

2. 现代加工食品质量安全的特点

（1）危害的直接性

加工食品特别是一些方便食品、熟肉制品、腌制品等，一般不需再烹饪加工就可直接食用。受物理性、化学性和生物性污染的加工食品对人体健康和生命安全产生的危害可能是直接的。一些出现食物中毒症状，往往在食用过程中就能表现出来，危害的直接性特征非常明显。从这个意义上看，确保加工食品质量的安全显得更为迫切。

（2）危害的累积性

加工食品质量安全的影响因素较多，既受加工食品原材料不安全因素的影响，也受加工食品生产环节不安全要素的影响，还受到包装材料、运输贮存设施条件等的不安全要素的影响等，具有危害的累积性。因此，加工食品质量安全性如何，虽主要集中在加工食品的生产环节，但食品原料的安全性却来自农业生产过程，且对加工食品的安全性有决定性影响。若农业生产中就造成了食品原料的污染，称为加工食品的"第一次污染"；使用不安全的食品原料进行工业化加工生产时产生的污染，称为"第二次污染"；加工食品包装材料、贮存运输设施等造成的污染，则称为"第三次污染"。可见，有毒有害物质将不断积累在终端食品中，对人体危害逐步增强。

（3）危害的广泛性

与农产品质量不安全的危害程度相比，加工食品质量不安全的危害程度更大，危害面更广，具有危害的广泛性。加工食品的生产周期一般比较短，而且是大批量的连续生产，销售流通半径一般又很长。若食品原料的全部或部分有质量安全问题，都会对本批次甚至以后连续几个批次生产的加工食品造成严重污染；若是场地环境、加工设备、加工工艺、包装材料等造成的污染，其影响则更大。而且，随着加工食品销售流通半径的扩大，其质量安全危害的地域性将更为广泛。

（4）危害的可控性

加工食品生产是工业化的加工过程，生产周期一般很短。与农产品相比，生产者是食品加工企业，加工环境是相对封闭的工厂化环境，能够实现人工控制；生产者的组织化、规模化、机械化程度也均达到较高水平，从业人员素质相对较高且整齐，质量安全管理难度相对较小。同时，加工食品属于第二产业范畴，质量安全管理部门也较多，卫生、工商等部门依据多部法律实施监管，质量安全水平的可控性较强。

3. 现代加工食品质量安全的影响因素

（1）物理性污染

指在工业化的加工过程中，来自食品原料、产地环境、加工设备等造成的各种物理性因素污染，包括原料混杂、金属碎屑、石块沙粒等，也包括人工混杂的各种物理性杂质、异物等。

（2）化学性污染

指工业化的加工过程中，使用化学合成物质而对加工食品质量安全产生的危害。如加工过程中一些化学色素、化学添加剂的不适当使用，不适宜的加工工艺，使食物中有害的化学物质增加。加工设备、包装材料等含有或食品接触面沾有有害有毒化学物质，也会对加工食品的质量安全造成危害。

（3）生物性污染

指工业化加工过程中或来自食品原料和包装材料的各类生物性污染，对加工食品质量安全产生的危害。包括食品原料的生物性质量劣变；产地环境、加工设备接触面、操作人员的各种生物性污染，如致病性细菌、病毒以及某些毒素等；包装新材料对加工食品造成的生物性污染，以及因保质期的不适当标注或超过保质期，造成加工食品的生物性污染。

4. 现代加工食品安全管理的三次浪潮

加工食品的质量安全问题一直是有关部门监管的重点。随着人们消费食物逐渐从以初级农产品为主向加工食品过渡，人们对加工食品数量安全和质量安全的要求均将不断提高。另一方面，随着国民经济水平的发展，食物工业化程度不断提高，加工食品的生产更加高度集中化、规模化、规范化，食品加工存在的安全隐患将进一步得到控制，加工食品质量安全水平将不断提高。

现代食品加工过程中，安全管理发展过程主要形成了三次浪潮，即行为规范（Practices）、危害性分析（HACCP）和危险性分析（Risk Analysis）。

行为规范包括良好卫生规范（Good Hygiene Practices，GHP）、良好生产规范（Good Manufacturing Practices，GMP）和卫生标准操作程序（Sanitation Standard Operating Procedures，SSOP），以及世界卫生组织的十大金色法则、WHO 保障安全食物的五个关键和美国 USDA/FDA 食品安全的四步法。

危害性分析关键控制点（Hazard Analysis of Critical Control Points，HACCP）

是一个鉴别、评价和控制食品安全危害的系统。通过预测和预防而不是依赖终端产品的监督和检验来消除生物、化学和物理性危害。

危险性分析由三个部分组成：① 危险性评估，包括危害的鉴别、危害特征的描述，摄入量的评估和危险性特征的描述；② 危险性管理，是权衡可接受的、可减少的或降低的危险性，并选择和实施适当措施的政策过程；③ 危险性信息交流，是危险性评估者、管理者和其他有关机构相互交流有关危险性信息的过程。食品安全危险性分析的总目标是确保公共健康。

食品安全管理三次浪潮的侧重点不同，但相互联系、相互加强和相互补充。第一次浪潮以 GHP 为代表，重点是食品生产加工的一般卫生原则；第二次浪潮以 HACCP 为代表，重点是鉴别、评价和控制食品中危害因子；第三次浪潮以 Risk Analysis 为代表，重点是人类健康和整个食物链。

5.1.4　现代加工食品的质量安全管理体系

首先，与农产品质量安全管理体系相类似，现代加工食品的质量安全管理体系也是为了在信息不对称条件下，保证安全食物的有效供给，促进食物产业的健康发展及人与环境的协调发展，但有所区别的是，食品加工业生产主体是有一定规模的加工企业，且质量安全管理意识相对较强，这使政府的监管成本相对降低；其次，食品加工企业内部大多已建立了不同程度的质量安全管理制度与操作规程，因此，督促企业加强内部管理是政府管理部门的工作重点；再次，相对于农产品生产，加工食品的质量安全管理易于控制，受影响的因素相对较少，安全水平相对容易保证，主管部门的监管环节相对减少。

因此，食品加工质量安全管理体系的功能是主管部门要充分利用市场机制的作用，促使企业建立完善的内部质量安全体系，政府管理部门工作着力点在于建立信息公开制度、建立食品行业的信用体系和市场准入制度等制度层面上。通过加强企业内部质量安全体系建设和政府的公共服务职能，促进食品加工企业尽快建立现代企业管理制度，增强企业竞争能力，全面提升食品质量安全。

1. 体系主体构成

加工食品质量安全管理体系主体构成，从社会层面看，包括法律法规体系、标准体系、检验检测体系、认证体系、行业信用体系、市场准入体系、追溯体系、质量安全信息发布体系等；从企业微观层面看，主要包括企业内部的质量安全管理制度、企业质量标准体系、各项操作规程等（图 5-1）。

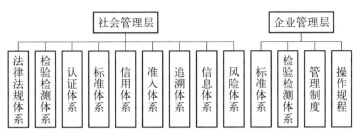

图 5 - 1　加工食品质量安全管理体系主体框架

2. 体系组成简介

（1）法律法规体系

加工食品质量安全管理法律法规体系主要包括由《食品安全法》《中华人民共和国行政处罚法》（简称《行政处罚法》）、《食品生产经营日常监督检查管理办法》《预包装食品标签通则》《食品召回管理办法》《新资源食品管理办法》《标准化法》《产品质量法》《清洁生产促进法》等有关食品安全的法律以及《消费者权益保护法》《传染病防治法》《环境保护法》《海洋环境保护法》《大气污染法》《固体废物污染防治法》相关法律组成的法律法规体系。

（2）标准体系

加工食品质量安全标准体系包括国家标准、行业标准、地方标准和企业标准共四级标准。当前，标准体系建设主要重点解决标准水平偏低、部分标准缺失，以及国家标准、行业标准、地方标准之间交叉、矛盾或重复等问题，大幅度开展食品标准的制订及修订工作，尽快将国内食品标准与 CAC 标准接轨。

（3）检验检测体系

加工食品的质量安全检验检测体系包括食品生产加工环节的检验检测体系和终端产品的检验检测体系等。食品生产加工环节的检验检测监管职责由国家食药监部门执行。

（4）认证体系

认证包括对产品的论证、对企业资格的论证和生产操作规程的论证等。对产品的论证有无公害食品认证、绿色食品认证、有机食品认证等；对企业资格的论证有食品生产许可认证（SC）、ISO 22000 体系与 ISO 9000 体系论证等；对企业操作规程的认证有良好操作规范（GMP）认证、卫生标准操作规范（SSOP）、认证及危害分析及关键控制点（HACCP）认证等。

（5）食物安全追溯体系

建立食物安全追溯体系，是保证食物安全的有效工具，也是发达国家通行的做法。目前，已建有国家食品安全追溯平台（http：//www.chinatrace.org），该平台是国家发改委确定的重点食品质量安全追溯物联网应用示范工程，主要面向全国生产企业，实现产品追溯、防伪及监管，由中国物品编码中心建设及运行维护，由政府、企业、消费者、第三方机构使用。国家平台接收 31 个省级平台上传的质量监管与追溯数据；完善并整合条码基础数据库、SC、监督抽查数据库等质检系统内部现有资源（分散存储、互联互通）；通过对食品企业质量安全数据的分析与处理，实现信息公示、公众查询、诊断预警、质量投诉等功能。通过建立食物安全追溯体系，可以快速地查出问题食品的来源，识别出发生问题的根本原因，缩小问题食品的范围，减少损失。

（6）食品安全市场准入体系

目前我国的食品安全市场准入机制的建立还处于打基础的阶段，新的《食品安全法》重新明确了各政府主管部门在食品安全监管中的职责，但相应的配套管理机制还未最终形成，目前的食品安全市场准入机制主要通过三项具体制度实现。① 对食品生产企业实施生产许可证制度。对于具备基本生产条件、能够保证食品质量安全的企业，发放《生产许可证》，准予生产获证范围内的产品，从生产条件上要求食品生产加工企业具有符合质量安全要求的能力。② 对企业生产的食品实施强制检验制度。要求未经检验或经检验不合格的食品不准出厂销售，对于不具备自我检验条件的生产企业强令实行委托检验，这项规定从企业制度上要求食品生产加工企业对其生产食品的质量安全具有自我控制的基本能力。③ 对产品实行市场准入标志制度。对食品生产加工企业的硬件、软件及最终产品进行基本条件的综合评估，评估合格的企业允许其在自产的产品上加印（贴）市场准入标志，目前这类食品安全市场准入标志中，有些是自愿申请的，如有机农产品食品认证等，有些是强制执行的，如要求未加贴 SC 标志的食品不准进入市场销售，以期达到便于识别和监管的目的。

（7）食物安全信用体系

食物安全不仅需要政府的监管，也需要政府在信用体系方面加大建设力度，运用市场规律，把食品企业对社会的食物安全责任真正化为个体的自觉意识。目前，国家食品药品监管总局已开展食品药品生产经营企业及相关人员信用等级评价，完善食品药品生产经营企业信用评价制度和信用分级分类管理标准，启动信用信息数据库建设，实现对食品药品生产经营企业及相关人员信用分级分类管理以及守信激励和失信惩戒，最大限度保障食品药品安全，形成社会共治格局。

在开展企业信用等级评价方面，《关于推进食品药品安全信用体系建设的指导意见》根据国家统一标准，将食品药品生产经营企业信用等级分为守信（A级）、基本守信（B级）、失信（C级）、严重失信（D级）四级。对于存在严重失信行为的食品药品生产经营者，食品药品监管部门在加大监管和惩戒力度的同时，将名单提供给负责实施联合惩戒的部门，实现联合惩戒和守信激励。此外，还将加强信用信息公开，及时向社会公开食品药品企业信用评价等级、失信行为、受到的惩处情况以及诚信守法经营、获得表彰奖励等信息。

（8）食物安全预警信息体系

目前，我国的食物安全信息大多是各职能部门自行公布与其相关的信息，但不同部门对同一内容公布的信息不一致，甚至同一部门对同一内容的信息公布也出现不一致。因此，应尽快建立统一协调的食物安全信息监测、通报、发布系统，构建部门间信息沟通与共享平台，逐步建设食物安全信息评估和安全预警体系。预警体系包括信息的监测、收集、整理与发布系统，风险分析与预警指标系统，数据分析、交流与共享系统，模型与专家决策支持系统等。中国标准化研究院已构建了"食品安全快速预警与快速反应系统"（RARSFS）。该系统是实现食品安全问题快速发现、快速报告和快速处理的工作平台。RARSFS 系统通过对全国各省市质量技术监督局、国家食品质量监督检验中心的日常检查和抽查数据进行采集、处理、分析；实现对全国食品生产加工领域整体状态动态的评价，对全国性、区域性、行业性食品安全问题汇总，对食品安全危害程度和发展趋势的准确定位和快速分析报告等，为提高食品监管工作的针对性和有效性，为夯实食品安全监控体系提供有力的支撑。

5.2　乳制品安全控制及信息化管理

5.2.1　乳制品产业概况

乳品工业是以动物乳（主要是牛乳）为原料，经过预处理和加工而制成饮料、炼乳、奶粉、奶油等半成品及成品的一门工业。乳及乳制品营养丰富而全面，不仅富含人体生长发育所必需的各种氨基酸、维生素和矿物质，而且易于消化吸收，是哺乳动物初生阶段维持生命发育不可替代的食品，也是人体蛋白质和钙的最好来源，有"完善食品""人类的保姆""白色血液"之美称。随着科学知识的普及和人民生活水平的提高，乳及乳制品的需求量将越来越大。因此，世界各国都非常重视乳品工业的发展。

乳品可以按照产品形态和加工方式进行分类。从产品形态上来看，乳品主要分为液体乳和（干）乳制品两类。按照加工方式的不同，一般可以将乳品分为七大类：（1）液体乳类，主要包括杀菌乳、灭菌乳、酸牛乳、配方乳等。（2）乳粉类，包括全脂乳粉、脱脂乳粉、全脂加糖乳粉和调味乳粉、婴幼儿乳粉及其他配方乳粉。（3）炼乳类，包括全脂无糖、全脂加糖炼乳、全脂炼乳及配方炼乳等。（4）乳脂肪类，包括稀奶油、奶油及无水奶油等。（5）干酪类，包括原干酪和再制干酪等。（6）乳冰激凌类，包括乳冰激凌和乳冰等。（7）其他乳制品类，包括干乳素、乳糖、乳清粉和浓缩乳清蛋白等。

经过 60 余年的改革和发展，我国奶业发展发生了翻天覆地的变化，取得世人瞩目的成就。但相对而言，中国乳品加工业起步较晚，整体水平不高，产品品种仍较为单一，目前中国乳品主要包括液态奶和乳制品两大类。液态奶主要有巴氏消毒奶、超高温灭菌奶、保鲜奶、发酵乳等品种，乳制品主要有奶粉（全脂、脱脂、半脱脂以及各种配方奶粉）、黄油、干酪和炼乳等品种。随着市场需求的变化和加工技术的发展，各类乳品的内部结构、增长特性都在不断变动。

中国乳品加工企业分布具有明显的地域特征。由于原奶不易储藏，难以长途运输，一般就近加工，所以乳制品加工厂主要分布在原奶生产地区。中国北方地区尤其是大型奶源基地，由于其自身消费量占乳制品产量的比例很小，所产的原奶绝大部分被加工成耐储藏、易运输的深加工产品（如奶粉），销往外地市场。内蒙古、黑龙江、河北等既是中国奶类产量的主要地区，也是液态奶生产的主要地区。如产奶大省黑龙江目前共有不同规模的乳品企业 72 家，内蒙古有乳品加工企业 49 家等。

2008 年以来，国家出台和完善了奶业法规政策和标准制度，大力开展奶业整顿和振兴，促使奶业发展从传统奶业向现代奶业转变，奶业生产水平和奶源质量不断提高。在收购和运输环节，全面开展奶站清理整顿，严格准入管理，坚决取缔不合格奶站，奶站的基础设施、机械设备、检测手段和人员素质水平显著提升。生鲜乳运输车全部实现专车专用，持证运输。在乳品加工环节，落实《乳制品工业产业政策》，对乳制品及婴幼儿奶粉企业生产许可进行重新审核，淘汰了一批奶源无保障、生产技术落后的企业，大力推进婴幼儿配方奶粉企业兼并重组，优化产业结构，有力保障了乳品质量安全。

5.2.2　乳制品生产安全管理规范

1. 乳制品质量安全风险因素分析

乳制品是一种高营养动物性食品，也是微生物生长的最好的培养基，因此，生物性危害是乳与乳制品的主要安全问题。乳制品中污染了细菌、酵母和霉菌，将危害人类身体健康。潜在生物危害细菌主要有金黄色葡萄球菌、李斯特菌、沙门氏菌等细菌、空肠弯曲杆菌、大肠弯曲杆菌、小肠结肠炎耶尔森氏菌、埃希氏大肠杆菌、蜡状芽孢杆菌、产气夹膜杆菌、肉毒梭状芽孢杆菌等。酵母和霉菌也经常存在于乳中，最常见的有孢壁酵母、洪氏球拟酵母、球拟酵母、乳酪卵孢霉、黑念珠霉、蜡叶芽枝霉、乳酪青霉、灰绿曲霉、黑曲霉、灰绿青霉等。

乳制品中致病菌主要是人畜共患传染病的病原体。患病的乳牛、挤乳者的手和工具、盛器及挤奶环境和条件等都可引起乳的微生物污染。因此，要注意做好乳牛饲养的疾病预防工作，不使用异常乳，控制榨乳过程的卫生和原料乳贮运过程中的温度、时间，以及原料乳的消毒灭菌条件。

乳制品中的化学危害，是指有毒的化学物质污染乳制品而引起的危害，包括常见的化学性食物中毒，添加非食品级或伪造的添加剂。主要为抗生素、重金属、农药、硝酸盐、亚硝酸盐以及清洗剂等残留污染。可通过饲料的卫生控制及乳牛的卫生管理来防止。

乳制品中的物理性危害，是指各种外来物质对食品的污染，主要是由原料奶带来的杂草、牛毛、泥土，以及操作不当混入的笔、纽扣等带来的污染。

2. 乳制品良好生产规范

一般来讲，乳制品生产企业的选址及厂区环境应按照 GB 14881 有关规定执行。牛乳（或羊乳）及其加工制品等为主要原料加工各类乳制品的生产企业在生产过程中要严格遵守 GB 12693—2010《食品安全国家标准乳制品良好生产规范》的要求，该国标对厂房和车间、设备、卫生管理、原料和包装材料的要求、生产过程的食品安全控制、检验、产品的贮存和运输、产品追溯和召回、培训、管理机构和人员、记录和文件的管理等多个方面提出了详细的要求。其中，原料和包装材料的要求、生产过程的食品安全控制及产品的贮存和运输与乳品特性及产品安全密切相关，其他各项要求与其他种类食品的要求类似，因此，以下着重对乳制品加工过程中与产品安全特性相关的要素进行论述。

1）原料和包装材料

一般情况下，乳制品生产企业应建立与原料和包装材料的采购、验收、运输和贮存相关的管理制度，确保所使用的原料和包装材料符合法律法规的要求。不得使用任何危害人体健康和生命安全的物质。部分企业自行建设的生乳收购站也应符合国家和地方相关规定。

在原料和包装材料的采购过程中，企业应建立供应商管理制度及原料和包装材料进货查验制度。使用生乳的企业应按照相关食品安全标准逐批检验收购的生乳，如实记录质量检测情况、供货方的名称以及联系方式、进货日期等内容，并查验运输车辆生乳交接单。企业不应从未取得生乳收购许可证的单位和个人购进生乳。对所购原料和包装材料进行检验合格后方可接收与使用。应如实记录原料和包装材料的相关信息。经判定拒收的原料和包装材料应予以标识，单独存放，并通知供货方做进一步处理。如果发现原料和包装材料存在食品安全问题时应向本企业所在辖区的食品安全监管部门报告。

生产企业应按照保证质量安全的要求运输、贮存原料和包装材料。生乳的运输和贮存容器应符合相关国家安全标准。生乳在挤奶后 2 小时内应降温至 0~4℃。采用保温奶罐车运输。运输车辆应具备完善的证明和记录。生乳到厂后应及时进行加工，如果不能及时处理，应有冷藏贮存设施，并进行温度及相关指标的监测，做好记录。原料和包装材料在运输和贮存过程中应避免太阳直射、雨淋及强烈的温度、湿度变化与撞击等；不应与有毒、有害物品混装、混运。在运输和贮存过程中，应避免原料和包装材料受到污染及损坏，并将品质的劣化降到最低程度；对有温度、湿度及其他特殊要求的原料和包装材料应按规定条件运输和贮存。在贮存期间应按照不同原料和包装材料的特点分区存放，并建立标识，标明相关信息和质量状态。要定期检查库存原料和包装材料，对贮存时间较长、品质有可能发生变化的原料和包装材料，应定期抽样确认品质；及时清理变质或者超过保质期的原料和包装材料。合格原料和包装材料使用时应遵照"先进先出"或"近效期先出"的原则，合理安排使用。保存原料和包装材料采购、验收、贮存和运输记录。

2）生产过程的食品安全控制

（1）微生物污染的控制

微生物的生长繁殖与环境温度、湿度及时间密切相关，因此，应根据乳制品的特点，选择适当的杀灭微生物或抑制微生物生长繁殖的方法，如热处理、冷冻或冷藏保存等，对需要严格控制温度和时间的加工环节，应建立实时监控和定期验证措施，并保持监控记录。此外，也需要根据产品和工艺特点，对需要进行湿度控制区域的空气湿度进行控制，以减少有害微生物的繁殖。当然，生产区域的空气洁净度也与产品安全性密切相关，生产车间应保持空气的清洁，防止污染食品。一般来讲，按 GB/T 18204.1 中的自然沉降法测定，清洁作业区空气中的菌落总数应控制在 30 CFU/皿以下。对从原料和包装材料进厂到成品出厂的全过程也需采取必要的措施，防止微生物的污染。用于输送、装载或贮存原料、半成品、成品的设备、容器及用具，其操作、使用与维护也要避免对加工或贮存中的食品造成污染。若在加工中有与食品直接接触的冰块和蒸汽，其用水也应符合 GB 5749 的规定。虽然在食品加工中蒸发或干燥工序中的回收水以及循环使用的水可以再次使用，但一定要确保其对食品的安全和产品特性不造成危害，必要时应进行水处理。

（2）化学污染的控制

化学污染的控制需分析可能的污染源和污染途径，并提出控制措施。如应选择符合要求的洗涤剂、消毒剂、杀虫剂、润滑油，并按照产品说明书的要求使用；对其使用应做登记，并保存好使用记录，避免污染食品的危害发生。化学物质应与食品分开贮存，明确标识，并应有专人对其保管。

（3）物理污染的控制

物理污染主要通过采取设备维护、卫生管理、现场管理、外来人员管理及加工过程监督等措施，确保产品免受外来物（如玻璃或金属碎片、尘土等）的污染。此外，也要采取有效措施（如设置筛网、捕集器、磁铁、电子金属检查器等）防止金属或其他外来杂物混入产品中。不能在生产过程中进行电焊、切割、打磨等工作，以免产生异味、碎屑。

（4）食品添加剂和食品营养强化剂

要依照食品安全标准规定的品种、范围、用量合理使用食品添加剂和食品营养强化剂。在使用时对食品添加剂和食品营养强化剂准确称量，并做好记录。

（5）包装材料

乳制品的包装材料应清洁、无毒且符合国家相关规定。包装材料或包装用气体应无毒，并且在特定贮存和使用条件下不影响食品的安全和产品特性。内包装材料应能在正常贮存、运输、销售中充分保护食品免受污染，防止损坏。可重复使用的包装材料如玻璃瓶、不锈钢容器等在使用前要彻底清洗，并进行必要的消毒。在包装操作前，要对即将投入使用的包装材料标识进行检查，避免包装材料的误用。

3）产品的贮存和运输

乳制品的安全特性与贮存和运输条件密切相关，因此，应根据乳制品的种类和性质选择适当的贮存和运输的方式，并符合产品标签所标识的贮存条件。在乳制品的贮存和运输过程中应避免日光直射、雨淋以及剧烈的温度、湿度变化和撞击等，以防止乳制品的成分、品质等受到不良的影响；不应将产品与有异味、有毒、有害物品一同贮存和运输。用于贮存、运输和装卸的容器、工具和设备应清洁、安全，处于良好状态，防止产品受到污染。仓库中的产品应定期检查，必要时应有温度记录和（或）湿度记录，如有异常应及时处理。产品的贮存和运输应有相应的记录，产品出厂有出货记录，以便发现问题时，可迅速召回。

3. HACCP在乳制品生产企业中的应用

为有效降低乳制品的安全风险，使乳品生产企业有能力提供符合法律法规和顾客要求的安全乳制品。在GB/T 27341《危害分析与关键控制点体系 食品生产企业通用要求》的基础上，充分考虑乳制品生产的特点，补充了乳制品生产企业的应用技术要求，形成了GB/T 27342—2009。该标准适用于乳制品生产企业HACCP体系的建立、实施和评价，包括原辅料和包装材料采购、加工、包装、贮存、运输等。提出了针对乳制品生产过程HACCP体系的建立、实施和改进的要求，主要包括物料杀菌与灭菌、添加剂与配料、包装的安全控制、冷链控制等要求，重点强调了生鲜乳等原料的运输、贮存、验收和辅料及包材的接收与贮存等要求，强化了生产源头与生产过程监控要求。其中，确定关键控制点（CCPs）与关键限值（CLs）是HACCP体系建立的重要环节之一，也是后期安全信息采集、监控及预警的主要数据，其确定过程中的要点介绍如下。

（1）原料的接收与贮存

生鲜乳等原料应符合GB/T 6914和GB 19301质量与卫生指标等要求，并避免有毒、有害物质的污染。经检测合格，方可接收；经验收的生鲜乳应尽快进行乳制品加工。当需要暂时贮存时，应迅速冷却至0~4℃，收入贮乳罐（奶仓）临时贮存，贮存温度不超过7℃、贮存时间不超过24小时；原料乳粉的接收应符合GB/T 5410和GB 19644的指标要求，原料乳清粉的接收应符合GB 11674的指标要求。乳粉、乳清粉的贮存温度和湿度应符合规定；企业检验部门未能涵盖的安全卫生指标，如黄曲霉毒素、农药兽药残留、重金属等，企业应定期送检，由具有相关资质的机构出具检验报告；企业应对使用的维生素、微量元素等营养强化剂进行定期验证。

乳制品中使用的食品添加剂的品种和加入量应符合 GB 2760 和 GB 14880 规定；根据乳制品品种不同，其配料工序应有复核程序，确保投料种类、顺序和数量正确；生产配方粉时，对配料混合的均匀度应定期予以确认。当配方、原材料、设备、工艺等变更时，应及时进行再确认。

（2）杀菌、灭菌工序

采用加热杀菌、灭菌工艺时，应按不同种类产品要求制定有依据的加热参数并正确实施，确保产品的安全特性。巴氏杀菌乳的杀菌温度与保持时间一般为 63~65℃、30 min 或 72~85℃、15~20 s；超高温瞬时灭菌乳的灭菌温度与保持时间应在 135℃以上、数秒；保持灭菌（二次灭菌）的灭菌温度与保持时间一般为不低于 110℃、10 min 以上。应有相关杀菌、灭菌记录，必要时有自动温度记录；杀菌、灭菌装置使用前，或对装置进行改造后及工艺调整后，应确认产品的杀菌、灭菌效果。

（3）发酵乳制品

对发酵乳制品还应考虑发酵剂纯度、活力及培养基的制备过程。

（4）包（灌）装工序

应考虑无菌灌装机的双氧水浓度或喷雾量、紫外灯使用寿命；适用时，听装乳制品应进行叠接率检测；乳制品的产品包装应严密、无破损。

（5）浓缩、喷雾干燥工序

乳粉湿法生产中的浓缩、喷雾干燥工序应考虑浓缩乳浓度、浓缩乳温度；喷雾压力或离心盘转速；干燥室进风温度与进风量、干燥室排风温度与排风量。

（6）贮存与运输

冷藏、冷冻乳制品的贮存与运输环节还需着重考虑冷藏温度，一般为 2~6℃；奶油、无水奶油产品冷冻温度一般为-15℃以下；此外，运输过程中，运输工具厢体内温度应维持在产品贮存要求的温度范围内。

需要指出的是，各乳制品生产企业应结合自身工艺条件、产品特性、设备设施、人员等情况，考虑其他影响乳制品安全控制过程和因素，建立与实施适宜的 HACCP 计划。

5.2.3 乳制品生产企业的信息化管理的要求

为了满足《食品安全法》及其相关法律法规与标准对食品安全的监管要求，乳制品生产企业的计算机系统需形成从原料进厂到产品出厂在内各环节有助于食品安全问题溯源、追踪、定位的完整信息链，应能按照监管部门的要求提交或远程报送相关数据。企业的计算机系统应符合（但不限于）以下要求。

（1）系统应能够实现对原料采购与验收、原料贮存与使用、生产加工关键控制环节监控、产品出厂检验、产品贮存与运输、销售等各环节与食品安全相关的数据采集和记录保管。系统应能对本企业相关原料、加工工艺以及产品的食品安全风险进行评估和预警。

（2）系统和与之配套的数据库应建立并使用完善的权限管理机制，保证工作人员账号/密码的强制使用，在安全架构上确保系统及数据库不存在允许非授权访问的漏洞。在权限管理机制的基础上，系统应实现完善的安全策略，针对不同工作人员设定相应策略组，以确定特定角色用户仅拥有相应权限。系统所接触和产生的所有数据应保存在对应的数据库中，不应以文件形式存储，确定所有的数据访问都要受系统和数据库的权限管理控制。

（3）对机密信息采用特殊安全策略确保仅信息拥有者有权进行读、写及删除操作。如机密信息确需脱离系统和数据库的安全控制范围进行存储和传输，应确保对机密信息进行加密存储，防止无权限者读取信息。在机密信息传输前产生校验码，校验码与信息（加密后）分别传输，在接收端利用校验码确认信息未被篡改。

（4）如果系统需要采集自动化检测仪器产生的数据，系统应提供安全、可靠的数据接口，确保接口部分的准确和高可用性，保证仪器产生的数据能够及时准确地被系统所采集。

（5）应实现完善详尽的系统和数据库日志管理功能，包括系统日志记录系统和数据库每一次用户登录情况（用户、时间、登录计算机地址等）。操作日志记录数据的每一次修改情况（包括修改用户、修改时间、修改内容、原内容等）。系统日志和操作日志应有保存策略，在设定的时限内任何用户（不包括系统管理员）不能够删除或修改，以确保一定时效的溯源能力。

（6）详尽制定系统的使用和管理制度，要求至少包含以下内容：对工作流程中的原始数据、中间数据、产生数据以及处理流程的实时记录制度，确保整个工作过程能够再现。应有详尽的备份管理制度，确保故障灾难发生后能够尽快完整恢复整个系统以及相应数据。机房应配备智能 UPS 不间断电源并与工作系统连接，确保外电断电情况下 UPS 接替供电并通知工作系统做数据保存和日志操作（UPS 应能提供保证系统紧急存盘操作时间的电力）。健全的数据存取管理制度，保密数据严禁存放在共享设备上；部门内部的数据共享也应采用权限管理制度，实现授权访问。配套的系统维护制度，包括定期的存储整理和系统检测，确保系统的长期稳定运行。安全管理制度，需要定期更换系统各部分用户的密码，限定部分用户的登录地点，及时删除不再需要的账户。规定外网登录的用户不应开启和使用外部计算机上操作系统提供的用户/密码记忆功能，防止信息被盗用。

（7）当关键控制点实时监测数据与设定的标准值不符时，系统能记录发生偏差的日期、批次以及纠正偏差的具体方法、操作者姓名等。

（8）系统内的数据和有关记录应能够被复制，以供监管部门进行检查分析。

5.2.4　乳制品信息化管理体系案例

以下以贝因美婴童食品股份有限公司在婴童配方乳粉生产过程中的信息化管理为例。

近 10 年来国内企业频爆食品丑闻，特别在奶粉行业，由于奶粉质量问题带来的安全隐患导致消费者对国产奶粉的信心持续下降。这种现状既打击了国内的奶粉产业，也提高了国人购买奶粉的成本。从 2010 年开始，为加强对奶粉行业的监管，国务院和食品药品监管总局相继发布了一系列食品安全监管文件，要求食品企业构建健全的全程管理和追溯体系，保证出现任何质量问题都有据可查。

贝因美婴童食品股份有限公司从 2010 年开始，在持续工艺研发创新的同时，打造透明化的工厂，完善产品质量追溯体系，让信息化全面融入企业的研发、管理和生产过程的各个层面。

如图 5 - 2 所示，贝因美的全程管理与追溯系统主要分两条线：一是自上而下进行追踪，从原材料供应商、原料库存、生产管理、成品、物流、经销商至终端消费者；另一条是自下而上进行追溯，可由消费者向上逆向追溯查找产品的相关信息，整体上实现了对研发、辅料、生产过程、检测、销售、消费每一环节的产品信息查询和质量监控管理，从而更好地保证了产品安全的可控可查。

贝因美的全过程追踪追溯系统（图 5 - 3）包含奶源管理、供应商管理、采购管理、库存管理、分销管理（含经销商管理）、生产管理、单品到终端系统

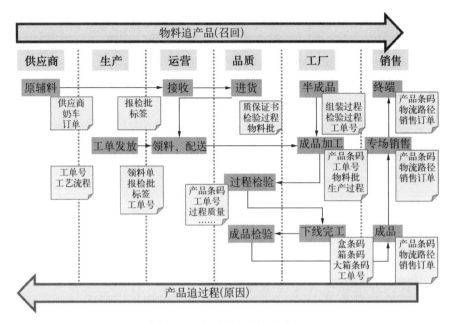

图 5-2　全程管理与追溯系统

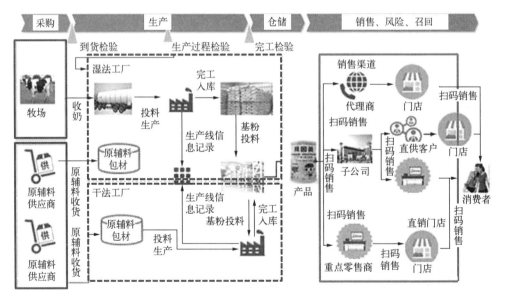

图 5-3　全过程追踪追溯系统

（生产赋码校验系统、立体库自动扫码、分销扫码系统、移动终端管理）、客户关系管理（CRM）、消费者查询、综合追踪追溯平台等子系统。通过企业应用总线（ESB）实现各系统之间的高效集成，让系统能实时展现原材料的批次（子批次）及领用和库存情况，所有产成品的生产、质量、发货、库存、物流和消费者信息（已销售）。

通过实施全程管理与追溯系统，贝因美主要实现对奶源进行全过程管理，一是逐步形成可控的、稳定的、规模化的原料基地，从源头上保证食品安全性；二是在加工环节推行 GMP，通过 HACCP 体系进行食品安全管理，提高乳制品生产、流通等环节的食品安全性，满足国家的强制性要求；三是一旦发生产品质量投诉或食品安全突发事件，可以通过追溯系统迅速查出发生问题的环节、原因，锁定问题产品的范围，实施快速召回，将影响控制在最小范围内，有效降低损失。

全过程追踪追溯系统的实施，不仅有利于保证生产出更高品质的奶粉，也改变了贝因美的业务管理模式，一是建成了集成的全产业链供应链体系，包括供应商、经销商、工厂、销售分公司、销售终端；二是根据公司所属行业特点，运用 IT 技术在生产和经营的每一个关键节点进行数据采集和加工，对多达十四个子系统通过企业服务总线（ESB）进行高效集成，达到原辅材料和产品全程可视化追踪追溯的目标；三是项目实施过程中运用了 RFID、动态二维码印刷、手机精准定位、大数据、企业服务总线（ESB）等技术，并对这些技术进行合理组合，达到了先进性、经济性和有效性的合理统一；四是给消费者和终端管理者提供了多种查询产品真伪和动态物流路径的简洁手段，确保消费者得到安全放心的产品。

5.3　肉制品安全控制及信息化管理

5.3.1　肉制品产业概况

广义地讲，"肉"是指凡可作为人类食物的动物体组织，不仅包括动物的肌肉组织，而且还包括心、肝、肾、肠、胃等器官在内的所有可食部分。狭义地讲，"肉"指动物的肌肉组织和脂肪组织及附着于其中的结缔组织、微量的神经和血管组织。其中，肌肉组织是肉的主体，肌肉组织的特性是支配肉的食用品质和加工性能的决定因子。肉品研究的主要对象是肌肉组织。世界各国的动物品种来源及食用习惯不同，食用动物的品种也有一定差异，大多数国家和地区的肉类来源主要有畜类（如牛、猪、羊、兔）和禽类（如鸡、鸭、鹅）等。

肉及肉制品是人们日常饮食生活中不可缺少的食物，不仅因为它具有诱人的香味，更主要的是其富含人类所需要的多种营养物质，能满足机体正常生长发育的需要。肉制品是指以畜禽肉为主要原料，经选料、修整、调味、腌制（或不腌制）、绞碎（或切块或整体）、成型（或充填）、成熟（或不成熟）、包装等工艺制作，开袋即食（或经简单热加工即食）的预制食品。肉制品种类繁多，其分类方法也多种多样。例如，我国习惯上把用传统加工工艺生产的肉制品品种称为中式肉制品，把利用引进的国外加工工艺生产的肉制品品种称为西式肉制品。美国将肉制品分为午餐肉、香肠和肉冻类产品、煮火腿和罐头肉三类，其中香肠又分为生鲜香肠、干和半干香肠、其他等六类；德国将肉制品分为香肠和腌制品两大门类，其中香肠又分为生香肠、蒸煮香肠和熟香肠三类；腌制品分为生腌制品和熟腌制品两类。目前，根据《肉制品分类》标准（GB/T 26604—2011），我国肉制品一般分为腌腊肉制品、酱卤肉制品、熏烧烤肉制品、肉干制品、熏煮香肠火腿制品、发酵肉制品六大类。我国肉类工业一般包括畜禽的屠宰，肉的冷却、冷冻与冷藏，肉的分割，肉制品加工与副产品。

肉制品加工业居畜产品加工业首位，是国民经济的重要行业，是食品工业的重要组成部分。20 世纪 80 年代以前，受供给约束的限制，肉类产品消费一直处于水平低下的状态。改革开放后，肉类产业快速发展，肉类产量增长非常迅速，人均消费的肉类产品稳步提高。20 世纪 90 年代中期至今，我国人均肉类消费已超出国际平均水平，肉类产品供求总体上趋于平衡。肉类产品的消费结构也发生了显著的转变，一方面是肉制品消费品种质量相对提高，禽、羊、牛等节粮型、食草型动物类产品的消费比重持续上升；肉类产品的消费形式由完全传统的中式肉制品消费转变为中式为主中西式并举，且形成了冷冻肉、热鲜肉、冷却肉三足鼎立的局面；另一方面，低脂肪、低糖、低盐、高蛋白质的肉类产品成为发展主流，传统的鲜肉消费向工厂化肉制品消费转变，其发展速度较快，是肉类消费发展的目标和方向。

5.3.2　肉制品生产安全管理规范

1. 肉制品质量安全风险因素分析

肉及肉制品的生物性污染中比重及危害最大的是微生物的污染，主要包括细菌及其毒素、真菌及其毒素、病毒等。生物风险因素的形成阶段，一部分来自屠宰前原料中潜在的微生物污染源引起的污染，尤其是人畜共患疾病，即内源性生物风险因素；另一部分来自屠宰后，主要是指由于不卫生操作、监督管理不善，使得土壤、水、空气、人畜粪便、工作人员、加工用品和设备、食品添加剂及包装材料等含有的微生物污染肉品。二次污染在肉品污染中占有重要的地位。

肉及肉制品中致病菌品种繁多，来源复杂。主要有致病性大肠埃希氏菌、沙门氏菌、肉毒梭状芽孢杆菌（简称肉毒梭菌）、金黄色葡萄球菌等食物中毒病原菌以及炭疽杆菌、布鲁氏菌、分枝杆菌、鼻疽杆菌、红斑丹毒丝菌、李氏杆菌等人畜共患病原菌。污染肉品的真菌主要有曲霉、青霉、蜡叶芽枝霉、交链孢霉等，除此以外一些真菌产生的毒素，如黄曲霉毒素也是肉品的污染源。污染肉品的病毒主要有来自畜禽的口蹄疫病毒、狂犬病毒、猪瘟病毒、新城疫病毒、禽流感病毒等，以及来自病人的甲肝病毒、乙肝病毒、非甲非乙病毒、脊髓灰质炎病毒、轮状病毒、诺瓦克病毒等。

肉制品的产业链相对较长，在动物养殖阶段及产品加工、贮藏运输、销售消费等环节都有可能引入多种多样的化学风险因素。影响肉制品质量安全的化学性污染物主要有畜禽饲养管理过程中所引起的兽药残留、饲料添加剂残留等，由食物链而来的农药残留、"三废"污染等，以及加工流通过程中的食品添加剂残留、包装物污染等。例如，动物养殖环境中高本底值的自然环境、含金属化学物质的使用等会加剧肉制品中的重金属污染。饲料及饲料添加剂带来污染的成分主要有四种：霉菌毒素、传播传染性病原、饲料添加剂的残留、农药和其他化学物质的残留。肉制品中常见的兽药残留成分主要有抗生素类、合成抗菌药（磺胺药类、呋喃类、喹诺酮类等）、抗寄生虫药（杀虫剂、抗螨虫药类、抗原虫药）和促生长剂（即激素类药）等。肉品加工中常需添加防腐剂、抗氧化剂、着色剂、护色剂、品质改良剂等，目前，已证实对人体有危害的添加剂主要有硝酸钠（钾）、亚硝酸钠（钾）、苯甲酸及其钠盐、山梨酸及其钾盐等。使用不符合卫生标准的肉品添加剂或超范围、超量的使用均会对肉制品的质量安全产生影响。当然，肉品常用的包装材料，如塑料制品、涂料、陶瓷和搪瓷容器、金属容器、食品包装纸和复合包装材料，若这些材料中含有有毒有害化学物，则与肉品直接或间接接触时也易对肉品造成化学污染。

肉及肉制品中的物理性污染异物，来源复杂，种类繁多。在其生产、加工、贮藏、运输以及销售过程中，有无意之中导致的物理性异物污染，如沙子、血污、毛发、玻璃碎片、木料、石子、金属异物等，以及其他意外污染如抹布、线头等。二是掺杂掺假所引起的畜产品异物污染，是指故意向畜产品中加入异物，如注水肉中的水。此外，也包括放射性物质和辐射对人体的伤害。

2. 肉类制品良好生产规范

在 GB/T 20940—2007《肉类制品企业良好操作规范》中对肉类制品企业的厂区环境、厂房、设施、设备和工器具、人员管理与培训、物料控制与管理、加工过程控制、质量管理、卫生管理、成品贮存和运输、文件和记录以及投诉处理和产品召回等方面的基本要求进行了规定。其中，物料控制与管理、加工过程控制、成品贮存和运输与肉品特性及产品安全密切相关，其他各项要求与其他种类食品的要求类似，因此，以下着重对肉制品加工过程中与产品安全特性相关的要素进行论述。

（1）物料控制与管理

肉品原辅料采购时应按照国家有关标准执行，若产品要与国际接轨，肉品生产企业应执行国际标准。在执行标准时应全面，不能人为减少标准的执行项目。采购人员要熟悉本企业生产过程中使用各种肉品原料、肉品添加剂、肉品包装材料的品种、卫生标准和卫生管理办法，清楚这些原材料可能存在或容易发生的卫生问题。采购肉品原辅料时，需进行初步的感官检查，对卫生质量可疑的应随机抽样进行完整的卫生质量检查，合格后方可采购。采购的肉品原辅料，应向供货方索取同批产品的检验合格证或化验单，采购肉品添加剂时还必须同时索取定点生产证明材料。采购的原辅料必须经验收合格后方可入库，按品种分批存放。肉品原辅料的采购应根据企业肉品加工能力和贮藏条件有计划地进行，防止一次性采购过多，造成原辅料积压、变质而产生不必要的浪费。

为保证肉品原料的质量，减少损失，在运输及贮藏时要采取相应的保鲜手段。需要长时间运输的肉，应注意以下事项。不要运送污染度高的肉。运输途中，车厢内温度应保持在 0~5℃、湿度 80%~90%，避免温度高于 10℃，避免与外界空气直接接触。运输车的车体要经常消毒、清洗。清洗用水应清洁卫生，运输车的结构为不易腐蚀的金属制品，便于清扫和长期使用。运输车尽可能使用机械进行装卸，装卸胴体肉应使用垂吊式，装卸分割肉应避免高层堆起，最好库内有货架或使用集装箱装箱，并留有一定的空间，以便冷气顺畅流通。

肉品企业也必须创造一定的条件，采取合理的方法贮藏肉品原辅料，确保其卫生安全。肉品原辅料贮藏设施的要求依肉品的种类不同而不同，如使用鲜肉应存放在通风良好、无污染源、室温 0~4℃ 的专用库内；冻肉、禽肉类原料应在 -18℃ 以下的冷藏库内分类贮藏。贮藏设施的卫生制度要健全，应有专人负责，职责明确，原料入库前要严格按有关的卫生标准验收合格后方能入库，并建立入库登记制度，做到同一物资先入先出，防止原料长时间积压。贮藏过程中随时检查，及时处理有变质征兆的产品，防止风干、氧化、变质。库房要定期检查，定期清扫、消毒。贮藏温度是至关重要的，温度过高会造成有害化学反应加速，微生物增殖迅速，温度过低又可能导致原辅料发生冻伤或冷害，贮藏温度的大幅度变化，往往会带来贮藏原辅料品质的劣化。不同原辅料应分批分空间贮藏，同一库内贮藏的原辅料应不能相互影响其风味，不同物理形态的原辅料也要尽量分隔放置。贮藏不宜过于拥挤，物资之间保持一定距离，便于进出库搬运操作，利于通风。

（2）加工过程控制

肉品生产过程就是原料到成品的过程，根据对肉品加工方式或成品的要求不同，对生产过程的要求也有差异。由于肉品的加工需要经过多个环节，这些环节可能会对肉品造成污染，而有些加工技术本身或运用不当时存在很多安全隐患，因此必须了解不同肉品生产加工工艺过程中可能造成肉品污染的物质来源，制定相应的生产过程卫生管理制度，提出必要的卫生要求，才可能较好地防止肉品在加工过程中受到污染。

生产企业要根据产品特点制订配方、工艺规程、岗位和设备操作责任制以及卫生消毒制度。严格控制可能造成产品污染的环节和因素。首先，生产设备、工具、容器、场地等在使用前后均应彻底清洗、消毒。维修检查设备时，不得污染肉品。应遵循防止或有效减少微生物生长繁殖的原则，确定加工过程中各环节的温度和加工时间，如冷藏食品的中心温度应在 0~7℃；冷冻食品应在 -18℃ 以下；杀菌温度应达到中心温度 70℃ 以上；肉品腌制间的室温应控制在 2~4℃。其次，各工序加工好的半成品要及时转移，防止不合理的堆叠和滞留。所有生产肉品的作业（包括包装、运输和贮藏）应在符合安全卫生原则，且尽可能降低微生物生长繁殖速度及减少外界污染的情况下进行，确保不致因机械故障、时间延滞、温度变化及其他因素使肉品腐败或重复污染。食品添加剂的使用应保证分布均匀，并制订腌制、搅拌效果的控制措施。肉制品加工过程中应防止食品原料和（或）半成品与成品之间的交叉污染。在食品的加工过程中各区域设施、设备和工具容器的使用等，避免加工前和加工后肉品之间的直接或间接接触。原料或半成品的加工人员应避免对终产品的直接或间接接触。进行原料和半成品加工的人员在需要接触终产品时，需先对手进行彻底清洗、消毒，更换工作服后进行。

（3）成品贮存和运输

成品包装应在良好状态下进行，防止将异物带入肉品。冷藏食品保存在7.2℃以下的适宜温度，热的食品保持在60℃以上，防止不良微生物快速繁殖危害食品。使用的包装材料，应完好无损，符合国家卫生标准。运输原辅料及成品的工具应符合卫生要求，并根据产品特点配备防雨、防尘、冷藏、保温等设施，所有运输车辆、容器应及时清洁消毒。需冷藏肉制品的冷藏库温度、湿度应符合产品工艺要求，并配备温湿度监控显示装置。应采用不影响产品卫生品质和包装的妥善方式装卸和销售产品，并保证产品在保质期内符合相应卫生标准和要求的规定。

3. HACCP 在肉制品生产企业中的应用

为有效降低肉制品的安全风险，使肉品生产企业有能力提供符合法律法规和消费者要求的安全肉制品，在 GB/T 20809—2006《肉制品生产 HACCP 应用规范》中对肉制品生产企业建立、实施及改进 HACCP 体系过程中的要求进行了规定。其中，与安全信息采集、监控及预警密切相关的危害分析要点介绍如下。

在整个加工过程中，危害的来源是多方面的，如原辅料、加工设备、加工过程、包装、储运等多方面。各个环节是相互联系的过程，肉制品质量变化存在于各个环节中。无论是哪个环节产品质量发生变化，都有可能导致最终产品质量问题的出现，从而增加隐患的发生概率。危害分析强调的是对危害出现的可能性进行分类，对危害的程度进行定性或定量评估，建立有效的应对措施。在 HACCP 体系中，需要对每一个加工环节的肉制品质量变化进行识别，减少变化，对每一个危害都要有相应的、有效的预防控制措施通过控制危害的来源可减少危害的出现，使其达到可接受的水平，也是进行过程控制的关键因素。

（1）原料肉

肉制品生产的原料一般为冷冻或冰鲜畜禽肉，应在 -18℃ 以下的冷藏库内分类贮藏。鲜肉应在 0~4℃ 冷藏。肉质的质量直接影响到产品的品质。原料肉的危害主要有病原微生物、寄生虫等，肉源本身可能携带致病菌如大肠杆菌、李斯特菌、弯曲杆菌、沙门氏菌等；兽药残留如盐酸克伦特罗（瘦肉精）、莱克多巴胺、兴奋剂类药物，超标使用或过量使用激素、抗生素。通过严格的进货关卡，原料验收时供应商应提供动物检验检疫合格证明、非疫区证明、动物及产品运载工具消毒证明才可接收，按照规定进行后续热加工，以达到杀灭病原菌的目的。同时，对原料肉中可能存在的金属、泥沙、碎石等夹杂物，通过金属探测仪、X光仪、感官评定等检验方式，消除物理性危害。

（2）辅料

肉制品所用辅料主要为淀粉、香辛料、调味料等，这些辅料可能带有病原菌如虫卵、霉菌等易造成生物性危害。调味料酱油等可能含有黄曲霉毒素，香辛料肉桂、胡椒等可能会有重金属、农残超标。化学性危害企业可通过供应商评价准则的引入，结合 28 类辅料供应商的市场准入制度的实行，可有效减少辅料带来的各种危害。熟肉制品中直接接触的包装材料有天然动物肠衣和合成肠衣。天然动物肠衣可能带有病原菌，化学合成的肠衣可能存在卫生方面的问题，如包装本身含有的毒性、未聚合的毒性，接触后增加了有害物质向食品迁移的可能性。针对这样的危害可通过选择合格供方的方式进行控制，通过执行 HACCP，坚决不接收不合格供方的产品。

（3）原料肉的解冻

温度、时间控制不当造成病原菌增殖，解冻间温度过高，会使微生物大量繁殖；空气不净会造成原料肉的污染。因此，解冻过程中可能的危害主要为生物性危害，尤其是病原菌的增殖。解冻间环境温度根据各种生产工艺而有所不同，一般解冻间环境温度要求控制在 18℃以下，可通过蒸汽加热或制冷机制冷来调节温度。环境湿度要求在 80%RH 以上，解冻后的原料肉的中心温度应控制在 4℃以下。

（4）原料肉修整

修整过程中出现的碎骨，可通过用手触摸来挑选，金属异物可通过使用金属探测仪对金属进行检测。修整过程中应注意对温度的控制，时间过长容易造成交叉污染，引入外来杂质。

（5）辅料的配制

由于辅料的称量在后续过程中无法纠正，食品添加剂的含量如果不准确的话，将会影响肉制品的品质。要严格按照批准的配方及工艺进行辅料配比混合，液状或膏状的辅料要单独称量存放。亚硝酸盐等食品添加剂要专人保管，单独存放，并有使用记录，可通过复核的方法来验证称量操作的正确性。这也决定了这个环节一般要作为关键控制点。

（6）腌制、滚揉工序

有腌制/滚揉加工工序的产品，腌制/滚揉前及该工序中的肉温均应控制在

$0\sim4^{\circ}\!C$，肉料要有防止异物混入的措施。

（7）斩拌、乳化、预煮及充填工序

斩拌和乳化前的肉温均应控制在$0\sim4^{\circ}\!C$，肉料要有防止异物混入的措施；斩拌肉温应控制在$12^{\circ}\!C$以下；预煮应达到工艺规定的程度，取出立即冷却至$20^{\circ}\!C$以下；腌制或斩拌好的肉馅在充填、结扎前温度应控制在$12^{\circ}\!C$以下，并应检查肉馅中是否有异物并核准生产日期。

（8）热加工

一般来源于原料或前序生产工艺环节中引入了致病微生物，通过充分的煮制，可达到杀灭致病微生物的目的。煮锅加热是企业一种传统的加热方式，但加热的效果，依赖于对产品加热的温度、时间。因此需要通过控制，确保病原菌在持续的高温及足够的时间下可以被杀死，确保微生物的残留和病原菌的残存在可控范围内。热加工前半成品的温度应控制在$12^{\circ}\!C$以下，要根据具体工艺确定不同产品的热加工温度及时间，一般来讲，低温肉制品热加工时产品中心温度应达到$68^{\circ}\!C$以上；高温肉制品一般采取高压杀菌，杀菌温度为$104\sim121^{\circ}\!C$，杀菌程度应达到产品的中心F值大于3。二次包装后的产品应进行二次杀菌。

（9）冷却

杀菌后的产品应迅速冷却，产品中心温度应降至$20^{\circ}\!C$以下，并迅速进入成品库。

（10）金属检测

在加工过程中，肉制品接触金属设备及零件相对较多，设备维修的零件、破损都有可能造成最终产品中引入金属碎片危害。利用金属探测仪，对产品中可能存在的金属异物进行检测，可提高产品的安全性。

（11）外包装

包装间温度过高或手的消毒不彻底也可能导致细菌繁殖，物理的毛发、破碎的手套等可能在员工工作过程中被引入，因此，对直接接触产品的工器具必须进行严格的冲洗消毒，对手套和工作服进行清洗和消毒，防止造成对产品的污染。

5.3.3　肉制品信息化管理体系案例

广东省佛山市顺德市场监督管理局负责顺德区内药品、医疗器械、化妆品、保健食品和餐饮环节食品安全，按照《食品安全法》的要求，该局依托中国物品编码中心开发的国家食品安全追溯平台，对辖区内食品生产企业的生产记录信息、原料采购信息、成品销售信息实现实时记录和一体化动态监管。同时，消费者也可以通过该平台和移动客户端软件查询产品的追溯信息。通过明确责任主体，由企业对产品生产信息自主公开，从而提升消费者对产品质量的信心和企业的品牌知名度。以下以肉制品企业开展产品追溯及安全管理信息化的过程为例，为下一步全面开展食品安全管理工作积累经验和奠定基础。

1. 肉制品追溯数据管理流程

肉制品追溯数据信息管理中需要配置基础信息、产品基础资料、生产管理信息及数据查询信息等四类信息。各类信息具体内容如图 5 - 4 所示。

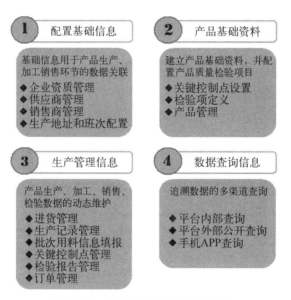

图 5 - 4　肉制品追溯数据信息种类

2. 肉制品追溯数据管理流程

在"肉制品质量安全追溯方案"中，参与企业均登录"生产企业托管平台"操作实施。

1）登录生产企业托管平台

登录国家食品安全追溯平台，在浏览器地址栏中输入地址：http://www.chinatrace.org/，打开平台首页，点击"生产企业管理平台"（图 5 - 5）进入生产企业托管平台页面。

2）基本配置

为实现产品追溯数据的全面管理，用户需对企业资质信息、供应商信息、销

图 5 - 5　平台首页"生产企业登录入口"

售商信息、生产地址和班次信息等进行预先配置，以便于在产品管理、生产记录、订单管理时关联源头、去向信息，生成完整的追溯数据。

（1）企业资质管理

添加企业资质信息，需填写内容如表 5 - 1 所示。

表 5 - 1　企业资质信息

属性名称	说　明	示　例
企业资质代码	资质证书编码，由用户填写	ZZ0001
企业资质类型	营业执照、生产许可证等，系统选择	企业法人营业执照
发证单位	用户填写	中国物品编码中心
发证时间	系统选择	2012 - 12 - 12
有效期	系统选择	2015 - 12 - 12
许可范围	用户填写	肉制品
资质证书	上传资质证书的图片文件	

填写完成后生成的"企业资质"界面如图 5 - 6 所示。

🖳 **企业资质详情**

企业资质代码：	3102263828939
企业资质类型：	企业法人营业执照
发证单位：	中国物品编码中心演示用
发证时间：	2014-12-17
有效期：	2017-03-22
许可范围：	食用油、油脂产品
资质证书：	

图 5 - 6 企业资质详情

（2）供应商管理

供应商管理是企业对原材料供应企业的基本信息维护，以便于追踪原材料来源。供应商管理所需信息如表 5 - 2 所示。

表 5 - 2 供 应 商 信 息

属性名称	说　　　明	示　　　例
供应商名称	必填	武汉玉米加工厂
生产许可证号	选填	72933110 - 3
组织机构代码	选填	455322001 - 1
地　　址	必填	湖北省武汉市
电　　话	必填	136××××××××
邮　　箱	必填	aaabc123@ qq.com
联系人	必填	张三元
是否向公众公开	必填。选择"是"则可展示供应商名称	

（3）销售商管理

销售商管理是对产品销售企业的基本信息维护功能，以便于跟踪产品的流向信息。销售商管理所需信息如表5-3所示。

表 5-3　销售商信息

属性名称	说　　　明	示　　　例
销售商名称	必填	深圳德云商场
销售许可证号	选填	33933110-3
销售商组织机构代码	选填	8865652001-1
销售商地址	必填	深圳市
联系电话	必填	18328678889
邮　箱	必填	2823838@sina.com
联系人	必填	李云云
是否向公众公开	必填。选择"是"则可展示销售商名称	

（4）生产地址和班次配置

生产地址和班次信息配置是企业对产品的加工地理位置及相关时间、人员信息的维护功能。生产地址和班次配置所需信息如下。在生产地址属性中填写具体信息，例如"车间1、车间2"等。在"班次"信息中可填写具体班次信息，例如"早班、中班、晚班"等。

3）产品基本配置

产品基本配置是产品基础信息建立与产品质量监测信息的管理与维护，由关键控制点设置、检验项定义和产品管理三个方面组成。

（1）关键控制点设置

关键控制点是为保证产品质量，而对某些产品成分、特性加以控制，并使其符合限值水平。在该系统中，此功能是用户统一设置产品涉及的关键控制点字典，以供建立具体产品信息时选择匹配控制点内容，并在后续记录批次产品信息时添加对应的控制点监控结果。其"关键控制点"设置界面如图5-7所示。

图 5-7　关键控制点设置

为便于加工企业操作，平台根据《28 类食品生产许可证审查细则》要求，为部分行业企业提供关键控制点模板。如肉制品加工企业点击"导入模板"，在选择模板页面（图 5-8），勾选"肉制品控制点"，保存。当然，用户除了导入关键控制点模板内容外，还可根据实际情况自行添加。

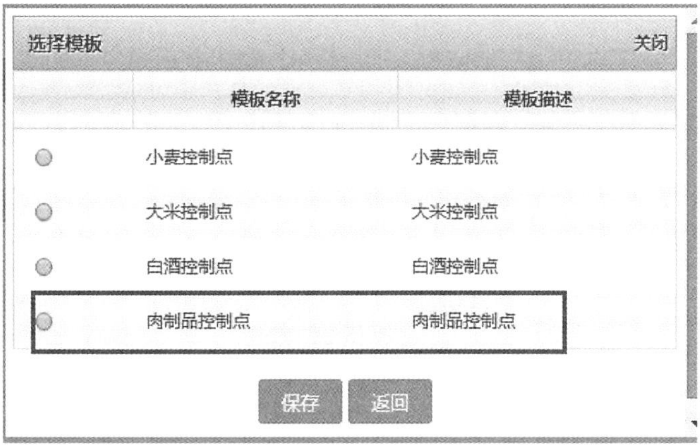

图 5-8　关键控制点模板导入

（2）检验项定义

检验项设置是用户预先设置所有产品可涉及的检测项目字典，以供建立具体产品信息时选择匹配检验项目，并在后续记录批次产品信息时添加对应的检验报告内容。检验项定义示例如图5-9所示。

图5-9　检验项定义

为便于用户操作，平台还根据《28类食品生产许可证审查细则》要求，为部分行业企业提供检验项模板。例如，肉制品加工企业点击"导入模板"，在模板导入页面（图5-10）选择肉制品相关模板，保存。完成肉制品相关检验项内容的导入。用户除了导入模板内容外，还可自行添加，通过点击"添加检验项"

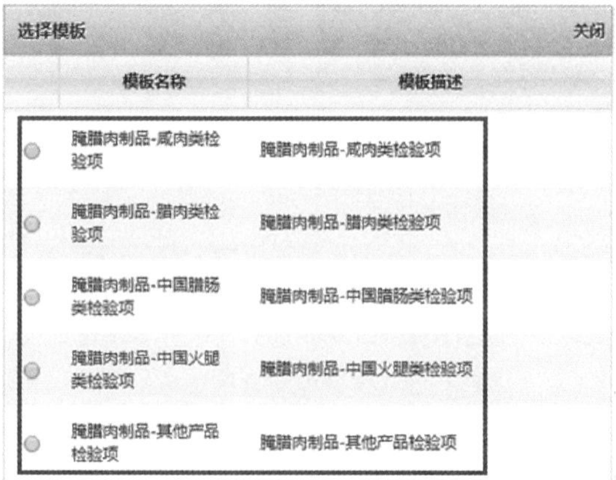

图5-10　检验项模板导入

按钮，输入"检验项序号、检验项名称、是否出厂"内容即可。

（3）产品管理

产品管理是为一个产品建立身份资料，包括产品名称、图片、规格、分类等基础信息，以开展后续产品的生产、检测、销售等各环节的信息记录。相关属性说明及填写要求如表 5-4 所示。

表 5-4　产品管理信息

属性名称	说　　明	示　　例
产品名称	必填，建议包含商标、规格、基本名称等信息	猪肉香肠
商品条码	必填，系统已提供厂商识别代码，用户填写 3~5 位产品序列号即可，最后 1 位为校验位，由系统生成	06901234000016
是否半成品	选填	成品
产品分类	必填，用户在分类菜单中选择	贮藏加工和处理过的肉
产品状态	必填，用于标记产品当前状态，选择"在产"或"停产"	在产
标准号	选填，执行标准号	GB/T 20809
标准名称	选填，执行标准名称	猪肉香肠
标准分类	选填，选择执行标准所属类别	国家标准
产品商标	必填	
产品规格	产品的含量、重量等信息	500 g
保质期	选填	365 天
产品防伪信息	选填，产品防伪资料的相关内容，包括防伪供应商、防伪方式、防伪样张，如尚未使用防伪技术，可不填	
产品图片信息	选填，产品图片单张不能大于 5 M，图片格式为 JPEG.JPG，PNG，GIF，BMP，可上传多张	
产品扩展属性	用户自定义属性，如当前属性不满足产品特征的描述，用户可以增加"属性名称"和对应的"属性值"	

4）批次追溯管理

批次追溯管理为已有产品建立批次信息，追加生产过程中的相关资料，包括原材料进货信息、生产批次及时间信息、加工用料、关键控制点、检验报告等内容。

（1）进货管理

进货管理是企业对原材料采购的时间、供应商、数量、验收情况等信息的记录，并可设置原材料是否用完的状态。设置好进货信息，是实现产品追溯的重要一环，详细记录产品原材料的来源情况，为产品填报追溯数据打好基础。

进货信息应包含"货物名称、进货批次号、供应商名称、验收负责人、进货日期、进货数量、验收结论"等内容。

（2）生产记录管理

生产记录管理是用户对产品生产计划的信息登记，通常一个生产记录对应多个产品批次。生产记录标记产品生产过程信息，包括生产记录号、批次、班次、日期等。具体属性填写要求及示例如表5-5所示。

表5-5　生产记录信息

属性名称	说　　　明	示　　例
生产记录号	必填，由用户自行定义编号	201602-1
生产批次数	必填，企业计划该产品在本次生产记录中生产批次的数量	3
生产班次	必填，用户在"基本配置→生产地址和班次配置"中预设的班次内容，直接选择即可	白班
生产地址	必填，用户在"基本配置→生产地址和班次配置"中预设的生产地址内容，直接选择即可	车间1
生产开始日期	必填，该生产记录中产品生产的起始日期	2016-2-2
生产结束日期	必填，该生产记录中产品生产的结束日期	2016-3-2
商品信息	必填，用户已在"产品基本配置→产品管理"菜单中建立了基本信息，点"添加商品"按钮，可同时添加一个到多个同批次不同商品条码的信息。 在生成的商品名称项的商品信息栏里点"选择"按钮，在弹出页面检索产品编码或产品名称可查找已添加过的信息。选择后点"确定"按钮可依次分别添加不同产品编码不同批次的产品信息	猪肉香肠

（3）批次用料信息填报

通过定义"产品信息→生产记录→产品批次"来逐步缩小产品的标识范围，而批次用料信息填报即是针对某批次产品追加包装材料、原料、添加剂等用料信息。填写时需先为某一产品下的生产记录添加产品批次，然后再为该批次追加用料信息。填报完产品批次信息后，还可进一步填报追溯数据，根据模板填写原材料、包装等方面的用料信息，完成填报后，可生成该批次产品的二维码图片，供用户下载使用。用户可通过手机扫码 APP 扫描二维码，获取产品批次的所有追溯信息。

（4）关键控制点管理

关键控制点管理是针对当前产品批次，提交相应的控制点结果信息。前期在"产品基本配置→产品管理"菜单中，已通过"产品配置"功能为当前产品匹配了需要维护的关键控制点，所以在本功能中，需要提交这些关键控制点的监控结果内容。

在"关键控制点管理"菜单中（图 5-11），可进行关键控制点的添加、修改、删除，查询等操作。

图 5-11　关键控制点管理

（5）检验报告管理

检验报告管理是用户针对产品批次，提交相应的检验报告信息。前期在"产品基本配置→产品管理"菜单中，已通过"产品配置"功能为当前产品匹配了需要维护的检验项，在本功能中，需要提交这些检验项的检验结果内容。

（6）订单管理

订单管理是企业基于订单编号记录产品的发货及目的地等信息，用来记录产品的流向。一般需在填报订单编号、销售商、发送人、收货人、始发地、目的地后，添加产品批次等信息。

5）综合查询

综合查询可供用户通过商品条码与批次号查询企业信息、资质信息、产品信息、生产信息、检验报告、销售信息、追溯数据等所有数据内容。

5.4 果蔬制品安全控制及信息化管理

5.4.1 果蔬制品产业概况

果品、蔬菜含有丰富的水分、水溶性物质，如糖分、有机酸、果胶、水溶性维生素等，是人类饮食中不可或缺的组成部分。但是，由于果品和蔬菜含有大量脆嫩的果蔬组织，在采收、分级、包装、运输和贮藏过程中，极易遭受机械损伤和病原微生物的侵染，致使产品败坏而发生腐烂。因此，采收后对部分果品和蔬菜进行加工处理，制成各种果蔬加工品，既能长期保存，又耐运输，因而可以不受果蔬生产的季节性和区域性的限制。同时有些果蔬，如直接用作鲜食，风味不好；通过加工后可以改善风味，这同时也是调剂果蔬淡季供应的有效办法之一。

我国蔬菜及水果的产量位居世界第一，果蔬加工产业是水果和蔬菜种植规模化产业链下游的重要环节。果蔬加工的方式主要包括果蔬采后预处理、果蔬贮藏保鲜和果蔬精深加工。果蔬加工是以新鲜果蔬为原料，依不同的理化特性，采用不同的方法制成各种制品的过程。果蔬加工品的种类很多，分类方法目前尚没有统一的标准，参照传统的分类及现代食品出现的新特点，根据其保藏原理和加工工艺的不同，可以分为罐制品、汁制品、糖制品、酒制品、干制品、速冻制品、腌制品、果蔬脆片和鲜切果蔬等。果蔬加工品有别于新鲜原料在于它通过各种手段抑制和钝化了外界微生物和内在的酶，采用适当的保藏措施，使制品可以长期保存。

近年来，随着经济的增长和人民群众生活水平的提高，果蔬制品的产量增长较快，果蔬加工的技术也有了长足的进步。一些集体、个体果蔬种植专业户的生产规模也不断扩大，产量不断提高，为果蔬加工提供了充足的原料资源。据统计，截至 2014 年，我国蔬菜种植面积达到 3 亿多亩，年产量超过 7 亿吨，人均占有量 500 多公斤，均居世界第一位。截至 2015 年年末，全国水果（含瓜果）

总面积 1 536.71 万公顷，水果总产量超过 2 亿吨，其中，园林水果产量 17 479.6 万吨，瓜果产量 9 902.2 万吨。2016 年我国蔬菜加工行业规模以上企业数量达 2 274 家，蔬菜加工行业规模总资产达到 1 721.15 亿元；蔬菜加工行业利润总额 为 278.37 亿元。虽然我国果蔬产品产量居世界第一，但加工方法仍相对传统，为满足消费者需求，"高效、优质、环保"的果蔬加工方式已经成为新的发展趋势。

5.4.2　果蔬制品生产安全管理规范

1. 果蔬制品质量安全风险因素分析

作为果蔬制品，从原料的种植、生长到收获、加工、储存、运输、销售到食用前整个的环节，都有可能被污染，某些有毒、有害物质进入果蔬制品而使果蔬制品的营养价值和卫生质量降低或对人体产生不同程度的危害。根据污染物的性质，果蔬制品的污染可分为以下 3 个方面。

（1）生物性污染。果蔬制品含有蛋白质、糖类、脂肪、无机盐、维生素和水分等丰富的营养成分，是微生物的良好培养基。因而，微生物污染果蔬制品后很容易迅速生长繁殖，造成果蔬制品的变质。污染果蔬制品的主要微生物及其毒素有细菌及细菌毒素污染、霉菌及毒素污染、病毒污染及寄生虫等。例如，蔬菜组织由于含酸量低，易遭受土壤细菌的侵染，而果实由于含酸量高则利于真菌的生长。在果蔬原料中，常检出植物致病菌、毛霉、根霉、犁头霉、星珠霉属、刺盘孢属、茎点霉、青霉和曲霉等真菌。例如，展青霉是苹果贮藏期的重要霉腐菌，它可使苹果腐烂，以这种腐烂苹果为原料生产出的苹果汁会含有展青霉毒素。在土壤、水体及各种植物体上均有分布的假单胞菌，污染水果蔬菜等食品后可引起腐败变质，并且是冷藏食品腐败的重要致病菌。例如，菠萝软腐病假单胞菌可使菠萝果实腐烂，被侵害的组织变黑并枯萎。具有果胶酶的欧文氏菌可与假单胞菌、芽孢杆菌等其他腐败细菌一起附着在果蔬上，在运输过程中或在市场上引起腐败，是所谓市场病的致病菌之一。

果蔬加工后，由于原料和在加工过程中的周围环境、加工方法、员工的卫生以及管理水平等因素，会使果蔬制品不同程度受到微生物的污染。在脱水蔬菜上主要有霉菌的污染，如曲霉属、毛霉属、青霉属、侧孢霉属、木霉属、丛梗孢属、枝霉属、链格孢属和镰刀菌属。在水果上有细菌（产气肠杆菌、大肠杆菌）、酵母（克鲁斯假丝酵母、蜂蜜酵母、鲁酵母、木兰球拟酵母、星形球拟酵母、毕赤酵母和丝孢酵母属）和真菌的污染。灰绿曲霉在果酱、果冻、软糖、蜂蜜等甜食品中到处都能见到。例如，果蔬中的变形杆菌主要来源于外界污染、带菌的人类、被变形杆菌污染的工具、容器及包装材料。同沙门氏菌一样，果蔬被其污染后，常常无感官性状的变化，极易被忽视，变形杆菌食物中毒是我国常见的食物中毒之一。

（2）化学性污染。危害最严重的是化学农药、有害金属、多环芳烃类如苯并（a）芘、N-亚硝基化合物等污染物，滥用食品用的工具、容器、食品添加剂、植物生长促进剂等也是食品化学污染的因素。其中，农药污染果蔬食品的主要途径有以下几种：一是为防治农作物病虫害使用农药，喷洒作物而直接污染食用作物；二是植物根部吸收；三是空中随雨水降落；四是食物链富集；五是运输贮存中混放。几种常用的、容易对食品造成污染的农药品种有有机氯农药、有机磷农药、有机汞农药、氨基甲酸酯类农药等，如六六六、滴滴涕、敌敌畏、敌百虫、乐果。而工业有害物质及其他化学物质，如甲基汞、镉、铅、砷、N-亚硝基化合物、多环芳族化合物等污染食品的途径主要有环境污染（工业废水污染）、包装材料中有害金属溶出、运输过程中混入化工原料等。果蔬加工过程中主要使用以下几种食品添加剂：防腐剂、护色剂、抗氧化剂、酸味剂、甜味剂、稳定剂、色素和香精。对于每一种食品添加剂，我国都有严格的使用范围和安全使用量，添加剂的不正确使用可能引起人体（食用者）急性或慢性中毒、致癌作用。在酸性产品中过多地使用偏亚硫酸钠，产生二氧化硫气体会导致生产现场的人员和消费者哮喘。锡常用作金属的保护涂面，如马口铁罐头的内层。在一定条件下，亚硝酸盐可导致罐头食品罐体涂料脱落，使罐体的锡进入食品，而引起急性中毒。据报道，由锡污染罐装食品、水果引起急性中毒的最低浓度为 50 mg/kg。

（3）物理性污染。果蔬制品中混入磁性金属物及吸附或吸收外来的放射线核素，主要以半衰期较长的 ^{139}Cs 和 ^{60}Co 最具卫生学意义。

2. 果蔬制品良好生产规范

果蔬制品良好生产规范（GMP）要求生产企业应具有良好的生产设备、合理的生产过程、完善的质量管理和严格的检测系统。其主要内容包括以下几方面。

（1）选址与用水管理

果蔬加工厂一般倾向于设在原料产地附近的大中城市的郊区，原料基地是果蔬加工厂的"第一车间"，优质的产品必须有优质的原料作保证。厂址应选择在靠近原料产地的地方，以保证有充足的新鲜优质原料供应，减少运输途中的损耗。

果蔬加工厂用水量非常大，如生产 1 吨果蔬类罐头，需用水 40~60 吨；生产 1 吨糖制品需消耗 10~20 吨水。水质的好坏是加工品质量好坏的前提条件，因此，加工厂附近要有充足的水源和良好的水质。水的硬度也能影响加工品的质量。在果蔬加工中，水的硬度过大，水中的钙、镁离子和原料中的有机酸结合形成有机酸盐沉淀，引起制品的混浊。钙、镁离子还能与蛋白质一类的物质结合，产生沉淀，导致罐头汁液或果汁发生混浊或沉淀。镁盐如果含量过高，如 100 毫升水中含氧化镁 4 毫克便会有苦味。除制作果脯蜜饯、蔬菜的腌制及半成品的保存，以防止煮烂和保持脆度外，其他一切加工用水均要求水的硬度不宜超过 2.853 毫摩尔/升。水中的其他离子及 pH，也会影响加工品质量及加工工艺条件，水的 pH 值一般为 6.5~8.5，pH 过低，说明水质污染严重，不符合卫生要求，必须进行净化处理后方可使用，否则，即使增加杀菌温度和杀菌时间，也很难保证卫生质量。如果水中含有较多的铜离子，会加速果蔬中维生素 C 的损失；水中含有较多的铁离子，会给加工品带来令人不愉快的铁锈味，铁还能与单宁物质反应产生蓝绿色，会使蛋白质变黑；如水中含硫过多，会与果蔬中蛋白质结合产生硫化氢，发出臭鸡蛋气味，还会腐蚀金属容器，生成黑色沉淀。

（2）物料控制与管理

果蔬生产所用原材料的质量是决定其最终产品质量的主要因素，因此，果蔬制品生产者必须从影响产品质量的原料采购、运输和贮藏着手加强卫生管理。

首先，采购人员应熟悉本企业所用各种果蔬原料、食品添加剂、食品包装材料的品种、卫生标准和卫生管理办法，清楚各种原材料可能存在或容易发生的卫生问题。采购原材料时，应对其进行初步的感官检查，对卫生质量可疑的应随机抽样进行完整的卫生质量检查，合格后方可采购，同时应向供货方索取同批产品的检验合格证或化验单，采购食品添加剂时还必须同时索取定点生产证明材料。采购的原辅材料必须验收合格后才能入库，按品种分批存放。原辅材料的采购应根据企业加工和贮藏能力有计划地进行，防止一次性采购过多，造成原料积压、变质。

原辅材料采购按相关标准执行，对无标准的原辅材料应参照类似食品原辅材料的标准执行。在执行标准时应全面，不能人为减少标准的执行项目。有些食品原辅材料在种植、养殖、采收、加工、运输、销售和贮藏等环节中，会受到一些工业污染物、农药、致病菌及毒素产生菌的污染。在采购时，应充分估计到这种可能性，进行相关的化学或微生物学检测，排除被污染的可能性。

在运输时，特别是运输散装的食品原辅材料时，严禁与非食品物资，如农药、化肥、有毒气体等同时运输，也不得使用未经清洗的运输过上述物资的运输工具。食品原辅材料的运输工具要求专用，应在使用前彻底清洗干净，确保运输工具不会污染被运输的食品物资。运输食品原辅材料的工具最好设置篷盖，防止运输过程中由于雨淋、日晒等造成原辅材料的污染和变质。不同的食品原辅材料应依其特性选择不同的运输工具。干性食品原辅材料可用普通常温运输工具。运输水果蔬菜等生鲜植物原材料时应分隔放置，避免挤压撞伤而腐烂。气温高时应采用冷藏车，气温较低时应采取一定的保温措施，以防冻伤。加工过程中使用的辅助用料的存放库房应保持清洁，并有防尘设施。如调味品、添加剂等，应有专门干燥，有完整的防虫、防鼠、防尘设施。

要采取合理的方法来贮藏果蔬食品原辅材料，确保其卫生安全。原辅材料的性质是决定贮藏设施卫生条件的主要因素。对于容易腐烂失水的水果、蔬菜原料应有保鲜仓库，依品种或材料特性的不同采取冷藏或气调贮藏等。

（3）加工过程控制

果蔬加工原料越新鲜，加工的品质越好，损耗率也越低。因此，从采收到加工应尽量缩短时间。果品蔬菜多属易腐农产品，某些原料如葡萄、草莓及西红柿等，不耐重压，易破裂，极易被微生物侵染，给以后的消毒杀菌带来困难。这些原料在采收、运输过程中，极易造成机械损伤，若及时进行加工，尚能保证成品的品质，否则会造成这些原料严重腐烂，导致其失去加工价值或造成大量损耗。总之，果品蔬菜要求从采收到加工的时间要尽量短，如果必须放置或进行远途运输，则应有一系列的保藏措施。如蘑菇等食用菌要用盐渍保藏；甜玉米、豌豆、青刀豆及叶菜类收获后最好立即进行预冷处理；桃、李、番茄、苹果等最好入贮藏库贮存。同时，在采收、运输过程中要防止机械损伤、日晒、雨淋及冻伤等，以充分保证原料的新鲜。

果蔬加工原料的预处理对其制成品的影响很大，如处理不当，不但会影响产品的质量和产量，而且会对以后的加工工艺造成影响。为了保证加工品的风味和综合品质，必须认真对待加工前原料的预处理。

原料清洗的目的在于洗去原料表面附着的灰尘、泥沙和大量的微生物以及部分残留的化学农药，保证产品的清洁卫生。洗涤用水，除制蜜饯、果脯和腌渍原料可用硬水外，其他加工原料须用软水。水温一般是常温，有时为了提高洗涤效果，可以用热水，但不适用于柔软多汁、成熟度高的果品蔬菜。洗前先用水浸渍，则污水更易洗去，必要时可用热水浸渍。

原料上残留的农药，还需用化学药剂洗涤。洗涤时常用的化学药剂有 0.5%～1.5% 盐酸溶液、1.5% 氢氧化钠溶液、0.1% 漂白粉溶液或 0.1% 高锰酸钾溶液等。清洗时，先在常温下浸泡几分钟，再用清水洗去化学药剂。操作时必须用流动水或使原料振动摩擦，以提高洗涤效果，但要注意节约用水。

果蔬加工设备必须通过频繁清洗保持卫生，如需要的话还应消毒，必要时，还应把设备拆开彻底清洗；加工、包装、贮存必须在良好的条件下进行，最大限度降低不利微生物的生长和毒素形成、变质或污染的可能性。为了达到上述条件，需仔细监测时间、温度、湿度、压力、流速等因素，目的是保证机器故障、时间延误、温度波动或其他因素不至于引起产品分解和被污染。

果蔬加工过程中不仅要注意防止污染，还应当防止不必要的微生物生长。冷藏制品应保持在 7℃ 或更低的温度下；冰冻制品应保持冰冻；在室温下放置在密闭容器内的酸性或酸化制品应经热处理以杀灭嗜温微生物；消毒、辐照、巴氏消毒等措施应足以消除或防止不利微生物的生长。在设备、容器和器具的装配、拿取和保存过程中也要防止污染；筛子、模子、金属检测器等测量器的使用应防止向食物中混入金属或其他外源物质；应以适当的方式处理掺杂的食物和物料，防止污染其他食品。清洗、去皮等机械加工步骤应通过对所有食物接触表面进行清洁和消毒及控制各个生产步骤之间的时间和温度来防止如滴落、沥干、冲压食物造成的污染；可以采用热烫消毒，即将食物加热至所需温度，维持此温度至所需时间，然后快速将食物冷却或马上进入下一步骤。

干混原料、干果、半干食品和脱水食品以及类似靠控制水分活度来防止不利微生物生产的食品，应通过以下途径加工并保持安全的含水量：监测食物的水分活度；控制终产品的可溶性固形物 / 水分比率；通过使用防湿剂，或采取其他手段防止终产品吸湿，使食物的水分活度不超过安全线；酸性、酸化食品及不仅限于此的依靠控制 pH 值来防止不利微生物生长的食物，应通过监测原料、加工中食物及终产品的 pH 值，或者调控向低酸食品中加入的酸或酸性食物的量等方法监测和保持 pH 值不高于 4.6。

3. HACCP 在果蔬制品生产企业中的应用

果蔬制品的 HACCP 体系建立过程中与安全信息采集、监控及预警密切相关的危害分析要点介绍如下。

（1）采购工序

果蔬制品生产企业应编制文件化的原辅材料控制程序，明确原料标准、采购与验收标准，由专人负责，并形成记录，定期复核。应制定选择、评价和重新评价供方的准则，对原料、辅料、容器、包装材料的供方进行评价、选择。应建立合格供应方名录。

果蔬制品企业宜建立果蔬基地或有明确的供应商，应与种植基地或供货商签订质量保证合同，并确保有效实施。基地应建立文件化的基地管理程序，提供基地环境检测报告和基地备案资料，包括基地备案号、基地性质、面积、植保员、土壤检测报告、灌溉用水检测报告、农药管理制度等，以有效控制化学危害。种植基地周围空气、土壤和水质等环境条件应符合环境标准和规范要求；种植用肥料和农药应符合国家和进口国的有关规定；种植过程应有种植日志和用药记录，记录施肥、病虫害防治、采摘等农事活动。果蔬制品企业应收集、整理果蔬质量安全卫生信息向种植基地反馈，指导监督其科学安全地使用肥料、农药及其他生长素。另外，果蔬制品企业应要求供应商提供原料来源及其相关安全卫生要求的证明，包括对原料的农药残留、重金属等实施监测，监测记录应保存有效。

果蔬原料应在满足产品特性的温度下储存和运输。新鲜、易腐败变质、有特殊加工时间要求的原料，应明确从采摘、收购到进厂加工的时限。对有温度、湿度及特殊要求的原料应按规定条件储存。原料的运输工具应符合卫生要求，应根据原料特点，配备相应的保温、冷藏、保鲜、防雨防尘等设施，以保证质量和卫生需要，运输过程不得与有毒、有害物品混装。食品添加剂的采购、查验、使用等应有相关制度和记录。内包装材料应符合国家相关标准的规定，并应存放在专门的仓库，标注进货和加工时间及储存量等内容。

（2）配料工序

投产前的原料必须进行严格的检查，不得投产使用过期、霉变、生虫、混有异物的原辅料；配料工序应有复核程序，一人投料一人复核、确认，以防止投料种类、顺序和数量有误，食品添加剂的使用必须符合 GB 2760 的规定，例如，国家标准规定果汁中苯甲酸含量不得超过 1 g/kg，在果汁露、蜜饯、果汁、果酱中加入苯甲酸钠较为适宜，用量一般为 0.01%～0.02%，榨菜则为 0.1%。山梨酸及其盐在果汁中的添加量不得超过 0.06 g/kg，在果汁及番茄汁中加入山梨酸钾防腐效果较好，用量为 0.02%～0.05%。称量食品添加剂的计量器具应定期检定或校准，计量器具的精度应与称量要求相适应。食品添加剂的添加应确保均匀，搅拌的时间、次数、温度等要求应经确认后方能正式在工艺中使用。

（3）漂烫（汆水）工序

漂烫是果蔬加工时的一个重要工序，漂烫可采用热水和蒸汽。热烫的温度和时间应根据原料种类、品种、成熟度及切分大小不同而异，一般情况下热烫水温为 80~100℃，时间为 2~8 min，热烫的程度应根据产品品种和原料情况加以确定。热烫不足或过度都会影响产品的最终品质。应控制漂烫的温度和时间，以确保漂烫后的产品符合相关规定。

（4）热处理工序

果蔬干制过程中对时间、温度、真空度及卫生条件等应进行监测，确保烘干的产品符合规定的要求；人工干制法关键要控制好干燥的温度和时间。可溶性物质含量高或切分成大块以及需整形干制的果品和蔬菜，升温方式可采用初期温度较低、中期较高、后期温度降低直至干燥结束。可溶性物质含量低或切成薄片、细丝的原料（如黄花菜、辣椒等）的干制，升温方式可采用初期急剧升高烘房温度，最高可达 95~100℃，然后放进原料，由于原料大量吸热，而使烘房温度很快下降，一般降温 25~30℃，此时继续加大火力，使烘房温度升至 70℃左右，并维持一段时间，这样的产品干燥时间短、产品质量高。大多数蔬菜的干制，温度可维持在 55~60℃的恒定水平，直至烘干临近结束时再逐步降温。

而对有杀菌工艺要求的产品，杀菌效果应确认证实其符合食品安全要求，正式投产前和杀菌工艺变更后，或杀菌设备改造后，应进行杀菌效果确认，并保持确认记录。杀菌的监测设备应在使用过程中定期进行检定或校准，杀菌系统的维护保养工作应能够保障杀菌效果。对果蔬汁饮料而言，杀菌工序是一道关键工序，关系到饮料质量及保存期。果蔬汁饮料为酸性食品（pH<4.5），可采用常压杀菌，瓶装产品一般采用两道杀菌工艺，即封盖前对料液进行超高温瞬时（UHT）灭菌（130~135℃，4~6 s）。

（5）腌制、油炸工序

果蔬产品的腌制工序中，要重点控制腌制时间及温度，以确保腌制后的产品中的亚硝酸盐含量符合 GB 2714 的规定。蔬菜腌制时，要注意腌制的食盐浓度、酸度、温度等因素对腌制质量的影响。通常 6%的食盐溶液能抑制大肠杆菌和肉毒杆菌，10%的浓度能抑制腐败菌，13%的浓度能抑制乳酸菌，20%的浓度能抑制霉菌，25%的浓度能抑制酵母菌。所以，蔬菜腌制时的用盐量需根据其目的和腌制的时间的不同而不同，一般在 5%~15%。

在果蔬产品的油炸工序中，煎炸用油应符合 GB 2716 的规定，油应定期更换，并应对油的使用时间、更换频次进行工艺验证，确保其卫生指标符合要求。

（6）即食果蔬清洗消毒工序

对于即食果蔬的清洗消毒，应根据产品的特点，确定不同即食果蔬适宜的清洗、消毒方法，确保清洗和消毒后的产品符合相关食品安全的要求。

（7）速冻工序

果蔬沥干后要整齐地摆放在速冻盘内或以单体进行快速冻结。例如，一般要求蔬菜在冻结过程中，在不超过 20 min 的时间内迅速通过最大冰晶形成带（−5～−1℃），使冻品的中心温度达到−18℃以下。

（8）灌装工序

此工序主要从灌装温度的控制和组织状态两方面进行控制。玻璃瓶灌装温度一般要求不低于 70℃；纸盒和 PET 产品要求达到 88～90℃。要求前后工序衔接紧密，保证灌装连续化，有利于灌装温度的稳定。

5.4.3　果蔬制品生产企业信息化管理的要求

1. 总体要求

GB/T 29373—2012 就果蔬供应链中质量追溯所需的信息进行了明确规定。总体而言，果蔬供应链上各组织（种植、加工、运输、销售等）应确保追溯范围内上、下游组织间信息的有效传递和沟通，并应记录基本的追溯信息。各组织应对需要记录的追溯信息达成共识，在实现追溯目标的基础上，加强扩展追溯信息的交流与共享。

直接或间接介入果蔬供应链中的一个或多个环节的组织应明确记录本环节产生的接收信息、处理信息和输出信息，并保证信息间的有效链接。各组织间应就追溯信息保存期限达成一致，数据文件的保存期应符合法律法规要求并长于果蔬的货架期。若产品涉及流程少于所列环节，可依据自身需要，记录所历经环节的追溯信息。若产品涉及流程多于所列环节，需按照追溯信息不间断原则，将新增流程中的追溯信息予以记录。

2. 信息划分

在信息的划分方面，当追溯单元由一个组织转移到另一个组织时产生外部追溯信息，外部追溯信息包括接收信息和输出信息；若追溯单元仅在组织内部各部门间流动，产生的内部追溯信息即处理信息。

3. 信息记录

1）外部追溯信息记录要求

接收信息和输出信息要求见表 5-6 和表 5-7。

表 5-6 接收信息记录要求

外部追溯信息		描　　　述	信息类型	
			基本追溯信息	扩展追溯信息
接收信息	产品来源	追溯单元及本阶段添加物、包装物等供应商名称、地址等联系方式或厂商识别代码	★	
		产品和企业认证情况		★
	产品标识	追溯单元及本阶段添加物、包装物等名称、批号、数量和规格	★	
	质量信息	追溯单元及本阶段添加物、包装物等描述、入库验收检验信息、温度等关键控制点要求、包装类型		★
	交易信息	交易时间、地点	★	
	附加信息	涉及的其他信息		★

注：★代表该行信息所属类型。

表 5-7 输出信息记录要求

外部追溯信息		描　　　述	信息类型	
			基本追溯信息	扩展追溯信息
输出信息	产品去向	追溯单元接收方的名称、地址等联系方式或厂商识别代码	★	
		产品和企业认证情况		★
	产品标识	追溯单元名称、批号、数量和规格	★	
	质量信息	追溯单元描述、出库验收检验信息、湿度等关键控制点要求、包装类型		★
	交易信息	交易时间、地点	★	
	附加信息	涉及的其他信息		★

注：★代表该行信息所属类型。

2）果蔬加工供应链各环节处理信息记录要求

（1）品种繁育环节

品种繁育环节处理信息记录要求见表5-8。

表5-8　品种繁育环节处理信息记录要求

内部追溯信息		描　　述	信息类型	
			基本追溯信息	扩展追溯信息
处理信息	种子和（或）根茎标识	名称、批号、数量和规格	★	
	亲本标识	品种、批号、数量和规格	★	
	品种或根茎的选择	对"亲本"的栽培技术和措施记录		★
	种子和（或）根茎的质量	种子质量保证文件（如无病虫害、病毒等）和品种纯度记录		★
	繁殖材料质量信息	国家认可的植物检疫证明、质量保证书或生产合格证明书		★
	植保信息	病发名称、时间、植保产品名称、施用时间、剂量、作业人员等		★
	繁殖信息	繁殖时间、品种、数量	★	
		种属、重量、苗龄、湿度记录、密度记录、育苗过程管理记录、作业人员		★
	附件信息	涉及的其他信息		★

注：★代表该行信息所属类型。

（2）种植环节

种植环节处理信息记录要求见表5-9。

表5-9　种植环节处理信息记录要求

内部追溯信息		描　　述	信息类型	
			基本追溯信息	扩展追溯信息
处理信息	并批、分批信息	种苗名称、原批号、产地、数量与规格、新生产的批号	★	

续　表

内部追溯信息		描　述	信息类型	
			基本追溯信息	扩展追溯信息
处理信息	产品标识	名称、批号、数量和规格	★	
	种植基地	生态环境信息、土壤信息、温度信息、水质信息、检验信息		★
	施肥灌溉信息	施肥品种、时间、数量、次数、人员　灌溉次数、时间、方式		★
	病虫草害防治信息	病虫草害名称、发病时间、用药名称、剂量、次数、类型、时间、作业人员		★
	采收信息	采收日期、采收基地编号、采收数量和规格	★	
		采收方式、作业人员、容器		★
	附加信息	涉及的其他信息		★

注：★代表该行信息所属类型。

（3）加工环节

加工环节处理信息记录要求见表 5-10。

表 5-10　加工环节处理信息记录要求

内部追溯信息		描　述	信息类型	
			基本追溯信息	扩展追溯信息
处理信息	并批、分批信息	名称、原批号、数量与规格、新产生的批号	★	
	加工产品标识	名称、批号、数量与规格	★	
	清洗信息	水质信息、消毒剂浓度		★
	加工设施设备信息	清洁消毒记录		★
	添加物信息	添加方式		★
	加工信息	车间、生产线编号、生产日期和时间	★	
		卫生控制与检查记录、加工温度记录、加工过程控制记录、加工人员、班组		★
	附加信息	涉及的其他信息		★

注：★代表该行信息所属类型。

（4）仓储物流环节

仓储物流环节处理信息记录要求见表 5－11。

表 5－11 仓储物流环节处理信息记录要求

内部追溯信息		描 述	信息类型	
			基本追溯信息	扩展追溯信息
信息处理	仓储物流信息	仓库编号、出入库数量、时间、运输工具编号，运输时间	★	
		温度记录、检验信息、运输人员		★
	附加信息	涉及的其他信息		★

注：★代表该行信息所属类型。

（5）批发环节

批发环节处理信息记录要求见表 5－12。

表 5－12 批发环节处理信息记录要求

内部追溯信息		描 述	信息类型	
			基本追溯信息	扩展追溯信息
处理信息	质量信息	温度记录、存储时间记录、质量检验信息		★
	附加信息	涉及的其他信息		★

注：★代表该行信息所属类型。

（6）零售和餐饮环节

零售和餐饮环节处理信息记录要求见表 5－13。

表 5－13 零售和餐饮环节处理信息记录要求

内部追溯信息		描 述	信息类型	
			基本追溯信息	扩展追溯信息
处理信息	质量信息	温度记录、存储时间记录、质量检验信息		★
	附加信息	涉及的其他信息		★

注：★代表该行信息所属类型。

第6章 流通环节食品安全管理及信息化实践

6.1 相关基本概念

6.1.1 食品流通的基本概念

食品流通是指食品从生产领域向消费领域转移的过程。食品是特殊商品，食品流通是商品流通的一个组成部分。

食品流通由商流、物流、信息流三部分组成。食品通过买卖活动而发生的价值形态变化和所有权的转移，叫作食品的价值转换，简称食品的商流；在食品流通过程中，食品实体在空间位置上的移动和在流通领域内的停滞，叫作食品的实体运动，简称食品的物流；在商流和物流过程中，往往伴随着信息的传播和流动，称为食品信息流。

根据最新的《食品经营许可管理办法》（国家食品药品监督管理总局令第17号公布）和《食用农产品市场销售质量安全监督管理办法》（国家食品药品监督管理总局令第20号）的描述，食品经营项目主要包括食用农产品、预包装食品、散装食品（含熟食或不含熟食）、乳制品（含婴幼儿配方乳粉或不含婴幼儿配方乳粉）等四大类。而《中华人民共和国工业产品生产许可证管理条例》第一章（总则）第2条规定，"国家对生产下列重要工业产品的企业实行生产许可证制度：（一）乳制品、肉制品、饮料、米、面、食用油、酒类等直接关系人体健康的加工食品"。在这四大类食品经营项目中，除了食用农产品以外，其他食品都属于以农、林、牧、渔业产品为原料进行加工而得的工业产品（也就是加工食品）。所以，食品流通可以分为食用农产品流通和加工食品流通两大类。

相对于加工食品流通，食用农产品的流通环节往往是最薄弱的，最容易出现因为法律缺失和漏洞而造成的食品安全问题。到目前为止，我国农产品流通模式经历了三个阶段的发展和演化：一是 20 世纪 80 年代以来逐步形成的以批发市场为核心，以农贸市场、零售企业、机关、餐饮为基础零售端的多层级、直线型农产品流通渠道体系；二是 20 世纪 90 年代兴起的以超市为核心的"农超对接"流通渠道体系；三是 2012 年以来以电商为主导的新兴农产品电商平台流通渠道等。

6.1.2　食品流通加工的基本概念

流通加工（Distribution Processing）是指物品在生产地到使用地的过程中，根据需要施加包装、切割、计量、分拣、刷标志、拴标签、组装等简单作业的总称。流通加工是流通中的一种特殊形式，它是在物品从生产领域向消费领域流动的过程中，为了促进销售、维护产品质量和提高物流效率，对物品进行的加工。流通加工是商品在从生产者向消费者流通过程中，为了增加附加价值，满足客户需求，促进销售而进行的简单加工作业。

食品流通加工则是指发生在食品流通过程中的加工活动，包括在途加工和配送中心加工，是为了方便食品流通、运输、储存、销售、顾客以及资源的充分利用和综合利用而进行的加工活动。目前食品流通加工主要包括以下几种方式。

（1）冷冻加工。为解决鲜肉、鲜鱼在流通中保鲜及搬运装卸的问题，采取低温冻结方式加工。这种方式也用于某些液体商品、药品等。

（2）分选加工。农副产品规格、质量离散情况较大，为获得一定规格的产品，采取人工或机械分选的方式加工称分选加工。广泛用于果类、爪类、谷物、棉毛原料等。

（3）精制加工。农、牧、副、渔等产品精制加工是在产地或销售地设置加工点，去除无用部分，甚至可以进行切分、洗净、分装等加工。这种加工不但大大方便了购买者，而且还可以对加工的淘汰物进行综合利用。比如，鱼类的精制加工所剔除的内脏可以制成某些药物或制饲料，鱼鳞可以制高级黏合剂等；蔬菜的加工剩余物可以制饲料、肥料等。

（4）分装加工。可以分类销售在销售地区按所要求的零售起点进行新的包装，即大包装改小包装，散装改小包装，运输包装改销售包装，以满足消费者对不同包装规格的需求，从而达到促销的目的。

此外，半成品加工、快餐食品加工也成为食品流通加工的组成部分。这种加工形式从产地批量地将原液运至消费地配制、装瓶、贴商标、包装后出售，既可节约运输成本，又保护了商品品质，增加了商品的附加价值。例如，从产地批量地将葡萄酒原液运至消费地配制、装瓶、贴商标，包装后出售，既可以节约运费，又安全保险，以较低的成本卖出较高的价格，附加值大幅度增加。

与食品生产加工相比较，食品流通加工有以下几点不同。

（1）加工对象不同。流通加工的对象是进入流通领域的商品；生产加工的对象不是最终商品而是食品原材料或半成品。

（2）组织加工者不同。流通加工的组织者是从事流通工作的商业企业或物流企业；而生产加工的组织者则是生产企业。

（3）加工程度不同。流通加工大都为简单加工，是生产加工的一种辅助和补充；而生产加工则较为复杂。

（4）加工目的不同。生产加工的目的是创造价值和使用价值；流通加工的目的是完善商品的使用价值，并在对原商品不做大的改动情况下提高其价值。

由于食品流通加工环节操作的规范性、合法性都会直接影响食品的安全性，所以要做到每个环节都在可监控下进行，并都留下记录。详细记录食品流通加工各类信息，并保证有可追溯性，就能避免流通加工中的食品安全问题。

6.2　我国食用农产品流通模式的发展历程

随着社会的快速发展，人民生活水平不断提高以及消费方式的改变，农产品的流通模式已经发生了天翻地覆的变化，其发展历程如下。

（1）"农户+市场"模式

在改革开放初期，一些农户在满足自家农产品需求之外，把多余的农产品拿到集市上出售，形成了生鲜农产品自由贸易最初的流通模式。这种初期模式中，农户的生产规模和市场范围都很小，一般都是就近交易，常见于农田和周围的集市附近。由于农户的生产目的并不是交易，交易只是生产富裕的附属品，农户承担着生产者、流通者和销售者的多重角色，并没有分工意识，与交易对象之间的契约关系也较为松散，虽然流通环节很短，流通效率却并不高。随着市场化的扩大，这种初期模式逐渐消失。

（2）"农户+中间商+批发市场+农贸市场"模式

随着改革的深入和经济的发展，农业生产规模和农业技术逐渐扩大和提高，与此同时，消费者对生鲜农产品的需求也日益增加，二十世纪八九十年代，开始出现以交易为目的的农业生产专业户。这时期的农户已经有了分工意识，根据不同的产业重点，形成了果农、菜农、粮农、养殖户等不同类型的生产专业户。农户不再承担流通者和销售者的角色，批发商和代理商、收购商等中间商开始加入生鲜农产品流通中，承担了农产品集散的任务，批发市场则作为主要的商品集散地。

（3）"农户+合作组织+批发市场+农贸市场"模式

在上述模式中，生鲜农产品流通领域的主动权从农户手中转移到批发商手中。由于农户自身的组织弱性，加上市场信息的不对称，农户自身的利益常常得不到保障，经常受到批发商、收购商的压榨。为了提高农户的抗风险能力和盈利能力，中介性的合作组织开始出现，包括农业专业合作社、农业技术协会等。

（4）"农户+供应商/合作组织/批发商+超市"模式

随着连锁超市的发展，越来越多的人开始把生鲜农产品的购买场所从农贸市场转移到超市生鲜部。传统农贸市场的卫生条件和购物环境较差，随着人们生活水平的提高，越来越多的消费者开始倾向于从超市购买生鲜农产品。例如，1995年上海华联超市率先进行生鲜农产品经营，并成立生鲜食品加工配送中心。随后，全国各地的大型连锁超市纷纷效仿，开设生鲜产品销售区，食品种类也越加丰富。超市的生鲜农产品供应也是通过多种渠道实现的，有通过批发商或代理商供应，也有通过专业合作社进行供应。由于超市入场门槛较高，对生鲜农产品的质量要求也较高，推动了生鲜农产品的标准化、品牌化发展。

（5）"农户+超市"模式

随着大型连锁超市的扩张和农民专业合作社的发展，一些地方已具备了生鲜农产品从产地直接进入超市的基本条件，农超对接模式逐步形成。最初的超市生鲜农产品的采购通过批发商、代理商等中间组织，链条冗长，且各环节的交易费用较高。为了降低费用，必须减少流通环节，各大超市商家开始直接深入农田，通过合同契约的方式进行直采，形成"农户+超市"的生鲜农产品流通模式。这种环节少、契约关系强的流通模式不仅有利于提高农户收入和降低流通成本，也有利于生鲜产品的价格稳定和食品安全。

（6）"农户+供货商+社区生鲜超市"模式

社区生鲜超市一般以连锁方式出现，靠近居民区，购物环境相对整洁，顾客忠诚度相对较高。社区生鲜超市的供应主要来自批发商、供应商以及专业农产品销售公司等，供货渠道较为复杂。目前，全国很多大城市出现了专门从事生鲜贸易的企业，有些则直接在社区开设直营店，将生鲜农产品的生产、流通、销售紧密连接，使专业分工进一步内部化，既有利于组织内部的管理，也有利于流通效率的提高。

（7）"生产基地+网络生鲜超市"模式

近年来，随着电子商务的发展和互联网的普及，网络生鲜超市成为消费者继农贸市场、超市、社区生鲜店之外的又一新型买菜模式。与之前的零售终端不同，消费者甚至不需要出门，就可以通过网络选购到心仪的生鲜物品。

6.3　"互联网+"时代下的农产品流通模式

2012 年以来，随着互联网、大数据、信息平台、农村电子商务等现代流通形式的集中爆发式发展，以信息技术为主要特征的现代化信息平台建设、以电商为主导的"百乡千村"工程等彻底改变了农村的生产和生活方式，催生了一大批新兴农产品电商平台，相继出现了 B2C、C2C、P2B2C 等具有典型"互联网+"思维的农产品流通模式。

6.3.1　农产品电商平台主要类型

（1）综合类电商平台

以阿里、京东、一号店、苏宁等为代表。综合类电商平台在我国电子商务市场中的占比超过 80%，拥有雄厚的资本、强大的品牌影响力、巨大的客流量等，用户购买成本较低。不过，这类平台也存在不足之处，一是农产品大多由第三方卖家销售，综合类电商平台仅提供交易场地，无法控制所交易农产品的质量安全和品质；二是平台卖家众多，在农产品品质和价格等方面并没有统一标准，只能通过顾客评价加以了解，会在某种程度上纵容商家以次充好和造假的行为。

（2）垂直类电商平台

以天天果园、沱沱工社、中粮我买网等为代表。垂直类平台只专注于某个品类的农产品，且产品定位比较高端，大多已经建成自有物流。该类平台的优势，一是自建物流配送时间短、效率高，且可以做到全程冷链，损耗较小；二是只关注农产品的一个品类，或是拥有自营农场，或是与供应商签订契约，产品品质与质量安全有保证。该类平台的劣势，一是品牌影响力较小，客流量不能与大型综合类电商平台相比，特别是建立初期，为打开市场，需要巨大的推广成本；二是自建冷链物流，不仅会耗费大量的人力物力，而且会出现重复建设等问题；三是某些垂直类电商扎堆布局，呈现严重的同质化现象，自身特点不明显。

（3）物流切入型电商平台

以顺丰优选为代表。顺丰优选受益于顺丰快递，有着其他电商无法企及的优势，一是顺丰快递在快递行业有着极好的口碑和极强的品牌影响力，快和安全作为顺丰最大的特点，恰恰符合农产品配送的要求，从而可以很自然地为顺丰优选吸引大量忠诚度高的客户群体；二是顺丰快递在国内相对完备的物流仓储体系成为顺丰优选配送的天然优势，可有效保障农产品质量安全。不过，顺丰优选也面临一系列挑战，一是与其他电商相同，其建立初期需要巨大的推广成本；二是需要与农产品供应商进行紧密而稳定的合作，以保证充足而优质的农产品供应。

（4）O2O 生鲜电商平台

O2O 即 Online To Offline（在线离线或线上到线下），一般表示"线上销售，线下体验"，以沃尔玛、家乐福、永辉等为代表。目前，多家大型连锁超市，如沃尔玛、家乐福、永辉等触电农产品电商。沃尔玛和家乐福均自建了互联网平台APP，用户通过 APP 下单，即可足不出户购买到超市优质的农产品。永辉也与京东到家合作，进行超市优质农产品配送。由于该类电商平台刚起步，客流量较小，主要依靠第三方社会物流配送，配送时间得不到有效保证，推高了流通成本。

6.3.2 "互联网+"农产品流通模式主要类型

（1）B2C 模式

B2C 模式指的是企业与消费者直接达成交易的电商模式，即企业借助网络销售平台发布有关农产品的相关信息，与消费者进行直接销售的网售模式。这种流通方式具备消费者分散、需求多样、灵活性高等特点，通常需要借助第三方物流完成企业与消费者之间的农产品输送过程。这种自营类型的物流模式被许多 B2C 商场运用，如当当、京东和北京优菜等。而超市与天猫商城中的农产品多采用第三方物流进行鲜活农产品的运输，主要针对价格和品质都较高的鲜活有机类型的农产品，服务对象受到明显限制。由于在实际操作中 B2C 电商网站的互动服务性感受较弱，存在创新性欠缺的问题，并且个性服务特色不明显，致使消费者在消费体验和服务感受方面缺乏选择余地。这就导致在 B2C 模式中，消费者更加注重的是农产品本身的价格，因此电商大多采用价格战的策略来吸引客户，导致客户忠诚度较低，造成业务发展存在客观局限性。

（2）C2C 模式

C2C 模式指的是建立在消费者之间进行沟通交流的电商流通模式。例如，在淘宝商城，借助 C2C 平台进行农产品相关信息的发布，在消费者下单后，农产品自产地经由第三方物流直接送至消费者的家中，其销售流通的覆盖面较为广泛，几乎可覆盖我国全部的地区。然而，在新鲜和高价农产品的销售方面存有物流成本高、普及性弱等限制。因此，在此类模式中，可通过平台与物流公司的合作，依据农产品生产者（即商家）的聚集分布范围进行细致的划分，在此基础上，对农户集中程度高的区域进行物流点的设立，以此实现新鲜农产品的快速统一调配，提高农产品的输送效率，从而达到降低运输成本与节约费用的目的。

（3）P2B2C 联盟模式

P2B2C 是建立在上述前两类模式基础之上的联合模式。通过企业引导新鲜农产品的培育和完善物流运输方式为突破点，从而引领农产品供应链向基础化、信息化、产业化、专业化与规模化的方向全面发展；通过大型流通企业进行产销体系和信息平台的对接，构建新鲜农产品线上线下的一体化供应链条，以企业为核心，实现农产品流通体系中前端口、后端口及信息平台的全面创建。

随着互联网的广泛应用，农产品流通在整个流通行业中所占的比例越来越高，因此，运用法律手段完善农产品流通体制具有重要的意义，有利于提高农产品的质量，增加附加值，有利于提高农业的综合经济效益，增加农民收入，促进农村经济发展。

6.4　食品冷链物流

6.4.1　基本概念

冷链物流（Cold Chain Logistics）是指产品在生产、仓储、运输和销售过程的各个环节中始终处于产品规定的最佳低温环境下，才能保证产品质量，减少产品损耗的一项系统工程。

食品冷链（Cold Chain for the Food）是指易腐食品从产地收购或捕捞之后，在产品加工、贮藏、运输、分销和零售直到消费者手中，其各个环节始终处于产品所必需的低温环境下，以保证食品质量安全，减少损耗，防止污染的特殊供应链系统。各类生鲜农产品、冷藏或冷冻食品以及特殊生物制品（疫苗、血液）等产品都需要全程冷链物流储运，其运行模型如图 6-1 所示。

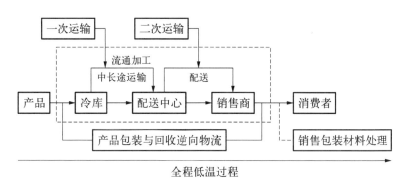

图 6-1　全程冷链物流模型

6.4.2　食品冷链的构成

食品冷链由冷冻加工、冷冻贮藏、冷藏运输及配送、冷冻销售四个方面构成。

（1）冷冻加工：包括肉禽类、鱼类和蛋类的冷却与冻结，以及在低温状态下的加工作业过程；果蔬的预冷；各种速冻食品和奶制品的低温加工等。在这个环节上主要涉及的冷链装备有冷却、冻结装置和速冻装置。

（2）冷冻贮藏：包括食品的冷却储藏和冻结储藏，以及水果蔬菜等食品的气调贮藏，它是保证食品在储存和加工过程中的低温保鲜环境。此环节主要涉及各类冷藏库/加工间、冷藏柜、冻结柜及家用冰箱等。

（3）冷藏运输及配送：包括食品的中、长途运输及短途配送等物流环节的低温状态。它主要涉及铁路冷藏车、冷藏汽车、冷藏船、冷藏集装箱等低温运输工具。在冷藏运输过程中，温度波动是引起食品质下降的主要原因之一，所以运输工具应具有良好性能，在保持规定低温的同时，更要保持稳定的温度，远途运输尤其重要。

（4）冷冻销售：包括各种冷链食品进入批发零售环节的冷冻储藏和销售，它由生产厂家、批发商和零售商共同完成。随着大中城市各类连锁超市的快速发展，各种连锁超市正在成为冷链食品的主要销售渠道，在这些零售终端中，大量使用了冷藏/冻陈列柜和储藏库，由此逐渐成为完整的食品冷链中不可或缺的重要环节。

6.4.3　食品冷链物流分类

1. 按温度分类

（1）超低温物流：适用温度范围在 -50℃以下。

（2）冷冻物流：适用温度范围在 -18℃以下。

（3）冰温物流：适用温度范围在 -2~2℃。

（4）冷藏物流：适用温度范围在 0~10℃。

（5）其他控温物流：适用温度范围在 10~25℃。

2. 按所服务的物品对象分类

（1）肉类冷链物流：主要为畜类、禽类等初级产品及其加工制品提供冷链物流服务的形态。

（2）水产品冷链物流：主要为鱼类、甲壳类、贝壳类、海藻类等鲜品及其加工制品提供冷链物流服务的形态。

（3）冷冻饮品冷链物流：主要为雪糕、食用冰块等物品提供冷链物流服务的形态。

（4）乳品冷链物流：主要为液态奶及其乳制品等物品提供冷链物流服务的形态。

（5）果蔬花卉冷链物流：主要为水果、蔬菜和花卉等鲜品及其加工制品提供冷链物流服务的形态。

（6）谷物冷链物流：主要为谷物、农作物种子、饲料等提供冷链物流服务的形态。

（7）速冻食品冷链物流：主要为米、面类等食品提供冷链物流服务的形态。

6.4.4　食品冷链物流的“3T”原则

食品冷链物流应遵循“3T 原则”，即冷链储运的食品品质最终质量取决于载冷链的储藏与流通的时间（Time）、温度（Temperature）和产品耐藏性（Tolerance）。“3T 原则”指出了冷藏食品品质保持所允许的时间和产品温度之间存在的关系。

由于冷藏食品在流通中因时间-温度的经历而引起的品质降低的累积和不可逆性，因此对不同的产品品种和不同的品质要求都有相应的产品控制和储藏时间的技术经济指标。这也是目前对在食品冷藏储运过程中的品质进行信息化监控的主要技术依据。

6.4.5 我国食品冷链物流的发展特点

我国冷链物流起步于 20 世纪 50 年代的肉食品外贸出口,并在 1982 年颁布的《食品卫生法》的推进下得到了更快发展。近年来,我国冷链物流迅速增长,呈现出以下几方面的发展特点。

(1) 市场规模不断扩大。每年约有 4 亿吨农产品进入流通领域,冷链物流比例逐步提高。其中 2016 年,果蔬、肉类及水产品冷链流通率分别达到 10%、25% 和 35%。

(2) 农产品冷链基础设施不断完善。据中物联冷链委统计,2016 年全国冷链物流市场需求达到 2 200 亿元,同比增长 22.3%;全国冷库新增 305 万吨,总量达到 4 015 万吨(折合 10 037 万立方米),同比增长 8.2%;全国冷藏车保有量新增约 2.2 万台,总数达到 11.5 万台,比 2015 年同比增长 23.6%。

(3) 第三方冷链物流快速发展。随着政府监管力度的加大、企业竞争的加剧、资本的大量投入,第三方冷链物流企业迎来了快速发展机遇,同时也加快了冷链行业的整合,其运行模式如图 6 - 2 所示。鲜易供应链、华蒙通、海升集团、新希望、联想、安鲜达等企业已经分别从肉类、果蔬、乳制品、水果、电商等不同角度开始全产业链条的整合。

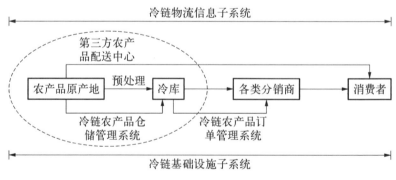

图 6 - 2   第三方农产品冷链物流系统框架

(4) 农产品冷链网络不断完善。健全的网络是物流企业降本增效、升级转型的基础前提。顺丰冷运、京东物流、九曳供应链、安鲜达物流等具备专业农产品冷链物流服务能力的企业,正不断地在全国范围进行网络化布局。

(5) 食品进出口贸易快速发展。食品跨境电商的爆发,是冷链国际化发展的主因。"一带一路"沿线国家和地区，将是冷链相关企业未来布局的重点，黑龙江到俄罗斯、重庆到欧洲、南向通道（兰州、重庆、贵阳、广西北部湾出海到东南亚和新加坡）等地的果蔬、肉制品、水产品冷链专列已先后开通，今后将进一步扩大线路。

（6）集约化冷链物流园区开始涌现。目前全国各地像餐饮中央厨房园区、农产品物流园、水产品物流园等一大批具有冷链属性的综合园区正在建设或已经投入运营。这种通过集约化的方式，在一定区域或范围内，把个别的、零碎的、分散而同质的冷链客户和资源集中形成规模，提高资产的运营效率，是冷链企业未来追求和发展的方向。

2016 年 8 月，商务部办公厅、国家标准委办公室发布《关于开展农产品冷链流通标准化示范工作的通知》，确定按照"以点带链，由易到难"的总体思路，重点围绕肉类、水产、果蔬等生鲜农产品，培育一批设施先进、标准严格、操作规范、运营稳定的农产品冷链流通标准化示范企业和示范城市，发挥示范带动作用，推动完善农产品冷链流通标准体系，探索建立农产品冷链流通监管机制，营造优质优价的市场环境，形成可复制、可推广的农产品冷链流通标准化模式。2017 年 7 月 25 日，商务部办公厅、国家标准委办公室联合下发《关于做好农产品冷链流通标准化示范城市及企业评估工作的通知》，重点评估 31 个试点城市和 285 家试点企业在推动冷链物流发展、建立健全冷链流通标准体系、推动标准化冷链设施设备应用、强化标准化冷链操作管理和创新冷链流通监管体系等方面的情况。伴随着"十三五"规划目标的持续深入、《全国农产品市场体系发展规划》等政策的进一步实施，我国农产品冷链物流发展将进入"提质增效"的关键阶段。

6.4.6　食品冷链物流信息化管理

食品冷链物流信息化管理主要体现在以下三方面：一是食品冷链物流配送中心的信息化管理；二是食品冷链配送过程信息化管理；三是包装食品的品质监控信息化。

1. 食品冷链物流配送中心的信息化管理

冷链物流配送中心可定义为："从事冷链物流活动的场所或组织，应基本符合以下要求：主要面向社会服务；冷链物流功能健全；环境温度符合不同物品的需求；完善的物流信息网络；辐射范围大；少品种、大批量；存储吞吐能力强；

冷链物流业务统一经营管理，具有完善的管理规范和物流设施。"

食品冷链物流配送中心基本以生鲜产品为主，且生鲜产品尤其是鲜果蔬菜等热敏性食品，温度波动对此类产品的质量影响是非常显著的，即便是在冷库中的贮存，管理模式的非系统性以及人为操作的滞后性，都将影响鲜活农产品的质量。所以，借助信息技术对冷库环境温度的实时监控以及对冷库货架储存中生鲜农产品品质进行实时监控与管理等，都是冷库精细化管理中需要着重研究与解决的。

总的来说，在食品冷链物流配送中心运作中，主要作业流程包括商品验收、信息录入、库位记录、入库、盘点、拣选订单、订单复检、打包及配送等。但最核心的作业主要是入库和出库两个作业流程。

（1）入库作业流程

入库即为送货司机根据公司对供应商的订单，将货物送到仓库后，入库组长带领收货管理员进行货物的清点、检验、上架等一系列工作。该作业主要工作包括产品验收、数量清点、信息录入、贴条码、货物上架。该部分重点在于信息的录入和时间的控制，即有效信息的记录以及尽可能缩短作业时间，减少人力成本。入库作业流程见图6-3。

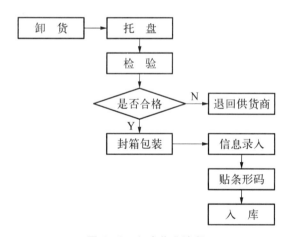

图6-3　入库作业流程

入库作业主要操作流程如下。

第一步：农产品供应商在指定时间段集中将货物送到物流中心。入库组根据《采购通知单》核对，确认无误后分托盘堆放在收货缓冲区，等待验收。

第二步：质检部工作人员按标准对各种类产品进行验收。其中，常温类与冷冻类商品主要核对产品品名，查看外包装是否有破损以及生产日期是否在公司要求范围内。新鲜蔬菜及水果类产品则需要根据具体种类检验表皮是否有烂斑、是否有机械损伤，并挑选果型大小相近的水果重新称重，按公司产品规格包装后放入缓存区，不合格或多余的商品由供应商带回。

第三步：完成质检环节之后，由信息输入员将验收后的商品信息、数量录入到数据库中。信息输入员的工作还包括填写收货清单，同时打印产品条形码并贴到产品上。

第四步：完成信息录入以及贴条码工序后，由工作人员将产品按列别存入货架。

（2）出库作业流程

库装货即为出库组按照订单从货架上逐个将订单所列货物找出，再由包装组复检，确认无误后进行打包，按照配送车辆号分类存入暂存区，次日装车出库，同时完成出库信息管理。出库作业流程见图6－4。

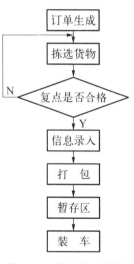

图 6－4　出库作业流程

出库作业主要操作流程如下。

第一步：订单于每天按约定时间由系统生成发送给仓库管理人员，仓库管理人员根据订单信息拣选，从对应货架上找到对应产品放入周转箱内，等待复检。

第二步：将经过复检核对货品种类和数量，并再次检查货品包装是否完整，真空包装产品是否有鼓起，若有问题，则从仓库内重新拣货，确定没有问题后移至设有冷藏环境的包装区域。

第三步：将经过复检的出库拣选单录入数据库，主要信息有货物所属订单号、所拣选货物的品类、数量、生产批次等信息。

第四步：由包装组人员对周转箱内商品进行打包。

第五步：将包装好的订单包裹按照第二天配送车辆信息存放到商品暂存区，并将出库拣选单一式两份，一份交给仓库留底，另一份留在拣选出的货物上，方便配送司机核对信息。

第六步：司机根据公司给的配送单核对货品信息，如确认无误后进行装车，准备送货。

2. 食品冷链配送过程信息化管理

食品冷链配送是食品生产与消费的纽带。在冷藏配送过程中融入先进的自动化采集技术、无线网络传感技术以及先进物联网管理理念等，充分了解配送食品信息，掌握供应链配送环节中的物流过程，对于保证食品质量安全显得尤为重要。

进入 21 世纪以来，随着科学技术的发展，射频识别技术（Radio Frequency Identification，RFID）被应用于冷链物流的监控中。射频识别技术是通过无线信号识别特定目标，从而读取相关信息与数据，无须建立机械或光学接触。一般由射频标签、读卡器、天线板和计算机四部分构成，工作流程见图 6-5。

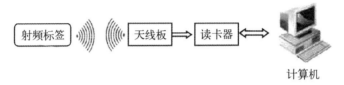

计算机

图 6-5　RFID 数据采集流程

电子温湿度标签就是将温湿度传感器嵌入射频标签中，用于采集物流过程中食品周围环境的温湿度信息并将其存储到标签里。随着物流过程的进行，电子标签会持续地将环境信息记录存储。当到达配送目的地时，利用读卡器读取配送过程中记录的温湿度信息，从而将其传输到数据库中进行存储和后续分析。这种方法存储量大、适应环境能力强、操作便捷、无须人工干预，实现了冷链物流信息的自动采集，但是无法做到实时性的监控，当发生问题时不能及时进行处理，且只是对物流中食品的监控，没有做到物流过程的监控与管理。

自 2010 年以来，随着现代网络技术与无线传感器网络技术的发展，以及位置地理定位技术的成熟，推动了冷链物流的监控与管理的步伐，使得冷链物流信息化监控进入了一个新的阶段，向着更加智能化、网络化等方向的发展。例如，无线传感器网络（Wireless Sensor Networks，WSN）作为新的热点技术被应用于食品冷链物流信息监控中，其原理是在冷链环境中部署大量的微型传感器节点，再由这些传感器节点自组成传感器网络，用于采集冷链配送过程中的食品温湿度信息，并将采集到的信息通过网络协调器实时传到监管者，这也是目前食品冷链物流过程信息采集的最佳方法。如图 6-6 所示为上海理工大学提出的基于 Android 平台的多温区冷藏车监测系统设计的总体结构，大致可以分为无线传感网络、冷链车载监控终端、远程网络监控管理系统。其实际运行结果如图 6-7 所示，该系统具有使用寿命长、功耗低、数据传输稳定性好等优点。

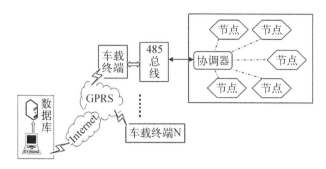

图 6-6　基于 Android 平台的多温区冷藏车监测系统的总体结构

序号	传感器编号	日期	温度	湿度
1	C002	2013/12/26 16/15/55	14.3	32.1
2	C002	2013/12/26 16/21/32	11.6	27.7
3	C002	2013/12/26 16/27/03	10.9	27.9
4	C002	2013/12/26 16/32/40	10.9	48.4
5	C002	2013/12/26 16/43/47	11.8	29.1
6	C002	2013/12/26 16/52/13	12.1	29.4
7	C002	2013/12/26 17/00/32	12.3	30
8	C002	2013/12/26 17/06/10	12.5	30.4
9	C002	2013/12/26 17/11/47	12.8	30.8
10	C002	2013/12/26 17/14/36	12.8	31.1
11	C002	2013/12/26 17/17/18	12.9	31.3

图 6-7　多温共配冷藏车信息监测

3. 包装食品的品质监控信息化

目前，针对包装食品的品质监控信息化，主要体现在智能化包装标签的应用上。智能标签是一种能够准确表征食品新鲜度，并将食品新鲜度信息直观反馈给消费者的一种可视化标签。可根据食品所历经的温度、时间等环境参数的变化来直观表征包装内部食品的质量变化。所以，智能标签被公认为是可进一步实现食品供应链的精细化管理、减少易腐食品的损耗、提高食品安全性的有效手段。

由于食品新鲜度的变化是其内外因素协同作用的结果，如环境温度、湿度以及食品自身酶催化与氧化作用。一般可以将智能标签主要分为以下两大类：温度型智能标签和气体指示型智能标签。

（1）温度型智能标签

温度型智能标签也称时间温度指示器（Time-Temperature Indicator，TTI），其工作原理是记录食品在全供应链期间的温度变化过程，由于食品新鲜度受到温度波动与时间变化的直接影响，且各食品在非适宜储藏温度下其新鲜度将得到极大的影响，因此利用时间-温度标签可很好地表征食品新鲜度的实时现状。根据现有国内外研究表明，时间-温度指示器目前是智能标签领域应用较为广泛的技术之一。它除了能记录食品所历经供应链中的环境储存情况，还能表征食品的剩余货架期。因此，TTI 已在许多生鲜冷冻食品如蔬菜、海产品、禽类、畜类和乳制品应用中得到了广泛的研究和初步应用。根据 TTI 指示标签显色物质产生机理的不同，TTI 又分为扩散型、聚合型、酶促反应型以及 UV 触发型四种。图 6-8 和图 6-9 分别是扩散型 TTI 和聚合型 TTI。

图 6-8　3M 公司的 Monitor Mark 扩散型 TTI

图 6-9　Lifelines Freshness Mortitior 聚合型 TTI

（2）气体指示型智能标签

气体指示型智能标签是指通过直接采集食品因致腐微生物代谢所产生的特殊性气体来监测食品的新鲜度。由于食物的呼吸作用不断改变着包装内的气体组分，而这些气体成分变化往往用作包装内部食品质量变化的表征参数。一般来讲，包装内气体组分的变化主要由微生物，或者包装材料的泄漏或破损所致。气体感知指示器可通过化学或酶的一系列反应，改变标签表层的颜色，从而来监测包装内部气体的组分变化。按照检测特征气体的不同，分为二氧化碳、氧气、挥发性含硫化合物、挥发性含氮化合物以及乙烯综合型气体指示器五类气体敏感型智能标签。图 6-10 为挥发性含氮化合物（TVBN）敏感型智能标签。

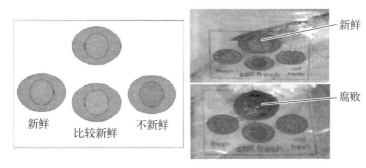

图 6 - 10　TVBN -鱼肉智能化标签（Kuswandi）

食品智能化标签作为新型的包装技术，此类包装具备充分地弥补传统包装的交互性薄弱、产品品质信息匮乏以及食品安全信息实时共享不足等缺点。食品智能标签技术通过可视化的直观呈现，降低食品在高效流通中的安全与质量的不确定性，这也一直是食品包装领域研究的重点。最近，上海理工大学提出了一种新型智能标签的冷链信息化监控方案，见图 6 - 11。其工作原理如下：通过扫描识别区 2 获得食品物流信息；与此同时，变色区 3 会随着温度、湿度以及时间等参数的变化而发生颜色变化，通过识别其颜色变化程度，映射出此包装食品的新鲜程度；对比区 4 是作为标准颜色区域，目的是对变色区 3 的颜色进行初始标定。该方案创新性地实现了食品物流信息和品质信息的同步提取，更能直观、全面体现包装食品的信息化监控思想。

图 6 - 11
一种基于二维码技术的
新型智能化冷链标签方案

1—标签承载主体；2—物流信息识别区；3—颜色变化区；4—颜色对比区

6.5　我国流通环节食品安全追溯体系建设及信息化实践

6.5.1　我国流通环节食品安全管理体系建设

流通环节是整个食品供应链重要且不可或缺的环节之一，由于食品本身的特性、食品供应链前端（如生产环节和加工环节）的影响以及食品异地生产、加工或消费的要求日益提升等诸多因素，导致流通环节中影响食品质量安全的因素不断增多，因此，严格保障流通环节的食品安全，对于确保消费者健康、社会稳定和经济发展具有重要意义。目前，流通环节食品安全管理体系的建设主要体现在食品可追溯体系的完善等方面。

相对于国外主要农业发达国家，我国农产品/食品可追溯体系制度的建设起步较晚。我国政府层面上农产品可追溯机制的最早记录，可以追溯到 2001 年 7 月上海市政府起草颁布的《上海市食用农产品安全监管暂行办法》，该法案明确要求"在农产品各个基地生产过程中，需要建立农产品生产过程的质量记录规程，确保农产品的可追溯性"。2004 年，国务院发布了《关于进一步加强食品安全工作的决定》，明确要求建立农产品质量安全追溯制度，特别是农业部启动的"进京蔬菜产品质量追溯制度"，标志着中国开始具体实施食品安全可追溯系统的建设。

近些年来，国务院及相关部委都对流通环节食品可追溯体系建设提出了诸多宏观指导意见和建议。例如，2006 年 6 月农业部颁布的《畜禽标识和养殖档案管理办法》，要求"建立档案信息化管理，实现畜禽及其产品的可追溯"；商务部于 2011 年 10 月 20 日印发《关于"十二五"期间加快肉类蔬菜流通追溯体系建设的指导意见》，该指导意见要求加强技术创新，推进肉类蔬菜流通现代化，加大试点力度，全面推进城市追溯体系建设，健全肉类蔬菜追溯网络等；农业部于 2012 年 3 月 6 日印发《关于进一步加强农产品质量安全监管工作的意见》，该意见指出"农产品需要统一产地质量安全合格证明和追溯模式，要求探索农产品质量安全产地追溯管理试点，最终实现农产品生产有记录、质量可追溯、流向可追踪、责任可界定"。此外，国务院每年年初都要印发当年食品安全重点工作安排，针对食品安全信息化建设方面的政策逐步明晰，逐渐将食品安全监管信息化建设工作推进上升至国家政策层面和法律层面。

2015 年 10 月 1 日，被称为"史上最严"的《中华人民共和国食品安全法》正式施行，要求食品生产经营者采用信息化手段采集、留存生产经营信息，建立食品安全追溯体系，保证食品信息可追溯。该法明确了国家建立食品安全全程追溯制度，这也就意味着食品安全追溯制度已经成为法定条款。通过构建流通环节食品安全追溯体系，可以有效预警食品安全问题，及时处理突发事件，形成高效的常态化监管，全程监管流通环节的食品安全，对消费者、监管部门、食品经营者都具有重要的意义。

（1）有利于保护消费者的权益。尽管《食品安全法》《产品质量法》等法律法规明确规定了食品经营者的行为规范，但是，如果外部市场缺乏有效的信号引导，食品经营者易受投机主义的驱动隐藏或扭曲真实的质量信息，选择以次充好或制假售假，由于信息不对称，消费者往往处于弱势地位，无法获知食品全面、真实的信息，容易购买到问题食品。而流通环节的食品安全追溯体系是一个快速获取食品信息的有效途径，消费者可以明确食品的真实质量信息，购买安全的食品，若不小心购买到问题食品，可以快速追溯责任主体，维护消费者权益。

（2）有利于提升流通环节食品安全监管效率。由于流通环节中的食品品种多，涉及信息广，突发事件频繁，后续处理难度大，食品安全违法犯罪行为越来越隐蔽，而且流动性不断增强，实时全面监管流通环节的食品安全，成为食品监管部门亟待解决的难题。基于网络化、数字化和智能化技术构建流通环节食品安全追溯体系，食品监管部门能够实时监控食品质量情况，快速搜寻并锁定问题食品，及时识别食品安全责任主体，有效防范食品安全事故发生。

（3）有利于提升食品经营者的管理水平。通过构建流通环节食品安全追溯体系，可以解决食品经营者"索证难、记账难、保存难、坚持难"的四难问题，简化食品经营者经营手续，而且一旦发生食品安全事故，可以迅速地查明问题源头，及时采取下架、召回等市场控制措施，最大限度地减少问题食品的扩散和企业的损失，维护企业的形象和声誉。同时，食品批发商、零售商可利用食品追溯系统实现进销存管理、订货配送管理等，提高电子化经营管理水平。

我国除了在流通环节食品安全监管立法、行政法规制定等方面取得了长足进步，还在食品流通环节的标准体系建设方面也进行了卓有成效的推进工作，现行食品流通环节追溯体系建设的主要标准如表 6-1 所示。

表 6-1　食品流通环节追溯体系主要现行标准

标准类型	标　准　内　容
国家标准	GBT 22005—2009 饲料和食品链的可追溯性体系设计与实施的通用原则和基本要求
	GBT 28843—2012 食品冷链物流追溯管理要求
	GBT 29373—2012 农产品追溯要求 果蔬
	GBZ 25008—2010 饲料和食品链的可追溯性体系设计与实施指南

标准类型	标　准　内　容
农业部标准	NYT 1431—2007 农产品追溯编码导则
	NYT 1761—2009 农产品质量安全追溯操作规程通则
	NYT 1762—2009 农产品质量安全追溯操作规程 水果
	NYT 1763—2009 农产品质量安全追溯操作规程 茶叶
	NYT 1764—2009 农产品质量安全追溯操作规程 畜肉
	NYT 1765—2009 农产品质量安全追溯操作规程 谷物
	NYT 1993—2011 农产品质量安全追溯操作规程 蔬菜
	NYT 1994—2011 农产品质量安全追溯操作规程 小麦粉及面条
	NYT 2531—2013 农产品质量追溯信息交换接口规范
商务部标准	SB/T 10683—2012 肉类蔬菜流通追溯体系管理平台技术要求
	SB/T 10680—2012 肉类蔬菜流通追溯体系编码规则
	SBT 10680—2012 肉类蔬菜流通追溯体系编码规则
	SBT 10681—2012 肉类蔬菜流通追溯体系信息传输技术要求
	SBT 10682—2012 肉类蔬菜流通追溯体系信息感知技术要求
	SBT 10683—2012 肉类蔬菜流通追溯体系管理平台技术要求
	SBT 10684—2012 肉类蔬菜流通追溯体系信息处理技术要求
	SBT 10768—2012 基于射频识别的瓶装酒追溯与防伪标签技术要求
	SBT 10769—2012 基于射频识别的瓶装酒追溯与防伪查询服务流程
	SBT 10770—2012 基于射频识别的瓶装酒追溯与防伪读写器技术要求
	SBT 10771—2012 基于射频识别的瓶装酒追溯与防伪数据编码
	SBT 10824—2012 速冻食品二维条码识别追溯技术规范
水产业标准	SCT 3043—2014 养殖水产品可追溯标签规程
	SCT 3044—2014 养殖水产品可追溯编码规程
	SCT 3045—2014 养殖水产品可追溯信息采集规程

6.5.2　EAN·UCC 系统在流通环节食品安全信息追溯中的应用

根据国际物品编码协会 GS1 制订的《EAN·UCC 系统通用规范》和《生鲜产品追溯指南》，EAN·UCC 系统为生鲜产品的识别与追溯提供了一套标准的解决方案，有助于增强生鲜产品来源信息的可靠性和提高信息传输处理的速度。它要求供应链中的每个作业者对生鲜农产品进行唯一标识，并把目的地的位置、产品的进入与输出之间的连接，记录在数据库中，每个作业者负责将这些数据准确地传递给供应链的其他伙伴，从而实现供应链间的无缝链接，达到对生鲜产品跟踪与追溯的目的。目前，全世界已有 20 多个国家和地区采用 EAN·UCC 系统的食品追溯系统解决方案对食品供应链各环节流通情况进行跟踪和追溯，获得了良好效果。

以下将根据《EAN·UCC 系统通用规范》和《生鲜产品追溯指南》，采用国际统一和通用的编码与条码系统对果蔬和肉类生鲜产品进行跟踪与追溯设计。需要特别说明的是：本部分内容只提供了果蔬菜和肉类生鲜产品跟踪与追溯的基本方法和应用模型，具体应用还应根据各企业的不同情况制定相应翔实的应用解决方案。任何计划进行生鲜产品跟踪与追溯的企业，首先要对全球统一标识系统（ANCC 系统）有一个大致的了解和学习，然后向中国物品编码中心或中国物品编码中心在全国的分支机构申请企业的厂商识别代码。企业有了自己的厂商识别代码以后，就可以开始使用全球统一标识系统进行编码了，建立和使用企业自己的全球贸易项目代码（GTIN），进而实现对生鲜产品的跟踪与追溯。

6.5.2.1　果蔬生鲜产品流通跟踪与追溯系统设计案例

1. 果蔬供应链追溯模型分析

一般来讲，水果、蔬菜产品流通环节的跟踪与追溯过程主要分为种植、拍卖/包装以及分销/零售的三个阶段，其跟踪和追溯信息见表 6-2。

2. 具体实施建议

从表 6-2 可以看出，果蔬在分销/零售阶段采用商品条码 EAN-13 标识。而在种植、拍卖/包装阶段，有许多附加属性数据信息，例如种植者、收获日期、农田代码、重量、农场批准号码等，这时需要采用 EAN/UCC-128 条码符号，EAN/UCC 应用标识符（AI）决定附加信息数据编码的结构，具体见表 6-3。

表 6-2 果蔬标签标注信息传输一览

种 植 ——→	拍卖/包装	——→ 分销/零售
EAN 条码符号：EAN/UCC-128		EAN 条码符号：EAN-13
水果的农田文件记录信息：种植者信息、农田代码、有机或化学农作物保护	标签上的人工可识读信息：种植者/分级者/包装者的批准号码、产品名称、种类或贸易类型、等级/种类、尺寸、净重、原产国、批号、包装日期（可选项）	标签上的人工可识读信息：种植者/包装者/分级者的批准号码、产品名称、种类或贸易类型、等级/种类、尺寸、净重、原产国、托盘化日期	标签上的人工可识读信息：种植者/包装者/分级者的批准号码、产品名称、种类或贸易类型、等级/种类、尺寸、净重、原产国、批号、包装日期（可选项）

表 6-3 中国物品编码中心在果蔬供应链中推荐采用的应用标识符

AI	数据域内容	数据名称	格 式	AI 的含义
00	系列货运包装箱代码	SSCC	n2+n18	系列货运包装箱代码
01	全球贸易项目代码	GTIN	n2+n14	全球贸易项目代码
02	物流单元内贸易项目代码	GTIN	n2+n14	物流单元内贸易项目代码
10	批号	BATCH	n2+n20	批号
11	生产日期	PROD DATE	n2+n6	收获日期
13	包装日期	PACK DATE	n2+n6	托盘化日期
251	源实体参考代码	REF. TO SOURCE	n3+an... 30	农田代码
412	供货方 EAN·UCC 全球位置码	PURCHASE FROM	n3+n13	种植者、加工者或包装者位置码
422	贸易项目的原产国	ORIGIN	n3+n3	原产国
7030~7039	加工者批准号码	PROCESSOR#S4	n4+ n3+ an... 27	种植者、加工者或包装者核准代码

下面根据果蔬种植、拍卖/包装、分销/零售三个阶段具体要求，阐述果蔬流通环节过程系统的跟踪和追溯信息设计方案及实施建议。

1）种植阶段

根据跟踪与追溯要求，供应链中的每个作业者采用上游参与方提供的信息对产品进行标签标注。种植者是每个生产或收获种植产品的作业者，也是在水果和蔬菜供应链中使用 EAN・UCC 标准的第一个作业者。种植者能够为其产品分配一个批号。这样结合批号和种植者标识就能确保追溯。如果在这个阶段不给批号，通常由后面的拍卖者/包装者/进货商分配批号。同时，为了识读方便，种植者也应当在标签上标出人工可识读的产品信息，见表 6-4。

表 6-4　在卡片/标签上的人工可识读数据

种植者/生产者代码	AI7030－7039
产品名称或贸易类型	AI02
数量	AI37
原产国	AI422
净重	AI310X
批号	AI10
收获日期（可选项）	AI11
农田代码（可选项）	AI251
包装日期（可选项）	AI13

对于表 6-4 中可选项的选用，由种植者与进货商或包装商商议决定。如果种植者需要更多有关其产品质量的信息，或日后需要召回其产品，那么标出收获日期将非常有用，另外标识出农田代码也可以提供有关产品原产地的信息。

2）拍卖/包装/进货阶段

由种植者记录的所有生鲜产品的相关信息必须提供给供应链中的下一个参与方，可以是拍卖、分级者或进货商。在这个环节生鲜产品将根据质量、尺寸、色彩进行分类，并包装成一个物流单元。如果种植者具备分类和包装的能力，这项工作可以由种植者完成。然而大多数的种植者不具备这样的能力。

EAN・UCC 系统能够为水果和蔬菜供应链的各个步骤编码。如果存在一个以上的分类和包装阶段，所有与原产地相关的数据以及水果、蔬菜的特性数据必须在各个阶段都可利用，至少要以人工可识读的方式出现（表 6-5）。

根据供应链中前一个环节参与方提供的数据，能够生成所需信息的产品标签。在拍卖/包装/进货阶段，标签分为箱/盒的标签和托盘上的标签两种。

（1）用于箱/盒上（定量）的标签示例

人工识读的数据也能够通过使用 EAN·UCC 系统应用标识符（表 6-5）以条码的方式表示和传输。如果仅仅用于分销包装，所有数据可通过 EAN/UCC-128 条码符号来表示与传输。如果包装还用于 POS 零售，GTIN 将采用 EAN-13 条码表示，其他数据则采用一个 UCC/EAN-128 条码表示。例如，在图 6-12 所示的标签中，5425004000033 就是用 EAN-13 条码表示的，可以用于零售环节。而后面的 UCC/EAN-128 条码表示了种植者的国家批准号码（AI 703X）和农田代码（AI 251）的信息，其中如果没有国家批准号码（AI 703X）也可以用供货商全球位置码（AI 412）表示。

表 6-5   用于箱/盒上（定量）的数据项及其应用标识符（AI）

数　　　据	AI
GTIN	01
批号	10
收获日期（可选项）	11
包装日期	13
国家批准号码或供货商全球位置码	703X 或 412
农田代码（可选项）	251
原产国	422

图 6-12   带有一个 EAN-13 和 UCC/EAN-128
条码的箱/盒的标签

从表 6-5 所列数据得知，可以从三个方面确保对产品的追溯：一是种植者能够提供带有批号的箱/盒级别的产品，种植者标识与批号结合保证追溯；二是如果种植者不能提供带有批号的箱/盒级别的产品，拍卖/包装者/进货商（或分销商）能够采用 SSCC，分配托盘上的号码，并作为这个托盘上每个箱/盒的批号；三是可以结合相应的种植者标识、GTIN 和产品包装日期得到追溯保证。

（2）用于托盘/物流单元级别的标签示例

EAN·UCC 系统物流标签用于相同种类项目托盘和不同种类项目托盘的标签标注。表 6-6 列出了用于托盘/物流单元级别的数据项及其相应的应用标识符。

表 6-6　用于托盘/物流单元级别的数据项及其相应的应用标识符

数　　据	AI
SSCC	00
物流单元内贸易项目的 GTIN	02
物流单元内贸易项目的数量	37
托盘化日期	13
农田代码（可选项）	251
净重	310X
毛重	330X
原产国	422
可变数量	30

对于所含相同种类项目的托盘，是一个具有由相同的 GTIN，以及相同的批号、尺寸等参数的项目构成的托盘，见图 6-13 所示的标签。为了表示方便，有关数据可以分为 3 行，分别以 UCC/EAN-128 条码表示。例如标签 2 的条码部分：第一行，托盘化日期（AI 13）+国家批准号码（AI 7030）；第二行，所含内容的 GTIN（AI 02）+净重（AI 3102）+每个托盘上箱/盒的数量（AI 37）；第三行，SSCC。

对于所含不同种类项目的托盘，例如，不同的 GTIN 和/或不同的种植者等，不能用 AI 02/37 应用标识符和条码表示，因为要将所有不同的 GTIN 打印在一个小标签上是不现实的。这时可以将这些信息

图 6-13　相同种类项目托盘上的一个物流标签

记录在数据库中，以便在后面的阶段通过 SSCC 或一个内部的批号跟踪托盘上单个产品的来源。图 6 - 14 所示标签是来自相同种植者的不同产品的物流标签示例，给出了位置码（412），表示所有托盘上的货物来自同一个种植者。图 6 - 15 所示标签是来自不同种植者的相同种类产品的物流标签示例，加入了应用标识符（7031）表示第一个加工者，即拍卖/包装者/进货商，用（7031）而不是位置码（412）表明货物可能来自不同的种植者。

图 6 - 14　不同种类项目托盘上的
一个物流标签

（不同的 GTIN，相同的种植者）

图 6 - 15　不同种类项目托盘上的
一个物流标签

（相同的产品，多个种植者）

3）分销/零售阶段

对于所有零售贸易项目，即为最终消费者提供的单元，必须要有一个用 EAN - 13 条码表示的 GTIN，以便于用于 POS 扫描。对于零售贸易项目，下列信息应在标签上以人工可识读的方式表示出来：产品名称（仅适于从外部看不到内容的产品）和产品变体、分级/分类、尺寸、原产国、净重、种植者许可号码（仅用于相同种类产品）或包装者许可号码（用于相同产品和不同产品）、分级者/包装者的批准号码、批号或 SSCC、包装日期（可选项）。

对于重量不变的物品，采用在中国物品编码中心申请的 EAN - 13 即可，标签示例见图 6 - 16。

对于变量的零售贸易单元，为了 POS 扫描，可以采用店内码，条码中应包含重量、数量或价格信息。如图 6 - 17 所示的标签采用的是店内码，按从左到右的顺序，前缀码 29，左侧 51503 为商品种类代码，4 为价格校验位，接着是 0144 表示价格，最后一位是校验位。店内码的编码方式可参见 GB/T 18283—2008《店内条码》。

图 6-16 重量不变的贸易单元标签

图 6-17 变量的零售贸易单元标签

6.5.2.2 肉类产品流通跟踪与追溯系统设计案例

1. 肉类产品供应链追溯模型分析

一般来讲，肉类产品流通环节主要分为屠宰、分割、销售以及消费四个阶段，其跟踪和追溯信息见表 6-7。

表 6-7 肉类产品标签标注信息传输一览

屠　　宰	分　　割	销　　售	消　　费
身份证或健康证 耳标	胴体标签 EAN/UCC-128 AI 01　GTIN AI 251　耳标 属性信息： AI 422　出生国 AI 423　饲养国 AI 7030　屠宰国 或 AI 412　全球位置码	加工标签 EAN/UCC-128 AI 01　GTIN AI 251　耳标 或 AI 10　批号 属性信息： AI 422　出生国 AI 423　饲养国 AI 7030　屠宰国 或 AI 412　全球位置码 AI 7031-39　分割国 或 AI 412　全球位置码	零售标签 EAN-13 只有 GTIN 是进入物品数据库的关键字

2. 具体实施建议

从表 6-7 可以看出，肉类产品在流通过程中，采用的 GTIN 标识代码是用于进入数据库获取信息的关键字，但它不包含产品的任何特定信息，还有许多附加属性数据信息，例如屠宰日期、耳标号、屠宰场批准号码等。这时需要采用 EAN/UCC-128 条码符号、EAN/UCC 应用标识符（AI）决定附加信息数据编码的结构，具体见表 6-8。

表 6-8　中国物品编码中心在肉类供应链中推荐采用的应用标识符

AI	数据域内容	数据名称	格　式	AI 的含义
01	全球贸易项目代码	GTIN	n2+n14	全球贸易项目代码
10	批号	BATCH	n2+an... 20	批号
251	源实体参考代码	REF.TO SOURCE	n3+an... 30	耳标号码
422	贸易项目的原产国	ORIGIN	n3+n3	出生国
423	贸易项目初始加工国	COUNTRY-INITIAL PROCESS	n3 + n3 + n... 12	饲养国
426	贸易项目全程加工的国家	COUNTRY-FULL PROCESS	n3+n3	牛的出生、饲养和屠宰发生在相同国家
7030 - 7039 / 412	具有 3 位 ISO 国家（或地区）代码的加工者批准号码/供货方全球位置码	PROCESSOR#S4／PURCHASE FROM	n4 + n3 + an... 27 / n3+n13	ISO 国家代码和供应链中最多 10 个加工厂批准号码。7030 通常标识屠宰场批准号码，7031～7039 通常标识牛肉分割厂/屠宰场或加工企业的位置码

下面以牛肉追溯为例，根据其屠宰、分割、销售等三个阶段具体要求，阐述肉类产品流通环节过程的跟踪和追溯信息设计方案及实施建议。

1）屠宰阶段

屠宰场是牛肉供应链中首先采用 EAN·UCC 系统的阶段。要追溯到单个牛，需要依赖信息的准确性以及屠宰场的支持。当活体牛到达屠宰场时，通过条码或射频收发器对动物标识进行数据自动采集，见图 6-18。

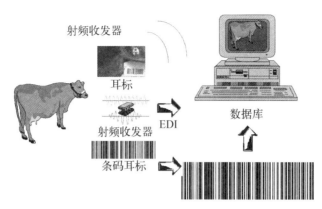

图 6 - 18　活体牛数据采集示意

在屠宰场必须得到并记录下列信息：确保牛肉与个体牛关联的一个参考代码（建议采用牛耳标号码，由 AI 251 标识）；屠宰场的批准号码；出生国；饲养国；屠宰国；合法的牛的身份证或健康证。

中国物品编码中心建议采用牛耳标号码标识牛胴体，牛胴体标签上屠宰阶段标签应记录的信息，由 EAN/UCC - 128 条码符号表示，具体内容见表 6 - 9。

表 6 - 9　屠宰阶段 EAN/UCC - 128 条码标识符号

数　据　项	AI 标识
出生国	AI 422
生长国	AI 423
出生、生长和屠宰在同一国家	AI 426
屠宰国和屠宰场批准号码/全球位置码	AI 7030/AI 412
耳标号码	AI 251
GTIN	AI 01

屠宰阶段的牛肉标签见图 6 - 19。GTIN 号（即 AI（01））为 5487722000252；AI（422）208 是指牛的生长地丹麦；牛的耳标号为 DK09999902002；其生长地德国、奥地利的代码为 276040；其屠宰场的批准号为 056UD1098H。

2）分割阶段

在此阶段，屠宰场应将所有与牛和牛胴体相关的信息传递给第一个牛肉分割厂。分割厂承担牛屠宰后的所有加工过程，从将牛胴体一分为二，到进一步分

Viande Belgique S.A.

牛胴体
重量：523,8kg

GTIN：5487722000252   参考代码：DK09999902002
出生：   丹麦   饲养：德国、奥地利
屠宰：   比利时   屠宰场批准号码：UD1098H

(01)05487722000252(422)208(251)DK09999902002

(423)276040(7030)056UDI098H

图 6 - 19   屠宰阶段牛肉标签示例

割，直至零售包装。

牛肉分割车间在确定一批牛肉产品时，最多可以包含一天加工的牛肉产品，同时必须是同一屠宰场屠宰的牛。通常只有与整批牛相关的信息才可写在牛肉分割标签上。每个单独的牛肉块或肉末包装都必须要有一个标签。牛肉加工标签上切割阶段标签应记录的信息，由 EAN/UCC - 128 条码符号表示，具体内容见表 6 - 10。

表 6 - 10   分割阶段 EAN/UCC - 128 条码标识符号

数　据　项	UCC/EAN - 128
出生国	AI 422
生长国	AI 423
出生、生长和屠宰在同一国家	AI 426
屠宰国和屠宰场批准号码/全球位置码	AI 7030/AI 412
国家代码与第一分割厂批准号码/全球位置码	AI 7031/AI 412
国家代码与第二分割厂到第九分割厂批准号码/全球位置码	AI 7032~39/AI 412
耳标号码/批号	AI 251 或 AI 10
GTIN	AI 01

分割厂可以通过 EAN/UCC - 128 码，实现最初分割肉可以追溯到个体牛或一批牛的来源，其示意如图 6 - 20 所示。最初分割肉标签示例如图 6 - 21 所示，这是在图 6 - 19 的基础上增加了第一分割厂代码 AI（7031）5289638。

供应链中最多可以为 9 个分割厂编码，每个分割厂应将所有牛与牛胴体的相关信息以人工可识读的方式传递给供应链中的下一个分割厂。每批加工分割的牛肉可追溯到最初的分割标识，进而查到牛来源的历史数据，如图 6 - 22 所示。进一步分割肉标签示例如图 6 - 23 所示，这是在图 6 - 21 的基础上增加了第二分割厂代码 AI（7032）7246373M。分割后贴上牛肉标签的牛肉产品如图 6 - 24 所示。

图 6 - 20　最初分割肉通过 EAN / UCC - 128 条码追溯到个体牛

图 6 - 21　最初分割牛肉标签示例

图 6 - 22　每批加工分割牛肉通过 EAN / UCC - 128 条码追溯到个体牛

图 6-23 进一步分割牛肉标签示例

图 6-24 分割后的牛肉标签示例

3）销售阶段

牛肉分割的最后分割厂应将所有与牛、牛胴体以及牛肉加工处理的相关信息传递给牛肉供应链中的下一个操作环节，如批发、冷藏或直接零售。准备运往POS销售的牛肉产品见图6-25。

在POS销售点，必须告知最终消费者牛肉产品的来源。在有包装的牛肉产品上的零售标签必须要有人工可识读信息，例如：确保牛肉与个体牛连接的一个参考代码；屠宰场的批准号码；分割厂的批准号码；出生国；饲养国；屠宰国；分割国。每个零售包装可追溯到牛肉加工分割的批号，进而追溯到最初的分割肉和牛的历史数据，如图6-26所示。

生成最后的零售标签如图6-27所示，除了GTIN出现在最后的商品上用于POS销售点的自动扫描结算以外，其他EAN/UCC-128条码信息全部转化为可人工识读的信息。

图 6 - 25　牛肉分割完后进入零售阶段

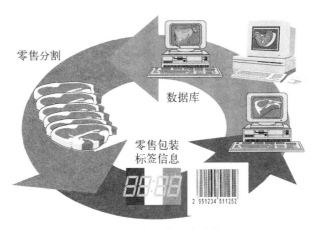

图 6 - 26　零售包装牛肉追溯示意

图 6 - 27　零售牛排标签示例

第7章 餐饮环节食品安全管理及信息化实践

7.1 餐饮业的基本概念、分类及特点

7.1.1 餐饮业基本概念

餐饮业（Catering）是通过即时加工制作、商业销售和服务性劳动于一体，向消费者专门提供各种酒水、食品，消费场所和设施的食品生产经营行业。按欧美《标准行业分类法》的定义，餐饮业是指以商业营利为目的的餐饮服务机构。在我国，据《国民经济行业分类注释》的定义，餐饮业是指在一定场所，对食物进行现场烹饪、调制，并出售给顾客主要供现场消费的服务活动。

7.1.2 餐饮业的分类

餐饮服务许可按餐饮服务经营者的业态和规模实施分类管理。分类方式如下。

（1）餐馆（含酒家、酒楼、酒店、饭庄等）：是指以饭菜（包括中餐、西餐、日餐、韩餐等）为主要经营项目的单位，包括火锅店、烧烤店等。

① 特大型餐馆：是指经营场所使用面积在 3 000 m² 以上（不含 3 000 m²），或者就餐座位数在 1 000 座以上（不含 1 000 座）的餐馆。

② 大型餐馆：是指经营场所使用面积在 500 ~ 3 000 m²（不含 500 m²，含 3 000 m²），或者就餐座位数在 250 ~ 1 000 座（不含 250 座，含 1 000 座）的餐馆。

③ 中型餐馆：是指经营场所使用面积在 150 ~ 500 m²（不含 150 m²，含 500 m²），或者就餐座位数在 75 ~ 250 座（不含 75 座，含 250 座）的餐馆。

④ 小型餐馆：是指经营场所使用面积在 150 m² 以下（含 150 m²），或者就餐

座位数在 75 座以下（含 75 座）的餐馆。若面积与就餐座位数分属两类的，餐馆类别以其中规模较大者计。

（2）快餐店：是指以集中加工配送、当场分餐食用并快速提供就餐服务为主要加工供应形式的单位。

（3）小吃店：是指以点心、小吃为主要经营项目的单位。

（4）饮品店：是指以供应酒类、咖啡、茶水或者饮料为主的单位。

（5）食堂：是指设于机关、学校、企事业单位、工地等地点（场所），供内部职工、学生等就餐的单位。

（6）集体用餐配送单位：指根据集体服务对象订购要求，集中加工、分送食品但不提供就餐场所的提供者，如火车、飞机等运输工具上的餐饮服务。

（7）中央厨房：指由餐饮连锁企业建立的，具有独立场所及设施设备，集中完成食品成品或半成品加工制作，并直接配送给餐饮服务单位的提供者。

餐饮业也可按经营项目分类，分为以下几类。

（1）热食类食品制售：指食品原料经粗加工、切配并经过蒸、煮、烹、煎、炒、烤、炸等烹饪工艺制作，在一定热度状态下食用的即食食品，含火锅和烧烤等烹饪方式加工而成的食品等。

（2）冷食类食品制售：指一般无须再加热，在常温或者低温状态下即可食用的食品，含熟食卤味、生食瓜果蔬菜、腌菜等。

（3）生食类食品制售：一般特指生食水产品。

（4）糕点类食品制售：指以粮、糖、油、蛋、奶等为主要原料经焙烤等工艺现场加工而成的食品，含裱花蛋糕等。

（5）自制饮品制售：指经营者现场制作的各种饮料，含冰激凌等。

（6）半成品类食品制售：一般特指中央厨房通过热加工或者生制等方法制售的餐饮半成品。

（7）其他类食品制售：指区域性销售食品、民族特色食品、地方特色食品等。

7.1.3　餐饮业的特点

餐饮业属于第三产业，以经济性为根本属性，主要提供餐饮产品与相关附加服务，即既提供有形产品也提供无形服务，个别种类和地区餐饮业具有一定季节依赖性，例如沿海地区的海产品餐饮业，以及一些菜品依据原材料的特性会具有一定时令特色。此外，餐饮业也有一定敏感性，尽管餐饮业是为了满足人们饮食诉求，即人类温饱问题的主要需求之一，但是一些定位于高端客户群体的餐饮业以及依附于旅游业兴起的餐饮企业，也会受到经济、政策等内部和外部因素与环境的影响。除了一般服务业的共性特征，餐饮业还具有自身的特点，具体介绍如下。

（1）产业综合性强

餐饮业涉及三大产业。从第一产业来看，餐饮业满足了人们对食物的需求，从而和种植业、养殖业、水产业都有着密不可分的关系，餐饮业产品定价也受基础农业产品价格变化影响最大；从第二产业来看，食品加工、制造、物流等都密切关系到餐饮业的发展；而对于第三产业来说，餐饮业是增长最快、比重较大的国家支柱产业之一。餐饮业作为人类社会生活所必需的"衣食住行"的最主要组成部分，对国民经济增长、促进消费和提高生活质量作用巨大。

（2）餐饮消费受时空因素影响明显

餐饮消费与人类的新陈代谢、作息时间密切相关，人的一日三餐大都集中在早、中、晚等特定时段，每天的早中晚黄金时段以及节假日等成为餐饮消费固有的高峰期。部分时令蔬菜与海产品等受原材料生长周期与季节、气候等因素影响较大。同时，餐饮经营还受到区位因素，即营业地点选择的影响，餐饮企业所在地周围的人口密度、人们的收入水平、饮食习惯等都对餐饮消费产生很大影响。

（3）餐饮产品消费时限极短，消费频次高

餐饮产品都具有一定食用期限，餐饮业产销基本在同一时地进行，餐饮产品有容易腐坏变质的特性，即便目前不断进步的储藏和保鲜技术出现并被广泛应用，也不能保证餐饮产品的营养长久保持。餐饮产品必须在生产出来一定时间之内完成最后消费，产品的产销基本在同一时间、同一地点进行，消费时限短。由于人们对饮食的一日三餐的生理需求，导致餐饮消费可以达到很高的频次，按照正餐来讲，一个人每天可以至少进行三次餐饮产品消费，此外，人们还会产生零食、下午茶、甜品、饮料、夜宵等附加餐饮需求。而单次消费额度也随着餐饮消费性质的不同，有很大跨度，从几元至上万元不等。

（4）服务是餐饮商品的重要特性

餐饮业是食品消费的服务业，餐饮业固然以提供实体餐饮产品为主，但是餐饮业相关附加服务却对餐饮产品的销售也起到决定性作用。餐饮过程中的预定餐品、制作餐品、配送餐品等各个环节的服务质量都影响消费者对餐饮产品的忠实度与满意程度，人们对餐饮品除了要求提供能量、营养价值、满意的可口程度之外，还对餐饮品的卫生、安全、健康、便利等服务附加价值有要求，食品的色香味、就餐环境以及服务员的服务水平等，都会对消费者消费满意度高低形成重要影响。

7.2　我国餐饮业发展概况及趋势

7.2.1　我国餐饮业发展概况

随着我国国民经济稳定快速增长，城乡居民收入水平逐步提高，餐饮业一直保持持续增长，发展势头旺盛，发展模式也愈加成熟。餐饮消费逐渐成为拉动我国全年消费需求稳定增长的重要力量。国家统计数据显示，我国餐饮业营业额从 2004 年起至 2013 年由 1 160.5 亿元增长至 4 533.3 亿元，10 年来均以两位数的高速增长率稳步提升。餐饮业总营业面积也由 2007 年的 3 148.3 万平方米达到 2013 年的 5 593.5 万平方米。

纵观 2010 年至 2017 年中国餐饮行业市场规模增长趋势，中国餐饮行业市场规模呈现稳步增长趋势，见图 7 - 1。2011 年和 2012 年分别以 16.4% 和 17.6% 的迅猛增长率发展，2013 年和 2014 年受全球经济危机影响，我国餐饮业行业市场规模发展速度有所下降，分别为 7.5% 和 8.1%，但市场规模的绝对数额依旧呈上涨趋势。而从 2015 年起，我国餐饮行业市场规模增长趋势开始加快。2010 年，我国餐饮行业市场规模 17 681 亿元，经过 4 年的发展，到 2014 年我国餐饮业市场规模达到 28 132 亿元，4 年期同比增长率达到 8.1%。步入 2015 年，在经济高速发展背景下以及"互联网+餐饮"的新模式推动下，中国餐饮市场规模达到

图 7 - 1　2010—2017 年中国餐饮行业市场规模

（由国家统计局网站数据整理）

34 892 亿元。2017 年我国餐饮业收入达到 39 644 亿元，未来五年（2017—2021）年均复合增长率约为 10.80%，2021 年收入将达到 59 710 亿元。

7.2.2 我国餐饮业发展趋势

进入"十三五"以来，中国餐饮业已步入培育内生增长动能和改善就业民生的供给结构调整阶段，也将迎来空间集聚化、产业融合化、服务智能化、品类定制化的"四化"发展机遇期，其发展趋势主要体现在以下几方面。

（1）我国的城市化步伐加快，大量的农村逐步城市化，原有城市人口的消费能力逐步增强，由于人口众多和我国经济的持续高速发展，在"民以食为天"的文化背景下，我国已经成为世界上最大的餐饮市场。

（2）我国当前餐饮行业发展呈现出连锁经营、品牌培育、技术创新、管理科学化为代表的现代餐饮企业，逐步替代传统餐饮业的手工随意性生产、单店作坊式、人为经验管理型，快步向产业化、集团化、连锁化和现代化迈进。

（3）大众化消费越来越成为餐饮消费市场的主体，饮食文化已经成为餐饮品牌培育和餐饮企业竞争的核心，现代科学技术、科学的经营管理、现代营养理念在餐饮行业的应用已经越来越广泛，科学化、营养化成为餐饮业的重要指向标。

（4）在当前"互联网+"的大背景下，餐饮与互联网深度融合，餐饮业新模式激发出消费者新需求。中式正餐向着"店铺小型化、菜品精致化"的路径转型提升，休闲餐饮发展空间持续扩大，餐饮品牌入驻电商促进营销已经成为潮流。中国外卖行业最新的发展报告显示（图 7-2），从 2010 年至 2015 年，网络餐饮外卖行业的市场规模从 92.2 亿元升至 1 615.5 亿元。但我们也应当看到，新兴行业的发展也会带来新的食品安全隐患。

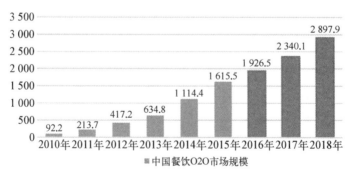

图 7-2 2010—2018 年中国网络餐饮外卖行业的市场规模趋势

（由国家统计局网站数据整理）

7.3　我国餐饮业食品安全监管体系建设

7.3.1　餐饮业食品安全主要监管机构

我国餐饮业食品安全监管主要是由中华人民共和国国家食品药品监督管理总局（CFDA）负责，其主要职责如下。

（1）掌握分析流通和餐饮消费环节食品安全形势、存在问题并提出完善制度机制和改进工作的建议。

（2）拟订流通和餐饮消费环节食品安全监督管理的制度、措施并督促落实。

（3）规范流通和餐饮消费许可管理，督促下级行政机关严格依法实施行政许可。

（4）指导下级行政机关开展流通和餐饮消费环节食品监督抽检工作。

（5）指导下级行政机关对进入批发、零售市场的食用农产品进行监督管理，组织协调、建立与农业部门的衔接处置机制。

（6）拟订不符合食品安全标准食品停止经营的管理制度，指导督促地方相关工作。

（7）指导地方推进食品经营者诚信自律体系建设。

（8）督促下级行政机关开展流通和餐饮消费环节食品安全日常监督管理、履行监督管理责任，及时发现、纠正违法和不当行为。

（9）承办上级交办的其他事项。

7.3.2　餐饮业食品安全管理的重要制度

（1）食品经营许可管理办法

根据《中华人民共和国食品安全法》和《中华人民共和国行政许可法》等的规定，国家食品药品监督管理总局发布第 17 号公告，从 2015 年 10 月 1 日起施行新的《食品经营许可管理办法》，规定凡从事餐饮经营活动，应当依法申请取得《食品经营许可证》（图 7-3）。

根据《食品经营许可管理办法》的有关规定，食品经营者应当在经营场所的显著位置悬挂或者摆放食品经营许可证正本，有效期为 5 年。食品经营许可证应当载明以下内容：经营者名称、社会信用代码（个体经营者为身份证号码）、

图7-3 食品经营许可证样张

法定代表人（负责人）、住所、经营场所、主体业态、经营项目、许可证编号、有效期、日常监督管理机构、日常监督管理人员、投诉举报电话、发证机关、签发人、发证日期和二维码。食品经营许可证编号由 JY（"经营"的汉语拼音字母缩写）和 14 位阿拉伯数字组成。数字从左至右依次为：1 位主体业态代码、2 位省（自治区、直辖市）代码、2 位市（地）代码、2 位县（区）代码、6 位顺序码、1 位校验码。日常监督管理人员为负责对食品经营活动进行日常监督管理的工作人员，日常监督管理人员发生变化的，可以通过签章的方式在许可证上变更。

（2）餐饮服务从业人员健康管理制度

从业人员直接接触食品，其健康和卫生是食品安全的重要保证。《中华人民共和国食品安全法》第四十五条就对餐饮服务提供者和从业人员作出了具体规定：食品生产经营者应当建立并执行从业人员健康管理制度；患有国务院卫生行政部门规定的有碍食品安全疾病的人员，不得从事接触直接入口食品的工作；从事接触直接入口食品工作的食品生产经营人员应当每年进行健康检查，取得健康证明后方可上岗工作。

餐饮服务提供者的相关部门负责保管员工健康证明，并建立员工档案，记录员工个人信息、从事岗位、健康证明办理年限、最近一次体检时间、到期日期等信息。从业人员健康档案至少应保存 12 个月。

根据《中华人民共和国传染病防治法》及相关法律法规，餐饮服务提供者应当做好员工晨检制度，防止患病员工或健康带菌者进入食品加工场所，保证食品安全。员工身体状况晨检记录信息如下。

表 7-1 餐饮从业人员身体状况晨检信息

时间	年　　月　　日　　时　　分		
地点		检查人	
检查内容	发热（　　）　咳嗽（　　）　咽病（　　） 流涕（　　）　呕吐（　　）　手外伤（　　） 皮疹（　　）　个人卫生（　　） 其他_____		
检 查 项 目	检查结果	处理结果	备 注
观察员工精神状态是否过度疲劳和病态，是否发热、咳嗽、流涕、呕吐			
观察员工眼球面色是否特黄或面色苍白			
观察员工双手是否有手外伤或者化脓性、渗出性皮肤病、皮疹			
检测血压值是否在正常范围			
员工是否有痢疾和其他有碍食品安全疾病			
观察员工是否佩戴戒指、项链、手链等物品；是否有灰指甲，指甲是否剪短；个人卫生是否符合要求			

（3）食品原料采购查验和索证索票制度

《中华人民共和国食品安全法》第五十五条规定：餐饮服务提供者应当制定并实施原料控制要求，不得采购不符合食品安全标准的食品原料；倡导餐饮服务提供者公开加工过程，公示食品原料及其来源等信息。这就要求餐饮服务提供者应当建立食品、食品原料等的采购查验和索证索票制度。

《餐饮服务食品采购索证索票管理规定》进一步规范了餐饮服务提供者食品（含原料）、食品添加剂及食品相关产品采购索证索票、进货查验和采购记录行为，要求餐饮服务提供者采购食品、食品添加剂及食品相关产品，应当到证照齐全的食品生产经营单位或批发市场采购，并应当索取、留存有供货方盖章（或签字）的购物凭证。购物凭证应当包括供货方名称、产品名称、产品数量、送货或购买日期等内容。

（4）食品抽样检验制度

《中华人民共和国食品安全法》第八十七条规定：县级以上人民政府食品药

品监督管理部门应当对食品进行定期或者不定期的抽样检验，并依据有关规定公布检验结果，不得免检；进行抽样检验，应当购买抽取的样品，委托符合本法规定的食品检验机构进行检验，并支付相关费用；不得向食品生产经营者收取检验费和其他费用。

食品药品监督管理部门依法开展抽样检验时，被抽样检验的餐饮服务提供者应当配合抽样检验工作，如实提供被抽检样品的货源、数量、存货地点、存货量、有关票证等信息。地方食品药品监督管理部门收到监督抽检不合格检验结论后，应当及时对不合格食品及其生产经营者进行调查处理，督促食品生产经营者履行法定义务，并将相关情况记入食品生产经营者食品安全信用档案。

根据《食品安全抽样检验管理办法》（国家食品药品监督管理总局令第11号）的规定，食品药品监督管理部门公布食品安全监督抽检不合格信息，包括被抽检食品名称、规格、生产日期或批号、不合格项目，被抽检食品标称的生产者名称、商标、地址，经营者名称、地址等内容。对可能产生重大影响的食品安全监督抽检信息，县、市食品药品监督管理部门发布信息前应当向省级食品药品监督管理部门报告，任何单位和个人不得擅自发布食品药品监督管理部门组织的食品安全监督抽检信息。

（5）餐饮服务食品安全责任人约谈制度

根据国家食品药品监督管理总局《关于建立餐饮服务食品安全责任人约谈制度的通知》，餐饮服务提供者出现下列情形之一，应当进行约谈：一是发生食品安全事故的；二是存在严重违法违规行为的；三是存在严重食品安全隐患的；四是有关情况涉及食品安全问题，监管部门认为需要约谈的。约谈主要内容：一是通报违法违规事实及其行为的严重性；二是剖析发生违法违规行为的原因；三是告知整改的内容和期限；四是督促履行食品安全主体责任；五是其他应约谈的内容。

凡被约谈的餐饮服务提供者，列入重点监管对象，其约谈记录载入被约谈单位诚信档案，并作为不良记录，与量化分级管理和企业信誉等级评定挂钩；两年内不得承担重大活动餐饮服务接待任务；凡因发生食品安全事故的餐饮服务提供者，应依法从重处罚，直至吊销餐饮服务许可证，并向社会通报。

（6）网络餐饮服务食品安全监督管理办法

近年来，随着移动互联网的普及和发展，越来越多的服务业推出APP，将传统服务业与电子商务挂钩，实现"互联网+"的融合。目前网络订餐发展迅猛，其中尤以快餐外卖为主，市场竞争非常激烈，通过扩展网上订餐、送餐服务已成为新型的食品经营业态。

为了加强网络餐饮服务食品安全监督管理，规范网络餐饮服务经营行为，保证餐饮食品安全，保障公众身体健康，根据《中华人民共和国食品安全法》等法律法规，国家食品药品监督管理总局发布的《网络餐饮服务食品安全监督管理办法》于 2018 年 1 月 1 日起正式施行。该办法规定：入网餐饮服务提供者应当具有实体经营门店并依法取得食品经营许可证，并按照食品经营许可证载明的主体业态、经营项目从事经营活动，不得超范围经营；网络餐饮服务第三方平台提供者应当在通信主管部门批准后 30 个工作日内，向所在地省级食品药品监督管理部门备案；自建网站餐饮服务提供者应当在通信主管部门备案后 30 个工作日内，向所在地县级食品药品监督管理部门备案；备案内容包括域名、IP 地址、电信业务经营许可证或者备案号、企业名称、地址、法定代表人或者负责人姓名等。

《中华人民共和国食品安全法》第一百三十一条规定：网络食品交易第三方平台提供者未对入网食品经营者进行实名登记、审查许可证，或者未履行报告、停止提供网络交易平台服务等义务的，由县级以上人民政府食品药品监督管理部门责令改正，没收违法所得，并处五万元以上二十万元以下罚款；造成严重后果的，责令停业，直至由原发证部门吊销许可证；使消费者的合法权益受到损害的，应当与食品经营者承担连带责任。

（7）食品安全风险监测制度

《中华人民共和国食品安全法》第二章明确规定：国家建立食品安全风险监测制度，对食源性疾病、食品污染以及食品中的有害因素进行监测。国务院食品药品监督管理部门和其他有关部门获知有关食品安全风险信息后，应当立即核实并向国务院卫生行政部门通报。对有关部门通报的食品安全风险信息以及医疗机构报告的食源性疾病等有关疾病信息，国务院卫生行政部门应当会同国务院有关部门分析研究，认为必要的，及时调整国家食品安全风险监测计划。

2011 年 10 月，国家食品安全风险评估中心（CFSA，http：//www.cfsa.net.cn/）成立，它是经中央机构编制委员会办公室批准、直属于原国家卫生和计划生育委员会的公共卫生事业单位。作为负责食品安全风险评估的国家级技术机构，紧密围绕"为保障食品安全和公众健康提供食品安全风险管理技术支撑"的宗旨，国家食品安全风险评估中心承担着"从农田到餐桌"全过程食品安全风险管理的技术支撑任务，服务于政府的风险管理，服务于公众的科普宣教，服务于行业的创新发展。

7.4 我国餐饮业食品安全信息化监管实践

按照餐饮服务许可分类，不同业态、不同项目和不同规模及不同经营方式的餐饮业对消费者的健康影响和健康风险是不一样的，食品安全监管部门常常会依据餐饮主体业态和食品经营项目的风险高低，对餐饮进行分类监管，可以大大提高食品安全管理的效率，节约管理成本，做到管控有的放矢。

总体来看，我国餐饮业食品安全信息化监管工作主要体现在以下三方面：一是面向实体餐饮企业的食品安全信息化监管；二是面向网络餐饮的食品安全信息化监管；三是面向公众餐饮食品安全信息的发布和查询。

7.4.1 面向实体餐饮企业的食品安全信息化监管

从信息化监管模式上看，食品安全监管部门针对实体餐饮企业的信息化监管重点是有所不同的。例如，针对大型餐饮服务企业（包括大型餐馆、连锁餐饮企业、中央厨房和集体用餐配送单位、食堂、铁路航运配餐基地等），主要是构建完善的食品安全信息追溯监管体系；而针对小餐饮业，主要采用食品安全等级公示牌来实施信息化监管。

1. 大型餐饮服务业的食品安全特点及管理重点

（1）大型餐馆食品安全特点及管理重点。大型餐馆的食品安全特点主要体现在以下四方面：一是菜品质量的高低不仅受加工和烹调技术影响，还受到贮存方法、时间、温度以及厨房设施和设备的影响；二是餐饮菜品和饮品的制作以及出品过程要求要及时操作，烹调阶段必须现场制备、即时制作、即时销售；三是餐饮产品的生产制作涉及原料辅料采购、粗加工处理、精细加工处理、冷热菜烹制等过程，环节众多，食品安全隐患不易控制；四是当代餐饮操作还是以手工为主，烹调方式不统一，没有加工的标准模式，随意性大。因此，大型餐馆的食品安全防范重点应从以下几方面着手：① 完善管理机构和从业人员管理制度，设置食品安全管理专门机构，配备专职食品安全管理人员，鼓励有条件单位建立和实施 HACCP 体系、五常体系、6T 管理体系，对从业人员健康、培训要常态化，明确食品安全第一责任人制度，落实岗位职责；② 生产经营场所符合规范要求，确保食品操作区面积与就餐场所面积比例符合要求，餐饮加工流程"一条线"，减少不必要的人员走动和食物、用具移动，避免交叉污染；③ 严密监控加工操作过程，食品原料采购索、查、验、记要一丝不苟，食品切配加工和烹调加工都要严格遵守"六不准"，要保持 48 小时留样制度，并记录食品名称、留样量、时间、留样人员等信息。

（2）集体用餐配送单位食品安全特点及管理重点。集体用餐配送单位一次性加工制作量大、制熟到食用间隔时间长、食用人群庞杂，一旦出现食品安全隐患，极易造成群体性重大食品安全事故，是餐饮服务食品安全高风险业态之一。集体用餐配送单位的食品安全管理重点除了参照大型餐馆管理规范之外，在从制熟到食用间隔时间方面有特殊要求：制熟后 2 小时的食品中心温度保持在 60℃ 以上（热藏）的，其保质期为制熟后 4 小时；制熟后 2 小时的食品中心温度保持在 10℃ 以下（冷藏）的，保质期为制熟后 24 小时。

（3）中央厨房食品安全特点及管理重点。中央厨房生产的食品不同于食品加工厂的产品。其特点在于连锁餐饮建立的标准化生产，为其门店提供新鲜的、品质相同的半成品或调料。产品多为散装或大包装，冷藏而不冷冻。由于中央厨房涉及连锁门店众多，地域布局广，食用人员数量大，一旦发生食品安全问题，涉及面广泛，社会影响极大。中央厨房食品安全管理，除了要满足集体用餐配送单位食品安全管理要求以外，还应注意以下几方面：① 建立召回制度，增加问题食品召回和处理方案；② 包装标准应符合国家有关食品安全标准和规定的要求；③ 应以制售热食类食品、半成品类食品为主，原则上不得制售冷食类食品、生食类食品、糕点类食品等。

（4）学校食堂食品安全特点及管理重点。学校是密集型场所，学校食堂供餐量大、时间集中。学校食品安全关系广大师生身体健康和生命安全，学生的健康牵动着千家万户。学校一旦发生食品安全问题，往往影响到一个大群体，轻者影响正常教学秩序，重者影响社会和谐稳定。在学校食品安全管理中，食品药品监督管理部门承担学校食堂食品安全监管责任，教育部门承担学校食堂食品安全行政主管责任，学校承担食品安全主体责任。学校食堂应当在经营场所醒目位置公示食品经营许可证、食品安全承诺书、食品安全管理制度、五员制（技能炊事员、卫生监督员、营养指导员、伙食评判员、伙食价格监督员）、从业人员健康证明、监督部门监督检查信息（包括"餐饮服务食品安全量化分级等级公示牌"）等，严禁涂改或遮盖，不得超许可范围经营。

（5）铁路等运输行业食品安全特点及管理重点。铁路、航运等运输业是人类社会生产和生活的基本活动之一，是现代经济活动中不可缺少的重要组成部分，渗透到社会生活的方方面面。由于铁路等运输业具有跨区域、大众化、流动大、分布广等特点，其食品安全保障难度大，一旦发生食物中毒，应急救助工作非常困难。近年来快速发展的高铁、动车组列车的供餐方式与传统的餐车供应方式有很大区别，其食品制作加工从车上转到车下，冷链、热链和常温快餐盒饭生产加工，已开始趋向产业化、规模化、机械化和标准化。目前，我国高铁列车配餐供应方式主要有两种：一是铁路部门建立动车配餐基地，由铁路供应部门负责动车配餐盒饭；二是铁路部门不建配餐基地，采取签约供货商的方式，由签约供货商负责快餐产品进货及车上销售。这些配餐基地或供货商均实施 HACCP 管理，将盒饭保质期限、食品中心温度、食品摊凉温度、包装车间温度、各区域管理等作为关键控制点。

2. 大型餐饮服务业食品安全信息化追溯系统架构功能解析

依据大型餐饮服务业食品安全特点及管理重点，可以确定其食品安全信息追溯管理架构如图 7 - 4 所示，主要包括餐饮服务提供者主体信息数据导入、企业进货台账管理、配送管理、从业人员管理、废弃物管理以及系统管理六大模块。下面以上海市餐饮食品安全信息追溯系统（https：//ent. safe517. com/fdWebCompany/）为例来描述大型餐饮服务业食品安全信息追溯系统各模块实现的功能。

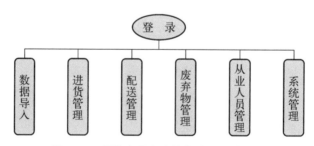

图 7 - 4　餐饮食品安全信息追溯系统架构

1）登录注册功能

进入登录页面（图 7-5），如果本单位未注册，点击新用户注册进入如下注册页面（图 7-6）。通过证件类型号码点击"下一步"，再填写真实单位信息及管理账号密码等信息（注：单位名称和单位地址严格按照许可证上内容填写）。

图 7 - 5　登录页面

图 7 - 6　新企业注册页面

2）基础数据管理功能

首先要对基础数据进行维护，包括采购品、产出品、供应商、收货商等详细信息。

（1）采购品信息

采购品名称、规格及采购品分类；

保质期；

生产企业名称及企业内部编码；

产地。

（2）产出品信息

产出品名称、规格及产出品分类；

保质期；

生产企业名称及企业内部编码；

产地。

（3）供应商信息

供应商名称及地址；

工商营业执照、餐饮服务许可证号、食品流通许可证、食品生产许可证号等；

供应商企业内部自定义编码。

（4）收货商信息

收货商名称和地址；

收货商工商营业执照、餐饮服务许可证号、食品流通许可证、食品生产许可证号等；

收货商企业内部自定义编码。

3）进货台账及库存管理功能

原材料采购电子台账就是为了建立食品、食品原料、食品添加剂和食品相关产品的采购记录制度，便于如实记录产品名称、规格、数量、生产批号、保质期、供货者名称及联系方式、进货日期等内容（图7-7），并保留载有上述信息的进货票据，规范进购食品原料、规范索取票证，做到货物、凭证、台账三者相符合。

图7-7 原材料采购电子台账

录入货品信息并确定每类货品的保质类别，对每个类别定义保质期限，按照食品货品存储保质要求对货品多级分类。支持组合查询，能够按照货品类别、保质天数、保质类别、货品名称、进货日期、警告天数、进货人、库房号等项目对库房内货品进行检索统计。库房巡检功能定时检索库房内每件货物，计算库存时间，校验其是否已经过期或即将过期，并给出相应提示。支持上级主管部门实时访问、检查库存信息，具体见图 7-8。

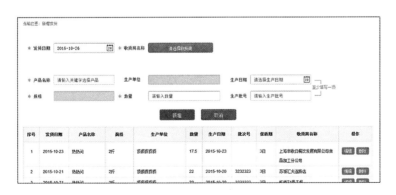

图 7-8　原料电子台账查询结果

4）产出品配送管理功能

餐饮服务企业进行产品配送管理包括产出品维护、收货商管理、发货台账等，主要进行如下信息的管理：发货日期；产品名称及规格；生产单位；数量；生产日期及批次号；保质期；收货商名称等。具体信息化平台实施如图 7-9 所示。

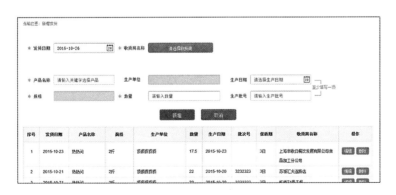

图 7-9　产出品配送管理电子台账

5）从业人员管理功能

从业人员健康管理模块功能包括：登记员工信息，并按照工种分类管理；根据相关法律法规定义不同工种的疾病限制，并设置员工体检周期；支持上级主管部门实时访问、检查员工健康信息。具体见图 7 – 10。

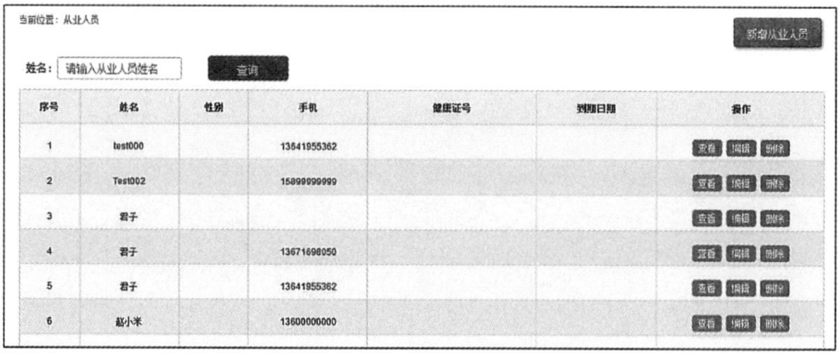

图 7 – 10 餐饮企业从业人员信息管理

6) 餐饮废弃物台账管理功能

2010 年，国务院办公厅发布《加强地沟油整治和餐厨废弃物管理的意见》，明确要求："各地要制定和完善餐厨废弃物管理办法，要求餐厨废弃物产生单位建立餐厨废弃物处置管理制度，禁止将餐厨废弃物交给未经相关部门许可或备案的餐厨废弃物收运、处置单位或个人处理。"随后，各地餐饮服务监管部门要求餐饮服务企业建立餐厨废弃物产生、收运、处置台账，详细记录餐厨废弃物的种类、数量、去向、用途等情况，并定期向餐饮服务监督管理部门及环保部门报告。

餐饮废弃物台账管理信息应包括：餐厨垃圾回收单位或废弃油脂回收单位的名称、地址、联系人、电话等信息；回收日期；废弃物种类及数量；回收单据编号等。见图 7 – 11。

图 7 – 11 餐饮废弃物台账管理

7) 系统管理功能

系统管理功能主要是为了便于对餐饮企业以及信息录入人员进行管理，信息录入主要包括：企业用户操作人员信息管理；企业信息维护管理。具体见图 7 – 12。

图 7 - 12　餐饮企业信息维护管理

3. 小餐饮业食品安全特点及信息化管理

小餐饮业通常是指面积小于 100 平方米，通常为 2~5 人的家庭式经营，包括小型餐馆、小吃店、快餐店、饮品店等。小餐饮分布在人群较为密集的背街小巷、小区楼院、厂区、医院、学校周边等。虽然供餐人数不多，但人流量很大。据统计，小型餐饮服务提供者占了餐饮业的 90% 以上。他们在为我们提供方便的同时，也存在极大的食品安全隐患。

现阶段，针对小型餐饮业的管理还无法依照大型餐饮的标准而设立准入门槛，使得其监管陷入一种管也管不好的尴尬。针对这一特点，食品安全监督部门重在强化食品安全底线，对其操作场所及操作空间布局提出硬性要求，同时也大力推行餐饮食品安全等级标识制度，即在所有餐馆、快餐店、小吃店等餐饮服务单位均将根据食品安全检查结果悬挂卡通标识："笑脸"为优秀；"平脸"为良好；"哭脸"为一般。据此，消费者可以轻松判断一个餐饮单位的食品安全等级。

2012 年，国家食品药品监督管理总局发布《关于实施餐饮服务食品安全监督量化分级管理工作的指导意见》（以下简称《意见》），将餐饮服务食品安全监督量化等级分为动态等级和年度等级，见图 7 - 13。

动态等级为监管部门对餐饮服务单位食品安全

图 7 - 13　餐饮服务单位食品安全等级标识

管理状况每次监督检查结果的评价。动态等级分为优秀、良好、一般三个等级，分别用大笑、微笑和平脸三种卡通形象表示。

年度等级为监管部门对餐饮服务单位食品安全管理状况过去 12 个月期间监督检查结果的综合评价，年度等级分为优秀、良好、一般三个等级，分别用 A、B、C 三个字母表示。

根据《意见》的评定标准，餐饮服务食品安全监督动态等级评定，由监督人员按照《餐饮服务食品安全监督动态等级评定表》（表 7-2）进行现场监督检查并评分。评定总分除以检查项目数的所得，为动态等级评定分数。检查项目和检查内容可合理缺项。评定分数在 9.0 分以上（含 9.0 分），为优秀；评定分数在 8.9 分至 7.5 分（含 7.5 分），为良好；评定分数在 7.4 分至 6.0 分（含 6.0 分），为一般。评定分数在 6.0 分以下的，或 2 项以上（含 2 项）关键项不符合要求的，不评定动态等级。

而餐饮服务食品安全监督年度等级评定，由监督人员根据餐饮服务单位过去 12 个月期间的动态等级评定结果进行综合判定。年度平均分在 9.0 分以上（含 9.0 分），为优秀；年度平均分在 8.9 分至 7.5 分（含 7.5 分），为良好；年度平均分在 7.4 分至 6.0 分（含 6.0 分），为一般。

表 7-2　餐饮服务食品安全监督动态等级评定

检 查 项 目	检 查 内 容	分值
一、许可管理（10分）	1. 是否超过有效期限★	2
	2. 是否存在转让、涂改、出借、倒卖、出租许可证等行为★	2
	3. 是否擅自改变许可类别、备注项目	2
	4. 是否擅自改变经营地址	1
	5. 是否规范悬挂或摆放许可证	1
	6. 食品安全管理制度是否健全	2
二、人员管理（10分）	7. 是否配备专职或兼职食品安全管理人员	1
	8. 是否聘用禁聘人员从事食品安全管理★	1
	9. 是否建立从业人员健康管理制度和健康档案	1
	10. 从业人员中是否存在无健康证明的人员	2
	11. 是否安排患有有碍食品安全疾病的人员从事接触直接入口食品工作★	2

检 查 项 目	检 查 内 容	分值
二、人员管理 （10分）	12. 是否执行晨检制度	1
	13. 从业人员个人卫生是否符合要求	1
	14. 是否制定并执行从业人员培训制度	1
三、场所环境 （10分）	15. 场所布局是否符合许可要求	1
	16. 场所内外环境是否整洁	1
	17. 专间区域是否符合要求★	1
	18. 专用区域是否符合要求	1
	19. 地面与排水是否符合要求	1
	20. 墙壁与门窗是否符合要求	1
	21. 屋顶与天花板是否符合要求	1
	22. 卫生间是否符合要求	1
	23. 更衣场所是否符合要求	1
	24. 餐厨废弃物处置是否符合要求	1
四、设施设备 （10分）	25. 专间设施是否符合要求	1
	26. 洗手消毒设施是否符合要求★	1
	27. 供水设施是否符合要求	1
	28. 通风排烟设施是否符合要求	1
	29. 清洗、消毒、保洁设施是否符合要求	1
	30. 防尘、防鼠、防虫害设施是否符合要求	1
	31. 采光照明设施是否符合要求	1
	32. 设备、工具和容器是否符合要求	1
	33. 场所及设施设备管理是否符合要求	1
	34. 废弃物暂存设施是否符合要求	1
五、采购贮存 （10分）	35. 是否采购了禁止经营的食品★	3
	36. 是否符合索证索票、查验记录要求	3
	37. 贮存是否符合要求	2
	38. 是否开展定期检查与清理	2

续　表

检查项目	检查内容	分值
六、加工制作 （10分）	39. 粗加工与切配是否符合要求	1
	40. 烹饪过程是否符合要求	1
	41. 备餐及供餐是否符合要求	1
	42. 凉菜配制、裱花操作是否符合要求★	1
	43. 生食海产品加工是否符合要求	1
	44. 现榨饮料及水果拼盘制作是否符合要求	1
	45. 面点制作是否符合要求	1
	46. 烧烤加工是否符合要求	1
	47. 食品再加热是否符合要求	1
	48. 食品留样是否符合要求★	1
七、清洗消毒 （10分）	49. 清洗是否符合要求	2
	50. 消毒是否符合要求★	3
	51. 保洁是否符合要求	3
	52. 集中消毒的餐饮具是否具有消毒合格凭证	2
八、食品添加剂 （10分）	53. 是否符合五专要求★	4
	54. 是否符合相关备案和公示要求	3
	55. 是否存在超范围、超剂量使用现象	3
九、检验运输 （10分）	56. 检验是否符合要求	3
	57. 包装是否符合要求	3
	58. 运输是否符合要求★	4
检查结果：	平均分：　　　　评定等级：	

注：1. ★为关键项，两项及以上关键项不符合要求，不评定动态等级。2. 检查项目和内容合理缺项。当检查内容有合理缺项时，该项得分为：该项目实际得分×10／（10－合理缺项分）（保留一位小数）。

《意见》规定，对造成食品安全事故的餐饮服务单位，要求其限期整改，并依法给予相应的行政处罚，6个月内不给予动态等级评定，并收回餐饮服务食品安全等级公示牌，同时监管部门加大对其监督检查频次，6个月期满后方可根据实际情况评定动态等级；动态等级评定过程中，发现餐饮服务单位存在严重违法违规行为，需要给予警告以外行政处罚的，2个月内不给予动态等级评定，并收回餐饮服务食品安全等级公示牌，同时监管部门加大对其监督检查频次，2个月期满后方可根据实际情况评定动态等级。

《意见》还要求，餐饮服务食品安全等级公示牌应摆放、悬挂、张贴在餐饮服务单位门口、大厅等显著位置，严禁涂改、遮盖；对于动态等级评定为较低等级的，餐饮服务单位可在等级评定 2 个月后向属地监管部门申请等级调整，经评定达到较高动态等级的，监管部门调整动态等级。

7.4.2　面向网络餐饮的食品安全信息化监管

1. 网络餐饮食品安全特点及管理重点

2015 年 "3.15" 晚会上曝光某网络订餐平台乱象问题，使得 "网络订餐食品安全问题" 成了一个高频词，主要表现在四方面的突出问题：一是无证经营现象突出；二是消费者无法对食品进行现场真实鉴别；三是存在虚假宣传行为；四是网络交易平台未严格履行必要审核。

由于网络交易表现出来的虚拟性、隐蔽性、不确定性和复杂性，同时也使得网络订餐安全风险隐患日益增大，这对食品安全监管工作是一个极大挑战。针对此问题，国家食品药品监督管理总局于 2018 年 1 月 1 日起正式施行《网络餐饮服务食品安全监督管理办法》（以下简称《办法》），主要从以下几方面进行重点监管。

（1）明确 "线上线下一致" 原则。《办法》规定，入网餐饮服务提供者应当具有实体经营门店并依法取得食品经营许可证，并按照食品经营许可证载明的主体业态、经营项目从事经营活动，不得超范围经营。网络销售的餐饮食品应当与实体店销售的餐饮食品质量安全保持一致。县级以上地方食品药品监督管理部门查处的入网餐饮服务提供者有严重违法行为的，应当通知网络餐饮服务第三方平台提供者，要求其立即停止对入网餐饮服务提供者提供网络交易平台服务。

（2）明确平台和入网餐饮服务提供者义务。《办法》规定，网络餐饮服务第三方平台提供者需要履行建立食品安全相关制度、设置专门的食品安全管理机构、配备专职食品安全管理人员、审查登记并公示入网餐饮服务提供者的许可信息、如实记录网络订餐的订单信息、对入网餐饮服务提供者的经营行为进行抽查和监测等义务；入网餐饮服务提供者需要履行公示信息、制定和实施原料控制、严格加工过程控制、定期维护设施设备等义务。

（3）明确送餐人员和送餐过程要求。《办法》规定，送餐人员应当保持个人卫生，使用安全、无害的配送容器，保证配送过程食品不受污染。送餐单位要加强对送餐人员的培训和管理。配送有保鲜、保温、冷藏或冷冻等特殊要求食品的，要采取能保证食品安全的保存、配送措施。

（4）明确开展网络餐饮服务食品安全监测。《办法》规定，国家食品药品监督管理总局负责指导全国网络餐饮服务食品安全监督管理工作，并组织开展网络餐饮服务食品安全监测。国家食品药品监督管理总局组织监测发现网络餐饮服务第三方平台提供者和入网餐饮服务提供者存在违法行为的，通知有关省级食品药品监督管理部门依法组织查处。

（5）明确与地方性法规和其他规章的衔接。《办法》规定，省、自治区、直辖市的地方性法规和政府规章对小餐饮网络经营作出规定的，按照其规定执行。《办法》对网络餐饮服务食品安全违法行为的查处未作规定的，按照《网络食品安全违法行为查处办法》执行。

2. 网络餐饮食品安全信息化管理

根据《办法》，利用互联网提供餐饮服务的责任主体主要包括网络餐饮服务第三方平台提供者和入网餐饮服务提供者（即通过第三方平台和自建网站提供餐饮服务的餐饮服务提供者的简称）两大类，并规定："网络餐饮服务第三方平台提供者和应当在通信主管部门批准后 30 个工作日内，向所在地省级食品药品监督管理部门备案；自建网站餐饮服务提供者应当在通信主管部门备案后 30 个工作日内，向所在地县级食品药品监督管理部门备案；备案内容包括域名、IP 地址、电信业务经营许可证或者备案号、企业名称、地址、法定代表人或者负责人姓名等。"

（1）网络餐饮服务第三方平台信息化管理

为履行平台监管义务，规范商家入网标准，根据《中华人民共和国食品安全法》等法律法规的要求，第三方网络订餐平台需要制定相关规范，包括建立入网餐饮单位信息审查制度、食品安全管理机构及制度、入网餐饮单位信息公示制度、入网餐饮单位信息档案、网络订餐投诉处理制度以及协作配合制度。

入驻第三方网络订餐平台开设网店的餐馆需要将法人代表手持身份证照、营业执照照片、餐饮服务许可证、门店照片、店内环境照片等信息进行录入备案，具体见图 7 - 14 和图 7 - 15。

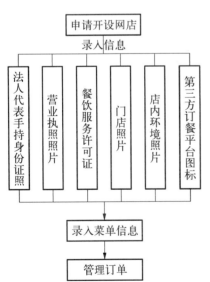

图 7 - 14　入网餐饮服务提供者通过第三方平台开设网店流程

上传项目	信息填写	图片要求
法人身份证（正面+反面+手持）	真实姓名	1. 必须是原件照片
	证件号码	2. 证件照片上的文字需能够清晰辨认
	/	3. 身份证有效期需超过 30 天
门店照片（门脸照+店内照片）	门店名称	1. 门脸照店面招牌和店面大门需全景拍摄，图片清晰无水印
	门店分类	2. 店内照片需反映店铺整体经营环境，不可局部拍摄桌椅、墙面、地板等
	门店地址	3. 地面干净，无明显油污及垃圾；墙面无霉斑；店内如有工作人员，着装需干净整洁
	联系人	4. 图片需清晰、真实，不得有任何 PS、水印、竞对信息
	联系人电话	
门店 logo	/	1. 图片需清晰、真实，不得有任何 PS、水印、竞对信息 2. 不可出现黄、赌、毒 3. 不可有饿了么 logo，不可侵权品牌 4. 不可有自拍，二维码，不可出现 20% 以上的面积为人像 5. logo 图片不能为空白
主体资质（营业执照）	单位名称	1. 需上传真实原件证照图片，不得上传假证，不得套证
	法定代表人	2. 证照文字内容需清晰可见
	注册号	3. 证照需拍摄完整，边框、国徽必须包含在内
	注册地址	4. 证照拍摄角度应为"正视"，不得歪斜
	有效期	5. 证照图片不得有水印、Logo 和其他网站信息
行业资质（经营许可）	单位名称	6. 需上传原件照片（复印件需加盖商家红色公章）
	法定代表人	7. 证照有效期需超过 30 天
	许可证编号	
	许可证地址	
	有效期	
手持营业执照和身份证（适用非法人身份证）		1. 使用身份证原件和营业执照原件拍摄 2. 避免证件与手持人头部重叠 3. 开店人脸部清晰可见，开店人手持身份证信息清晰可见，开店人手持营业执照信息清晰可见

图 7-15　某知名第三方平台对网点申请者提供材料信息审核要求

　　根据《网络食品安全违法行为查处办法》规定，入网食品生产经营者应当依法取得许可，入网食品生产者应当按照许可的类别范围销售食品，入网食品经营者应当按照许可的经营项目范围从事食品经营。据此，第三方平台对入网餐饮单位的上网发布的食品种类进行规范，见图 7-16。

　　近年来，网络餐饮服务第三方平台又推出了一种很受广大消费者欢迎的后厨直播形式（图 7-17）。消费者能够足不出户就可以看到广大商家的后厨 24 小时不间断的工作情况，根据厨房的卫生条件和操作情况，消费者便可选择用餐单位或者向某些商家提出投诉。如果卫生情况稍有差池，操作中稍有瑕疵，可能就会给商家自身带来差评，影响经营信誉和商家收益。

　　根据饿了么和百度外卖提供的数据，仅这两家平台，就有约 1 300 家餐饮门店实现了后厨直播。其中，百度外卖后厨直播的日均点击量在 1 600 余人次左右，饿了么则有日均 2 000 余人次的点击量。

经营大类	一级类目
快餐便当	盖浇饭 / 汉堡 / 饺子馄饨 / 麻辣烫 / 包子粥店等
特色菜系	川香菜 / 粤菜 / 东北菜等
异国料理	披萨意面 / 日韩料理 / 西餐 / 东南亚菜等
小吃夜宵	烧烤 / 炸鸡炸串 / 鸭脖卤味 / 小龙虾等
甜品饮品	奶茶果汁 / 甜品 / 咖啡
鲜花蛋糕	鲜花
	蛋糕/面包
果蔬生鲜	水果 / 蔬菜 / 生鲜/海鲜水产
商店超市	零食饮料/便利店/名酒坊/美妆母婴/保健卫生等
备注	
《网络食品安全违法行为查处办法》中明确规定：对于入网销售的保健食品、特殊医学用途配方食品、婴幼儿乳粉的食品生产经营者，除要求公布食品生产经营许可证等相关信息外还需要依法公示产品注册证书或备案凭证，持有广告审查批准文号的还应当公示广告审查批准文号，并链接至食品药品监督管理部门网站对应的数据查询页面。保健食品还应当显著标明"本品不能代替药物"	

图 7 - 16　某知名平台在其网站公布入网餐饮单位食品种类

图 7 - 17　某餐饮企业"后厨直播"

北京市 2017 年底便有 1 500 多家餐饮企业在网络订餐平台上直播后厨，市内"阳光餐饮"工程向网络订餐平台延伸。据当地食品安全监督管理部门介绍，目前已经实现视频可视化"阳光餐饮"的企业，未来都将有望在网上直播后厨。

如今，不仅仅是外卖行业已实行后厨直播形式，教育部也同时要求食堂进行后厨直播，要求学校将食品安全作为日常管理的重要内容，实行食品安全校长负责制。其中，"鼓励中小学校和幼儿园在厨房、配餐间等安装监控摄像装置，实现食品制作实时监控，公开食品加工制作过程，自觉接受学生及家长监督"更是引发热议。

（2）企业自建网络订餐平台信息化管理

随着网络餐饮的快速发展，一些大型连锁餐饮企业越来越推崇"互联网+餐饮"理念，更加重视自建网络餐饮平台，以解决 O2O 平台本身可能存在的食品安全和物流配送问题。

　　某知名快餐品牌在其官网对其餐厅、供应商信息、网络餐饮食品安全进行公开公示，见图 7 - 18 至图 7 - 20。其中餐厅信息公示中对各分店的营业执照、食品经营许可证和食品安全监督量化分级进行公示；供应商信息公示中按食物产品种类进行分类，分别对产品的执行标准、供应商、资料名称进行公示；网络餐饮食品安全公示中对不同产品的主要原料以及网络食品安全管理办法进行公示。

城市	门店编号	门店名称	信息公示
北京市	006	北京	营业执照 食品经营许可证 食品安全监督量化分级
北京市	008	北京	营业执照 食品经营许可证 食品安全监督量化分级
北京市	011	北京	营业执照 食品经营许可证 食品安全监督量化分级
北京市	012	北京	营业执照 食品经营许可证 食品安全监督量化分级
北京市	013	北京	营业执照 食品经营许可证 食品安全监督量化分级
北京市	015	北京	营业执照 食品经营许可证 食品安全监督量化分级
北京市	016	北京	营业执照 食品经营许可证 食品安全监督量化分级

图 7 - 18　某知名快餐企业的餐厅信息公示

产品	产品执行标准	供应商	资料名称	操作
冷冻薯饼(进口)	CIQ入境货物检验检疫证明	（进口食品进出口商备案号：）	企业法人营业执照	Q 查看
冷冻薯饼(进口)	CIQ入境货物检验检疫证明	（进口食品进出口商备案号：）	许可证	Q 查看
冷冻薯饼(进口)	CIQ入境货物检验检疫证明	（进口食品进出口商备案号：）	每批发货检验报告	
冷冻薯饼(进口)	CIQ入境货物检验检疫证明	经销商：（进口食品进出口商备案号：） 代理商：（收货人备案号：） 生产商：	企业法人营业执照	
冷冻薯饼(进口)	CIQ入境货物检验检疫证明	经销商：（进口食品进出口商备案号：） 代理商：（收货人备案号：） 生产商：	许可证	
冷冻薯饼(进口)	CIQ入境货物检验检疫证明	经销商：（进口食品进出口商备案号：） 代理商：（收货人备案号：） 生产商：	每批发货检验报告	

图 7 - 19　某知名快餐企业的供应商信息公示

图 7 - 20　某知名快餐企业的产品及主要原料公示清单

（3）HACCP 体系在网络餐饮信息化监管中的应用探讨

网络餐饮是近年来"互联网"快速发展时代的一个新生事物，其食品安全特点既与传统餐饮有相同之处，也呈现出一些新的特点。网络餐饮安全问题也随之被推上了风口浪尖：经营单位是否拥有相关执照？所销售的食物是否达到食品卫生要求？配送过程是否造成二次污染？这一系列问题让人们对网络餐饮安全问题产生了巨大的疑问。

最近，有研究者从我国网络餐饮行业的现状出发，提出将 HACCP 体系应用于网络餐饮食品安全监管中，分析食材从源头到消费者手中每个可能危害食品安全的关键环节并予以控制，采取预防措施减少危害发生或避免发生。网络餐饮的关键控制点包括食材采购、生产加工、包装、储存、配送等，网络餐饮过程中可能的危害分析及关键点见表 7 - 3。

在网络餐饮 HACCP 流程实施的过程中，需要每天完成：① 采购食材的信息登记及相关证书的查验；② 储存过程中的温度记录及温度的及时审核；③ 加工过程中的信息、操作流程、卫生标准操作规范的登记及按时查验相关资料、执行GMP 和 SSOP 检查；④ 包装过程中包装材料的查验登记及随时抽样利用理化、生物指标进行检测；⑤ 配送过程中对配送温度、时间、配送效率登记并随时查看温度及进行微生物检测。对以上 5 个关键点的操作情况的记录与验证，可以作为网络餐饮 HACCP 体系不断改善的依据。

表 7 - 3　网络餐饮过程中可能的危害分析及关键点

环　节	危　害　分　析	CCP 确定
食材采购	食材被环境、化学药品等污染	是
食材拣选	拣选的温度过高和时间过长导致污染及变质	否
食材储存	储存的环境卫生条件差、温度高、时间超出保质期	是
食材加工	加工区环境卫生条件差、生产管理混乱、食品添加剂乱用、加工后微生物数量超标	是
包装	包装材料不合格、包装方式不对、包装材料损坏	是
装卸、搬运	作业时间过长、环境条件未达标、配送车辆没进行预热或预冷操作、作业操作不合理造成货物遗失、破损	否
销售、配送	配送车辆不具备保温、低温要求，没能及时配送导致变质，不能及时销售导致过期	是

可以在网络餐饮的流通中引入 PDA、GPS、RFID 和传感器等信息化设备，对整个过程进行安全监控，相关人员可以实时通过计算机和网络技术进行监控，保障食品安全。充分利用网络餐饮第三方平台或自建网络平台让消费者可以对网络餐饮的食材采购、生产加工过程、配送过程等基本信息进行完整地追溯，让消费者对自己的外卖有一定的了解，如果发生食品安全事件也能有效追本溯源。另外，在信息平台上，监管部门应该公开网络餐饮门店的实时监控信息，消费者也可以直接在平台上进行监督和维权，建立起信息共享的食品安全信息平台。

当然，在网络餐饮的监管中引入 HACCP 体系是否有效，还必须依赖完善的食品安全管理政策、法规以及建立政府、第三方平台、消费者三方联合监管机制，特别是制定 HACCP 实施的相关标准，才能保证网络餐饮 HACCP 实施的规范性，进而保证执行的可靠性，从而达到整个流程安全监控的目的。

7.4.3　面向公众餐饮食品安全信息的发布和查询

《中华人民共和国食品安全法》第一百一十八条规定：国家建立统一的食品安全信息平台，实行食品安全信息统一公布制度；国家食品安全总体情况、食品安全风险警示信息、重大食品安全事故及其调查处理信息和国务院确定需要统一公布的其他信息由国务院食品药品监督管理部门统一公布；食品安全风险警示信息和重大食品安全事故及其调查处理信息的影响限于特定区域的，也可以由有关省、自治区、直辖市人民政府食品药品监督管理部门公布；县级以上人民政府食品药品监督管理、质量监督、农业行政部门依据各自职责公布食品安全日常监督管理信息；公布食品安全信息，应当做到准确、及时，并进行必要的解释说明，避免误导消费者和社会舆论。

很显然，面向公众的餐饮食品安全信息的发布和预警是政府各级相关监管部门的职责和义务之一。因此，各级食品安全监督管理部门也都积极利用网站、手机 APP、微信公众号等信息化技术进行食品安全相关信息的发布和推送，实现了餐饮服务食品安全信息通报、风险信息发布、查询等功能。

图 7－21 上海市食药监微信公众号二维码及界面

下面以上海市食品药品监督管理局面向公众发布和推送的餐饮食品安全信息为例，来说明此项工作的开展情况。上海市食品药品监督管理局微信公众号二维码如图 7－21 所示。人们通过扫描识别二维码进入上海食药监的微信公众号，公众号内主要有三项主要功能：政务信息、大调研、公众服务。总体功能架构如图 7－22 所示。

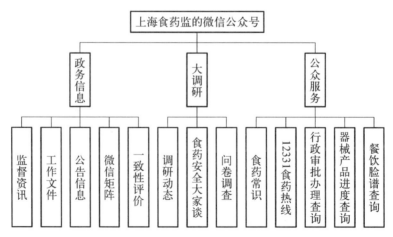

图 7－22 上海食药监微信公众号功能架构

（1）政务信息模块

该模块中包括监管资讯、工作文件、公告信息、微信矩阵、一致性评价等功能，其中与餐饮服务安全监管内容相关的是监管资讯、工作文件、公告信息等。主要提供餐饮监管情况以及餐饮风险信息，关于餐饮监管的制度文件，对餐饮行业监管的结果等餐饮食品安全信息的发布等，并可以通过"微信矩阵"进入区域的市场餐饮监管情况，见图 7 - 23。

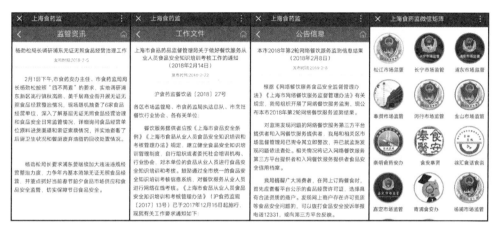

图 7 - 23　通过微信公众号主动发布的餐饮食品安全相关信息

（2）大调研模块

该模块主要包括调研动态、食药安全大家谈、问卷调查。该模块内容紧扣群众生产生活和经济社会发展实际，把群众最盼、最急、最怨的食品安全问题作为调研重点，为本市食品药品安全提供有力保障。该模块实现了监管机构与消费者的直接对话，使监管机构能够聆听到消费者的心声，更加规范地管理餐饮市场。见图 7 - 24。

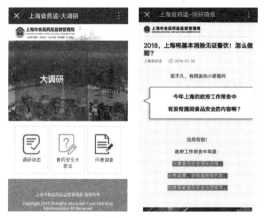

图 7 - 24　通过微信公众号与公众进行餐饮安全交流

（3）公众服务模块

该模块主要包括食药常识、12331 食药热线、行政审批办理查询、器械产品进度查询、餐饮脸谱查询等功能。其中与餐饮服务食品安全信息监管相关的是

12331 食药热线和餐饮脸谱查询功能。

　　"12331 食药热线"主要为广大消费者设立的投诉渠道，若消费者在某家餐饮企业发现存在食品安全问题，则可以进入此界面向上海市食品药品监督管理局对餐饮企业进行投诉，见图 7 - 25。

图 7 - 25　通过微信公众号
进行投诉

图 7 - 26　通过微信公众号平台查询
食品安全等级信息

　　"餐饮脸谱查询"主要为消费者提供餐饮餐厅的食品安全等级信息查询。消费者可以按照自身喜爱的餐厅名称进行搜索，并根据不同分店的食品安全等级选择就餐门店，食品安全等级一般分为三类：良好、一般、较差，查询结果如图 7 - 26 所示。

　　随着国家对食品安全管理法律、法规、制度和机构等的不断完善，以及"互联网+食品安全"的理念深入人心，各级食品安全监督管理部门充分利用先进的信息化技术搭建了各具特色的食品安全信息化监管平台。可以说，包括餐饮食品安全在内的我国食品安全信息化监管工作的深入推广，已逐步实现了食品生产、流通、消费全程监管业务的紧密协同和数据共享，支持食品安全事件的预防预警和应急处置，满足了预防为主、科学管理、明确责任、综合治理的食品安全监管工作要求，切实提高了人们食品安全的保障水平。

参 考 文 献

［1］周婧琦，石建军. 食品标准与法规［M］. 北京：科学出版社，2013.

［2］钱和，林琳，于瑞莲. 食品安全法律法规与标准［M］. 北京：化学工业出版社，2015.

［3］中亚国家动植物检疫及食品安全法规汇编编委会. 中亚国家动植物检疫及食品安全法规汇编［M］. 北京：中国标准出版社，2016.

［4］法律出版社法规中心. 《中华人民共和国食品安全法》注释本［M］. 北京：法律出版社，2015.

［5］安建，张穹，牛盾.《中华人民共和国农产品质量安全法》释义［M］. 北京：法律出版社，2006.

［6］王世平. 食品标准与法规［M］. 北京：科学出版社，2010.

［7］周建安，鄢建. 日本食品安全法律法规汇编［M］. 北京：中国计量出版社，2016.

［8］国家食品药品监督总局科技和标准司. 特殊食品国内外法规标准比对研究［M］. 北京：中国医药科技出版社，2017.

［9］食品安全法律法规规章政策汇编编写组. 食品安全法律法规规章政策汇编［M］. 北京：中国民主法制出版社，2015.

［10］卢钟山，曾玉成. 澳大利亚与新西兰进出口食品安全法规选编［M］. 北京：中国质检出版社，2016.

［11］顾绍平. 美国《食品预防性控制措施》法规解读［M］. 北京：中国计量出版社，2016.

［12］Costato Luigi，Albisinni Ferdinando. 欧盟食品法［M］. 孙娟娟，等，编译. 北京：知识产权出版社，2016.

［13］国家质量监督检验检疫总局. 欧盟食品安全法规概述［M］. 北京：中国计量出版社，2007.

［14］谢菊芳. 猪肉安全生产全程可追溯系统的研究［D］. 北京：中国农业大学，2005.

［15］谢明勇，陈绍军. 食品安全导论［M］. 北京：中国农业大学出版社，2009.

［16］刘胜利. 食品安全 RFID 全程溯源及预警关键技术研究［M］. 北京：科学出版社，2012.

［17］赵林度，钱娟. 食品溯源与召回［M］. 北京：科学出版社，2009.

［18］贾银江，苏中滨，沈维政. 肉牛养殖信息可追溯系统设计［J］. 农机化研究，2014，

36（8）：185-188.

［19］张玉祥，杨柳，沙寒，等. 中小企业 ERP 软件系统框架的研究［J］. 计算机工程与设计，2007（11）：2676-2678.

［20］田洁，徐大明，孙传恒，等. 水产品质量安全追溯技术及系统研究进展［J］. 中国水产，2017（10）：32-36.

［21］王玎，梁厚广. 水产品追溯标准化研究［J］. 中国水产，2017（12）：40-43.

［22］中国农业科学院研究生院组. 农产品加工质量安全与 HACCP［M］. 北京：中国农业科学技术出版社，2008.

［23］GB/T 29373—2012 农产品追溯要求 果蔬［S］.

［24］王卫，赵勤. 优质猪肉加工贮运及其安全质量可追溯［M］. 成都：四川科学技术出版社，2015.

［25］GB 12693—2010 食品安全国家标准 乳制品良好生产规范［S］.

［26］GB/T 20809—2006 肉制品生产 HACCP 应用规范［S］.

［27］GB/T 20940—2007 肉类制品企业良好操作规范［S］.

［28］GB/T 27342—2009 危害分析与关键控制点（HACCP）体系 乳制品生产企业要求［S］.

［29］CCAA 0020—2014 食品安全管理体系 果蔬制品生产企业要求［S］.

［30］白新鹏. 食品安全危害及控制措施［M］. 北京：中国计量出版社，2010.

［31］齐春微，郑鑫，徐维维. "互联网+"时代下餐饮业存在的问题及创新研究［J］. 当代经济，2017（13）：38-40.

［32］崔忠付. 协同推进农产品冷链流通标准化［J］. 物流技术与应用，2017（10）.

［33］李菊蕾. 我国农产品生产流通问题的法律规制研究［J］. 改革与战略，2017（5）：79-81.

［34］卢奇，洪涛，张建设. 我国特色农产品现代流通渠道特征及优化［J］. 中国流通经济，2017，31（9）：8-15.

［35］踪锋，夏慧玲，潘骁. "互联网+"时代农产品混合流通模式研究［J］. 经贸实践，2017（12）.

［36］刘导波，周海华. 农产品流通成本发展趋势［J］. 合作经济与科技，2017（15）：164-165.

［37］蔡利红. 我国农产品流通体系的变革与创新研究［J］. 农业经济，2017（4）：126-127.

［38］金晶. 上海菜管家冷链物流配送中心流程优化管理仿真研究［D］. 上海：上海理工大学，2014.

［39］金晶，胥义，朱铁峰. 基于第三方物流的农产品冷链及信息化管理系统初步探讨［C］. 第八届全国食品冷藏链大会论文集，2012.

［40］金晶，胥义，朱轶峰，等. 浅谈我国农产品供应链管理［J］. 经济视野，2014（1）：275.

［41］邹金成，胥义，王健，等. 农产品仓储查询系统的无线网络设计［J］. 浙江农业学报，2014（6）：1653－1659.

［42］胥义，沈力，金晶，等. 食品质量与安全专业开设信息化监管技术课程的探索——以上海理工大学为例［J］. 上海理工大学学报，2015，37（3）：279－283.

［43］胥义，邓如意，金晶，等. 食品安全信息化监管技术课程实践教学研究［J］. 安徽农业科学，2015，43（29）：385－386，388.

［44］邹金成，胥义，王健，等. 基于 WSN 的多温共配冷链信息监测系统开发［J］. 电子测量与仪器学报，2014（5）：545－552.

［45］邓如意，胥义，王健. 基于多项式回归模型的智能手机图像颜色校正研究［J］. 软件导刊，2016（1）：173－176.

［46］邓如意. 基于 QR 二维码及图像识别技术的食品冷链监控的 Android 平台研究［D］. 上海：上海理工大学，2016.

［47］沈力，胥义，占锦川，等. 智能化标签在食品包装中的应用及研究进展［J］. 食品工业科技，2015（5）：377－383.

［48］邹金成，胥义，王健，等. 一种基于北斗/GPS 导航定位的冷链物流监控系统. 授权发明专利［P］. ZL201310148407.4.

［49］邹金成. 基于 Android 平台与物联网技术的多温共配冷链监测系统的设计［D］. 上海：上海理工大学，2014.

［50］顾怡雯. 上海市"三品"质量安全监管可追溯平台的建立［D］. 上海：上海理工大学，2016.

［51］顾怡雯，王南，胥义. 构建上海市"三品"质量安全可追溯系统的可行性［J］. 上海农业科技，2015（1）：15－16.

内容提要

abstract

全书分上下两篇共 7 章，上篇为理论及技术基础篇，包括第 1~3 章；下篇为应用实践篇，包括第 4~7 章。第 1 章为绪论，主要介绍我国食品工业发展特点及食品安全管理制约因素、现代食品安全管理的必要手段——管理信息化；第 2 章介绍食品质量与安全管理基础及体系；第 3 章介绍食品安全信息溯源系统及相关技术；第 4 章介绍食用农产品生产管理及信息化实践；第 5 章介绍现代加工食品安全控制及信息化实践；第 6 章介绍流通环节食品安全管理及信息化实践；第 7 章介绍餐饮环节食品安全管理及信息化实践。

本书可供从事食品安全管理及信息化实践研究的政府、高校、研究机构的专业人员借鉴学习，也可作为高等院校相关专业的参考用书。